煤炭高等教育“十四五”规划教材

大学计算机实践教程

主 编 闫斐 安政 邓越萍

中国矿业大学出版社
·徐州·

内 容 简 介

本书是《大学计算机》的配套教材，以教育部高等学校大学计算机课程教学指导委员会制定的《大学计算机基础课程教学基本要求》为指导，按照“面向应用、提高实践能力”的思路组织内容，以项目驱动的方式来构建知识体系结构。全书共分七章，主要内容包括操作系统和常用工具软件的使用、文字处理软件的使用、电子表格软件的使用、演示文稿软件的使用、计算机网络应用、程序设计与算法基础、数据库应用等。

本书为新形态教材，具有内容丰富、层次清晰、案例较多、步骤详细、图文并茂、易学易教等特点，可作为高等学校大学计算机基础课程实验部分的教材，也可供学习计算机技术的工程和技术人员参考。

图书在版编目(CIP)数据

大学计算机实践教程 / 闫斐，安政，邓越萍主编. —徐州：中国矿业大学出版社，2022.6

ISBN 978-7-5646-5446-7

Ⅰ. ①大… Ⅱ. ①闫… ②安… ③邓… Ⅲ. ①电子计算机—高等学校—教材 Ⅳ. ①TP3

中国版本图书馆 CIP 数据核字(2022)第 112281 号

书　　名 大学计算机实践教程
主　　编 闫　斐　安　政　邓越萍
责任编辑 王美柱
出版发行 中国矿业大学出版社有限责任公司
（江苏省徐州市解放南路　邮编 221008）
营销热线 (0516)83884103　83885105
出版服务 (0516)83995789　83884920
网　　址 http://www.cumtp.com　**E-mail**:cumtpvip@cumtp.com
印　　刷 江苏淮阴新华印务有限公司
开　　本 787 mm×1092 mm　1/16　**印张** 15　**字数** 384 千字
版次印次 2022 年 6 月第 1 版　2022 年 6 月第 1 次印刷
定　　价 43.80 元

前　言

随着人工智能、云计算、大数据、物联网、区块链等新技术的快速发展和广泛应用，社会经济、人文科学、自然科学等众多领域发生了一系列变革，人们对于计算机技术的认识进入了更深的层次，对计算机教育提出了更高的要求。

大学计算机基础是普通高等学校开设的计算类通识课程，也是计算机课程体系的前导课程。大学计算机基础课程目标是全面培养学生的信息素养、计算科学修养和计算思维能力，提高学生的计算机应用水平和计算机问题求解能力，进一步加强同其他学科专业交叉融合，增强学生的计算思维理念和利用信息技术解决专业领域实际问题的能力。

大学计算机基础是一门实践性很强的课程，实践教学除了要对课程的理论知识进行应用验证外，重点是解决在学习中遇到的具体问题，从而提高学生计算机应用能力。为此我们编写了《大学计算机实践教程》，与《大学计算机》配套使用。

本书采用项目驱动的方式组织内容，每章由若干项目组成，每个项目包括项目描述、项目相关知识介绍、项目实施(实验主要内容)等内容，其中项目实施是重点，由多个具体的任务组成，每个任务包括任务目的、主要内容、具体操作步骤等。

本书主要内容如下：

第一章 操作系统和常用工具软件的使用。由 Windows 10 基本操作、资源管理器的使用、控制面板的使用和常用工具软件的使用四个项目组成。

第二章 文字处理软件的使用。由 Word 2016 基本操作、Word 2016 的表格制作、Word 2016 的图文混排和综合案例四个项目组成。

第三章 电子表格软件的使用。由电子表格软件的基本操作、工作表的编辑和格式化、函数和公式的使用、数据管理与分析和图表的使用五个项目组成。

第四章 演示文稿软件的使用。由 PowerPoint 2016 基本操作，演示文稿的美化，主题、背景与幻灯片母版的设置，演示文稿动画的设置和演示文稿的放映与输出五个项目组成。

第五章 计算机网络应用。由信息检索、电子邮件的使用和常用网络命令的使用三个项目组成。

第六章 程序设计与算法基础。由 C 语言简单程序的编写和调试、简单顺序结构程序设计、简单选择结构程序设计和简单循环结构程序设计四个项目组成。

第七章 数据库应用。由数据库的创建、数据库表的创建、数据库表结构的操作、数据的操作、数据的查询和视图的操作六个项目组成。

本书所有编者由从事高等教育，在教学一线担任大学计算机课程教学工作、经验丰富的骨干教师组成。闫斐、安政、邓越萍任主编，负责本书的组织、策划、编写、统稿、审核等工作。参与编写工作的还有李芳、王纪程、郭琦、王建宏、李慧姝。具体编写分工为：第一章由王建宏编写，第二章由李芳编写，第三章由王纪程编写，第四章由闫斐编写，第五章由安政编写，

第六章由郭琦编写，第七章的项目一、二、三由李慧姝编写，第七章的项目四、五、六由邓越萍编写。

在本书规划和编写过程中，山西能源学院计算机与信息工程系其他老师提出了许多宝贵意见和建议，山西能源学院教务部和学院相关领导给予大力支持，中国矿业大学出版社给予鼎力支持，在此一并表示诚挚的感谢。

本书得到了山西省高等学校教学改革创新项目“新工科背景下大学计算机基础课程建设探索与实践”(项目编号:J2021815)的支持，为该教学改革创新项目的成果。

由于作者水平所限，书中难免有不足之处，恳请读者批评、指正！

编　者

2022年5月

目　录

第一章　操作系统和常用工具软件的使用

内容与要求

本章主要介绍了操作系统和常用工具软件的使用这两部分内容。在操作系统的使用部分，主要介绍了 Windows 10 的基本操作及资源管理器、控制面板等的使用方法；在常用工具软件的使用部分，主要介绍了压缩软件、杀毒软件、远程协助工具、PDF 阅读软件、百度网盘等常用工具软件的使用方法。

通过本章的学习，学生应能够熟练掌握 Windows 10 的基本操作，掌握常用工具软件的使用方法，具备应用常用的工具软件解决实际问题的能力。

本章的思维导图

- 操作系统和常用工具软件的使用
  - 项目一　Windows 10 基本操作
    - 任务 1　认识 Windows 10 桌面
    - 任务 2　掌握任务管理器的相关操作方法
    - 任务 3　掌握计算机管理的相关操作方法
  - 项目二　资源管理器的使用
    - 任务 1　资源管理器的操作
    - 任务 2　文件和文件夹的操作
  - 项目三　控制面板的使用
    - 任务 1　查看用户账户信息和增设用户
    - 任务 2　个性化设置
    - 任务 3　设置系统时间和日期及时区
    - 任务 4　设置鼠标、键盘属性
    - 任务 5　查看和卸载程序
  - 项目四　常用工具软件的使用
    - 任务 1　压缩软件的使用
    - 任务 2　杀毒软件的使用
    - 任务 3　远程协助工具的使用
    - 任务 4　PDF 阅读软件的使用
    - 任务 5　百度网盘的使用

项目一　Windows 10 基本操作

第一章-项目一

项目描述

本项目的学习目标是掌握 Windows 10 的基本操作，掌握 Windows 10 附件的使用，以及掌握查看任务管理器和计算机管理等的方法。

通过本项目的学习，学生应能够熟练掌握 Windows 10 的基本操作，具备使用计算机的初步能力。

项目相关知识介绍

操作系统是管理计算机中各种软件和硬件资源，使其得以充分利用，方便用户使用计算机系统的程序集合，是计算机系统中最重要且不可缺少的系统软件。

计算机操作系统位于计算机硬件和用户之间。一方面，它采用科学合理的方法使用户方便地管理和使用计算机的各种资源，最大限度地提高资源利用率；另一方面，它为用户提供一个良好的使用计算机的环境，将裸机变成一台功能强、服务质量高、使用灵活、安全可靠的智能机。目前比较常用的操作系统主要有 Windows 操作系统、Linux 操作系统和 UNIX 操作系统等，其中使用最为广泛的是 Windows 系列操作系统。

1. Windows 操作系统

Windows 操作系统是 Microsoft(微软)公司在 1985 年 11 月发布的第一代窗口式多任务系统，它使 PC(个人电脑)开始进入图形用户界面时代。1995 年，Microsoft 公司推出了划时代的 Windows 95 操作系统，使得 Windows 成为一个完全独立的系统，不需要由 DOS 引导。Windows 95 在很多方面做了进一步改进，集成了网络功能和即插即用功能，是一个全新的 32 位操作系统。1998 年，Microsoft 公司推出了 Windows 98，该版本的一个最大特点是把微软的 Internet 浏览器技术整合到了 Windows 98 里，使得访问 Internet 资源就像访问本地硬盘一样方便，更好地满足了人们访问 Internet 资源的需要。此后，Microsoft 公司又相继推出 Windows 2000、Windows Me、Windows XP、Windows 7、Windows 8 和 Windows 10，现在最新的版本是 Windows 11。

2. Linux 操作系统

Linux 是目前全球最大的一款自由软件，它是一个可与 UNIX 和 Windows 相媲美的操作系统，具有完备的网络功能。Linux 最初由芬兰人托瓦兹(L. Torvalds)开发，其源程序是公开的，任何人都可进行修改并共享。

3. 国产操作系统

近年来，随着中国科技实力的不断增强，一些科技类企业也在积极开发国产操作系统，如中标麒麟操作系统。

中标软件有限公司是中国 Linux 操作系统和办公软件产品提供商和服务商，以操作系统技术为核心，重点打造自主可控、安全可靠等差异化特性产品。中标软件有限公司推出了中标麒麟安全操作系统、中标麒麟安全云操作系统、中标麒麟高级服务器操作系统、中标麒麟桌面操作系统、中标麒麟安全邮件服务器、中标麒麟高可用集群软件、中标麒麟通用服务器操作系统、中标凌巧移动终端操作系统等。

实验主要内容

任务 1　认识 Windows 10 桌面

本任务的主要内容是认识 Windows 10 桌面组成，掌握桌面背景的设置方法以及 Windows 10 附件的使用方法。

操作步骤：

1. 启动计算机进入 Windows 10 桌面

启动计算机后，进入如图 1-1 所示的 Windows 10 桌面。Windows 10 桌面主要由以下部分组成。

(1) 桌面的小图标：每一个小图标对应相应的程序或项目内容，将鼠标指针移动至小图标上双击鼠标左键直接打开对应程序或项目内容(也可单击鼠标右键在弹出的菜单栏中选取【打开】操作)。出现对应窗口，将鼠标光标放置在窗口右上角【关闭】处，单击鼠标左键进行关闭。

(2) 任务栏：桌面最下方是任务栏，任务栏最左端为【开始】按钮，向右为简易上网搜索栏，再向右为窗口缩略图等。任务栏右侧是计算机状态显示区域，可查看现有消息通知、网络连接、声音显示、输入法显示和时间日期显示等。

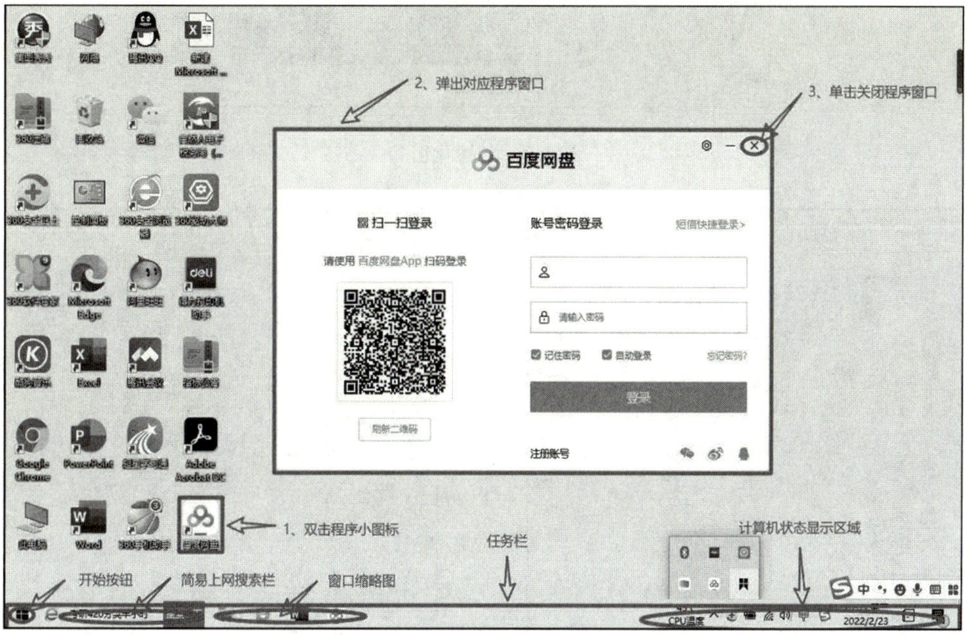

图 1-1　计算机桌面

2. 桌面背景个性化设置

(1) 在桌面空白处单击鼠标右键，在弹出的快捷菜单中选择【个性化】选项，在打开的窗口(图 1-2)中可以完成更换背景、颜色、主题、字体等操作。

(2) 在左侧窗格单击【背景】，选择相应的图片可以完成背景图片的设置。

3. 使用【开始】菜单打开程序或项目

单击桌面左下角【开始】按钮，在弹出的窗口(图 1-3)中操作鼠标滚轮找到并单击要打开的程序。也可以单击空白区域，在弹出的窗口(图 1-4)中按照首字母查找要打开的程序。

4. 使用“画图”工具

执行【开始】|【Windows 附件】|【画图】，即可打开如图 1-5 所示的画图窗口。在画图窗口中可以新建图像或者对已有图像进行编辑。

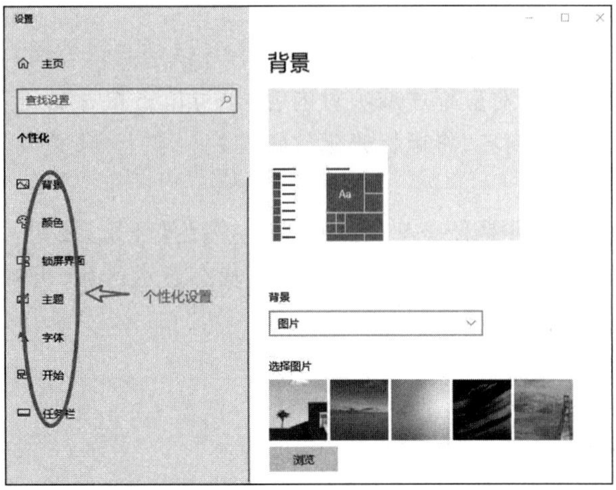

图 1-2　个性化窗口

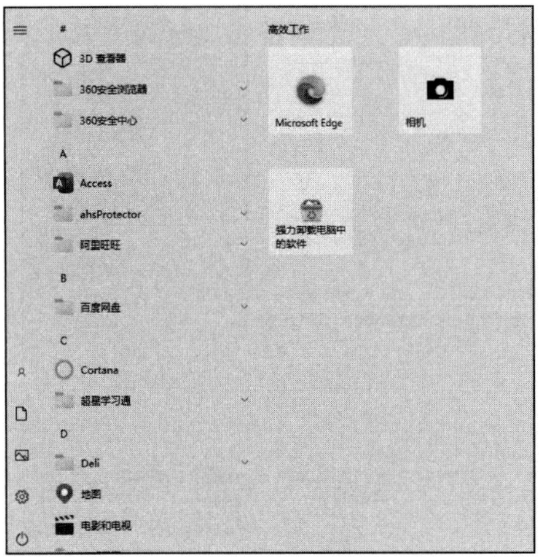

图 1-3　计算机程序快捷菜单

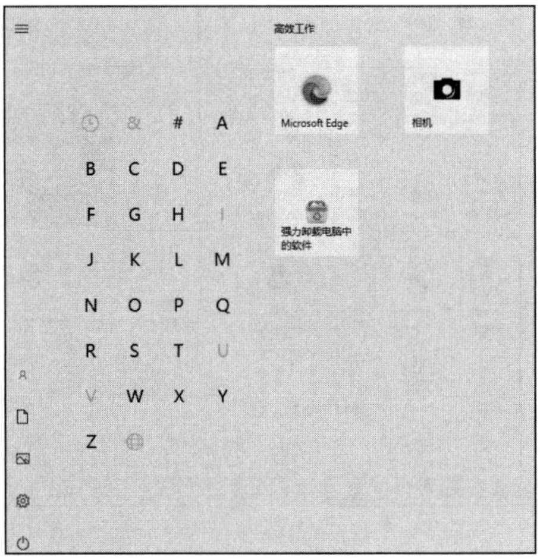

图 1-4　计算机程序快捷菜单首字母

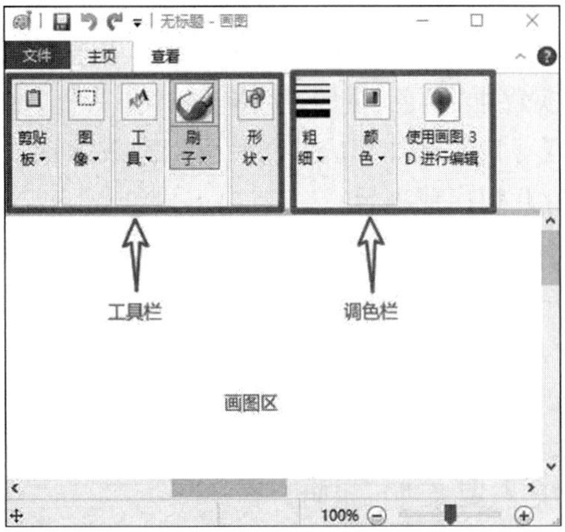

图 1-5　画图窗口

5. 使用“计算器”工具

执行【开始】|【计算器】，进入图 1-6 所示左侧窗口，在此窗口中可以进行计算工作。同时，点击【标准】按键可进入图 1-6 所示右侧窗口，可以选择【科学】、【程序员】、【日期计算】等计算界面，还可以进行【货币】、【角度】等换算的计算。

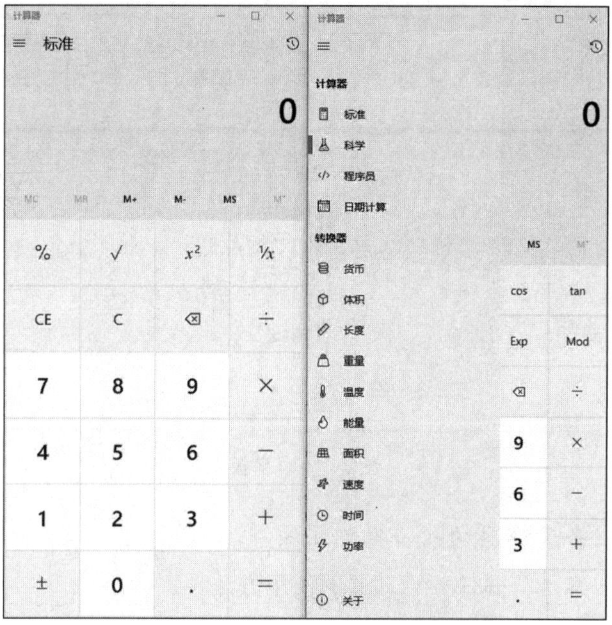

图 1-6 计算器窗口

6. 使用“录音机”工具

执行【开始】|【录音机】，进入图 1-7 所示录音界面。在此处，点击播放图标（需要确定安装好麦克风）进行录音工作。在日常生活中，会经常使用此项功能。

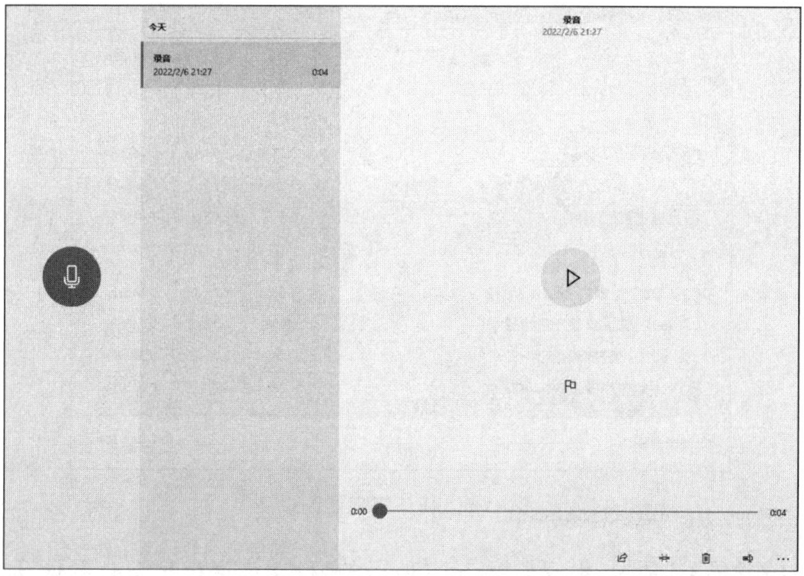

图 1-7 录音界面

7. 使用“写字板”工具

执行【开始】|【Windows 附件】|【写字板】,进入图 1-8 所示窗口。在此处,可以编辑一些简单的文字内容,记录日常工作等。

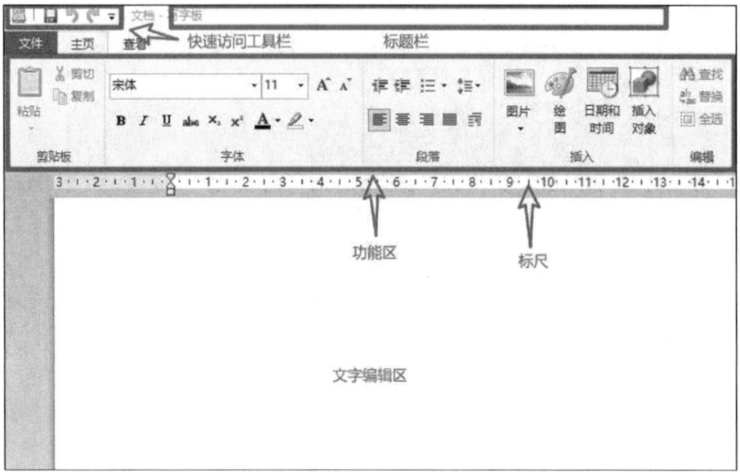

图 1-8　写字板

任务 2　掌握任务管理器的相关操作方法

本任务的主要内容是掌握任务管理器的使用方法。

操作步骤:

(1) 在任务栏的空白处右击,在弹出的快捷菜单中选择【任务管理器】选项;或执行右击【开始】|【任务管理器】,可打开如图 1-9 所示的任务管理器窗口。在此处,可以查看当下计算机各软件、硬件运行状态。

图 1-9　任务管理器窗口

(2) 单击【性能】选项卡,出现如图 1-10 所示的窗口,该窗口用于查看计算机硬件和网络的占用情况。执行同样操作,可以查看【应用历史记录】、【启动】、【用户】等信息,其中在

【启动】中可添加或禁用操作系统中允许自动启动或禁止的程序。

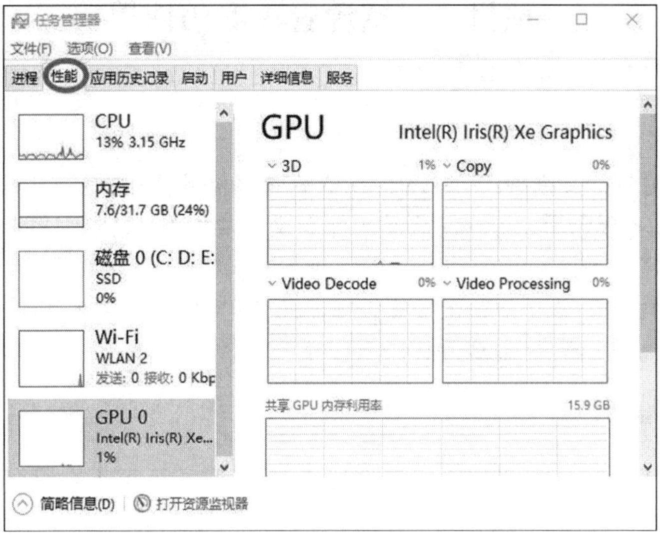

图 1-10　性能窗口

任务 3　掌握计算机管理的相关操作方法

本任务的主要内容是掌握计算机管理的使用方法。

操作步骤：

(1) 右击【开始】|【计算机管理】，或在桌面上右击【此电脑】|【管理】，出现如图 1-11 所示窗口。

(2) 单击【事件查看器】，在右侧窗格中选择日志类型(错误、警告、信息等)，将会显示出系统中该类的全部日志，双击其中一个日志，便可查看其详细信息。在日志属性窗口中可以看到事件发生的日期、事件的发生源、种类和 ID，以及事件的详细描述。

(3) 单击【设备管理器】，可查看现有设备的情况，如 CPU 型号、核数、运行频率等，以及更改设备属性、更新设备驱动程序、禁用和卸载设备等。

(4) 单击【磁盘管理】，可查看磁盘分区情况，也可以完成分区的创建、删除、格式化等操作。

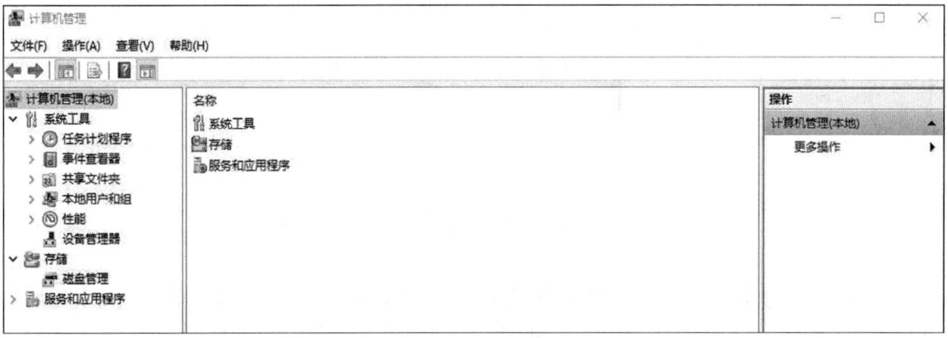

图 1-11　计算机管理窗口

项目二　资源管理器的使用

第一章-项目二

项目描述

本项目的学习目标是掌握 Windows 10 资源管理器的使用方法，认识各硬盘分区，会更改各硬盘分区名称；掌握文件和文件夹新建、删除、复制、移动、查看、重命名等操作。

通过本项目的学习，学生应熟悉资源管理器的使用方法，掌握文件或文件夹的新建、删除、复制、移动、重命名、查找、隐藏、加密等基础操作方法。

项目相关知识介绍

资源管理器是 Windows 操作系统提供的资源管理工具，用于查看和操作计算机的资源。通过资源管理器提供的树形文件系统结构，我们可以更清楚、更直观地认识电脑中的文件和文件夹；同时，还可以通过资源管理器对文件、文件夹进行打开、复制、移动等操作。

实验主要内容

任务 1　资源管理器的操作

本任务的主要内容是掌握资源管理器的使用方法。

操作步骤：

（1）双击【此电脑】图标，或者右击【开始】|【文件资源管理器】，弹出如图 1-12 所示的资源管理器窗口。

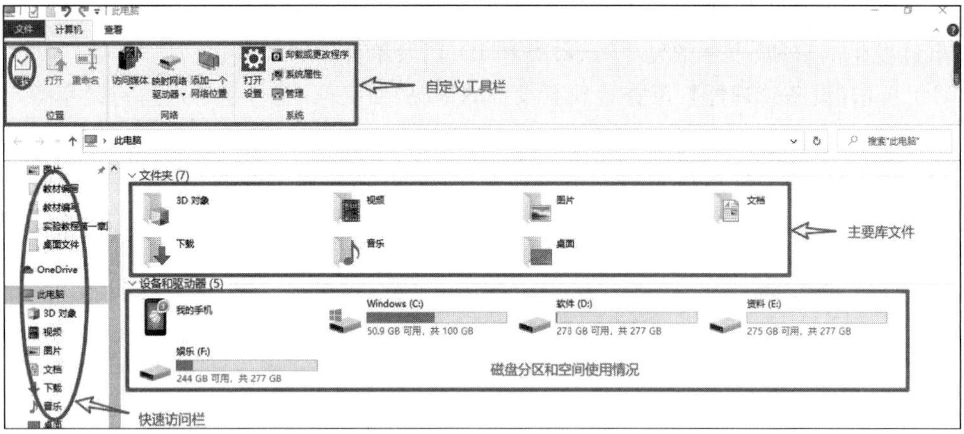

图 1-12　资源管理器

（2）在资源管理器窗口中，左侧为快速访问栏，可快速进入最近操作的文档和内容；中间上部区域为 Windows 10 给定的 7 个主要库文件，方便使用者快速查找目标文件；中间下部区域为 Windows 10 显示的磁盘分区和空间使用情况。

（3）在工具栏功能区单击【查看】选项，在如图 1-13 所示的窗口中，在【布局】功能区可以设置图标的显示方式;在【当前视图】功能区可选择显示图标的排序依据;在【显示/隐藏】功能区可以设置是否显示文件扩展名、隐藏的项目等。

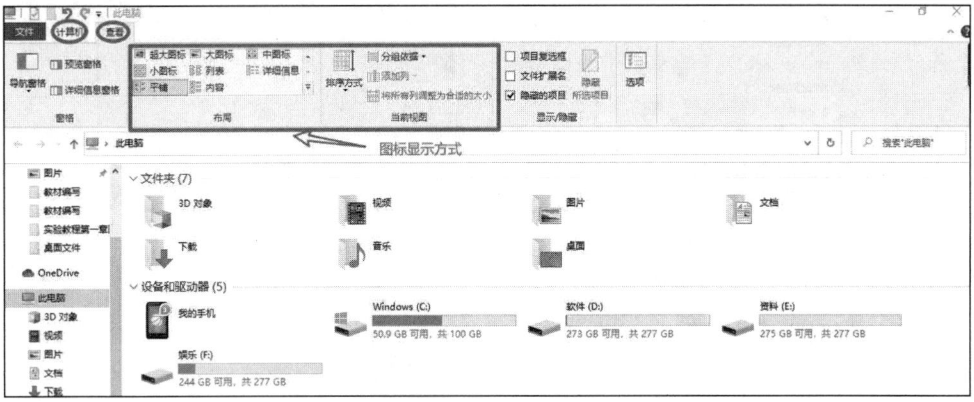

图 1-13　资源管理器工具"查看"窗口

(4) 在左侧窗格中选择某一个项目,单击工具栏中的【属性】按钮,可以查看该项目的属性。例如,在左侧窗格中选择"此电脑",单击【属性】按钮,就会弹出如图 1-14 所示窗口,在此窗口中显示当前计算机核心硬件和软件的信息。

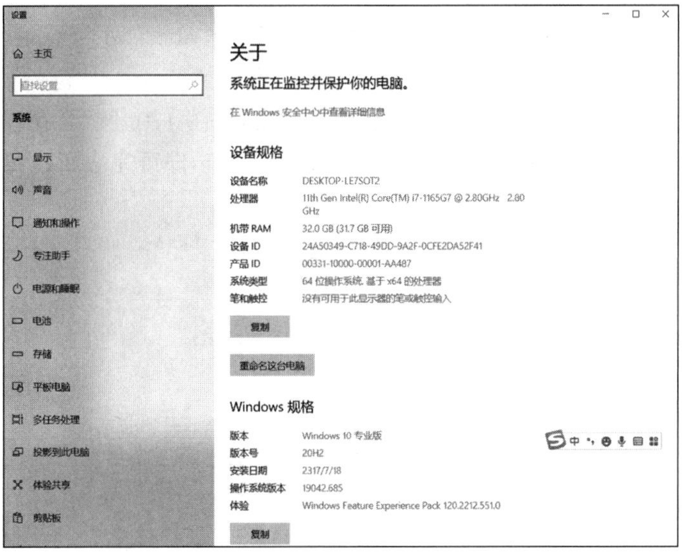

图 1-14　计算机硬件属性

(5) 更改磁盘分区名称。右击磁盘分区图标,在弹出的快捷菜单中选择【重命名】选项,在如图 1-15 所示的窗口中,磁盘分区名称变为可编辑状态,输入新的磁盘分区名称后回车,完成磁盘分区的"重命名"操作。

任务 2　文件和文件夹的操作

本任务的主要内容是掌握文件、文件夹的新建、复制、移动、删除、重命名、隐藏、加密、属性设置等基本操作。

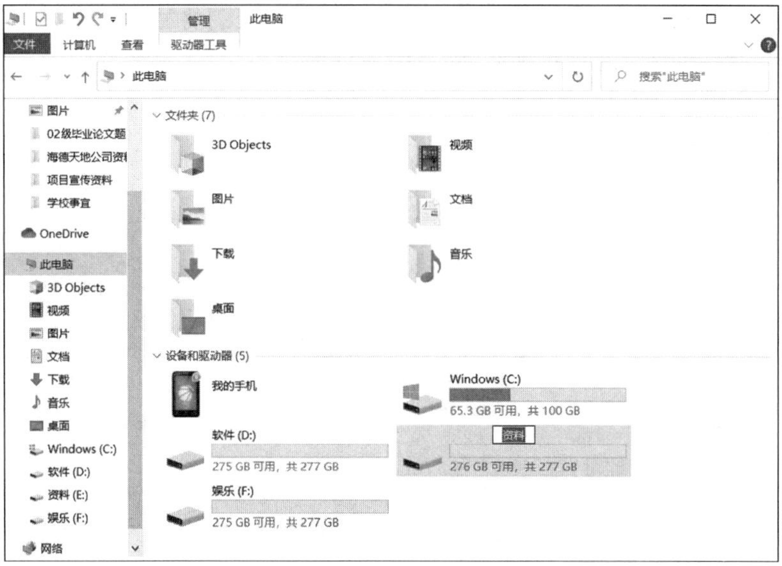

图 1-15　磁盘分区“重命名”

操作步骤：

1. 文件夹的创建

在 D 盘中建立“abc”文件夹，并在其下建立“abc1”和“abc2”两个子文件夹；在桌面上建立“your”文件夹。

(1) 在资源管理器中，打开 D 盘后，在空白处右击，如图 1-16 所示，在弹出的快捷菜单中执行【新建】|【文件夹】命令，输入新文件夹名称“abc”后回车，即可完成新建文件夹的操作。

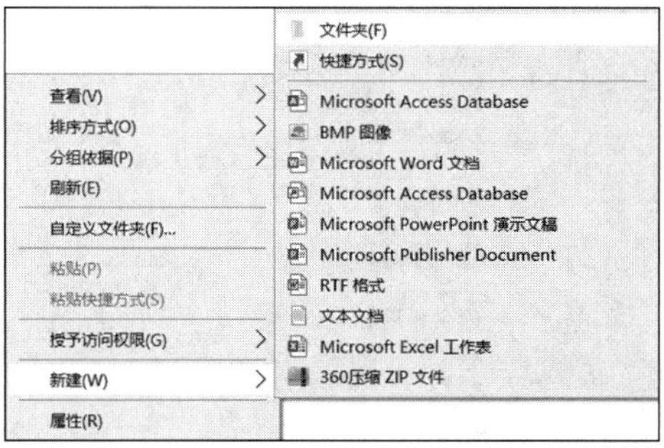

图 1-16　新建“文件夹”

(2) 双击打开“abc”文件夹，在该文件夹中用同样的方法创建“abc1”和“abc2”两个子文件夹。采用同样的方法，在桌面上创建“your”文件夹。

2. 文件的“移动”“复制”“粘贴”操作

首先将文档库中前 3 个和第 5 个、第 7 个文件/文件夹（共 5 个）一次性复制到“abc”文件夹中，然后将“abc”文件夹中的后 4 个文件/文件夹移至“abc2”文件夹中，再将“abc2”文件夹移至“abc1”文件夹中，最后将“abc”文件夹复制到桌面上的“your”文件夹中。

(1) 在资源管理器中打开文档库，选择其中前 3 个和第 5 个、第 7 个文件/文件夹（按住【Ctrl】键不放，同时选择相应文件）。

（2）在选择区域右击，选择【复制】命令，如图 1-17 所示。

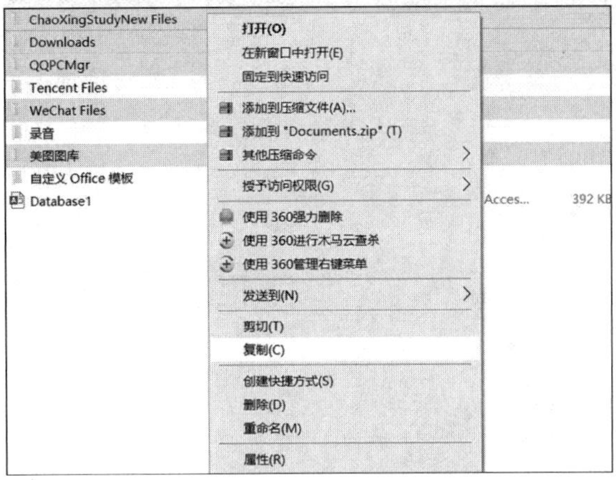

图 1-17　右键菜单【复制】命令

（3）找到 D 盘下“abc”文件夹并打开，在空白处右击，选择【粘贴】命令，完成复制、粘贴文件的操作。

（4）在“abc”文件夹中选择后 4 个文件/文件夹，在选择区域右击，选择【剪切】命令。

（5）打开“abc2”文件夹，在空白处右击，选择【粘贴】命令，完成移动文件的操作；在同盘符前提下，可直接拖拽选中文件放入目标文件夹中。

（6）采取同样的操作，将“abc2”文件夹移至“abc1”文件夹中。将“abc”文件夹复制到桌面上的“your”文件夹中。

3. 文件的“重命名”和“删除”操作

（1）在目标文件上，右击选择【重命名】命令，此时文件名成为可编辑状态，在此处键入自己想要命名的文件名即可完成文件重命名操作；也可选中目标文件，用鼠标左键单击文件名区域，将文件名激活成为可编辑状态，键入文件名。

（2）在目标文件上，右击选择【删除】命令，直接删除文件；也可选中文件，点击键盘上的【Delete】键删除文件，完成文件/文件夹删除操作。

4. 文件“查找”“隐藏”和“加密”等属性设置操作

（1）在桌面下方任务栏空白处右击，选择【搜索】|【显示搜索框】，如图 1-18 所示，此时在桌面左下角【开始】按钮旁边出现搜索栏。在搜索栏中键入要查找的文件，点击【Enter】键，即可看到查找结果。如搜索名为“个人”的文件夹，如图 1-19 所示。搜索完成后可直接在搜索结果中对目标文件进行操作。

也可以在资源管理器右上角搜索栏中键入文件名进行搜索操作，如图 1-20 所示。

如果想要在搜索的众多结果中准确找到自己想要的目标文件，可对搜索结果的文件进行“时间”或“大小”排序，以便更加快速准确地找到目标文

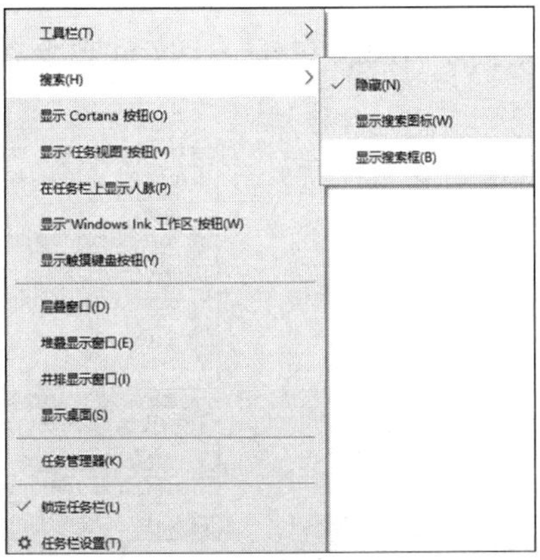

图 1-18　显示搜索框

图 1-19　文件及文件夹的搜索

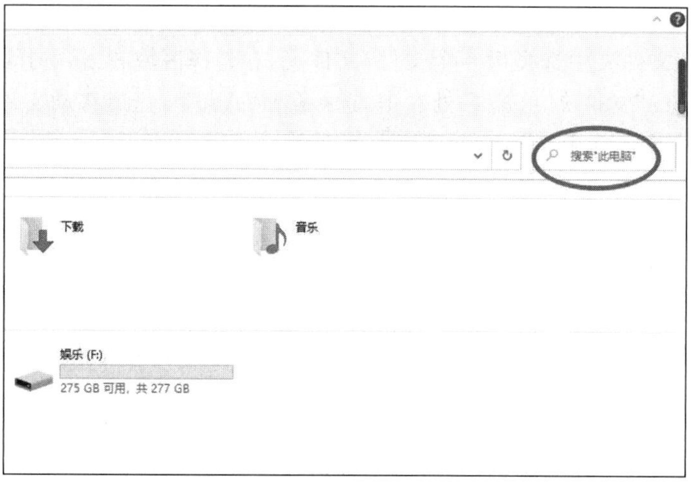

图 1-20　资源管理器中文件的搜索

件。具体方法：在任一个文件夹上右击，选择【排序方式】|【修改日期】或【大小】，如图 1-21 所示。

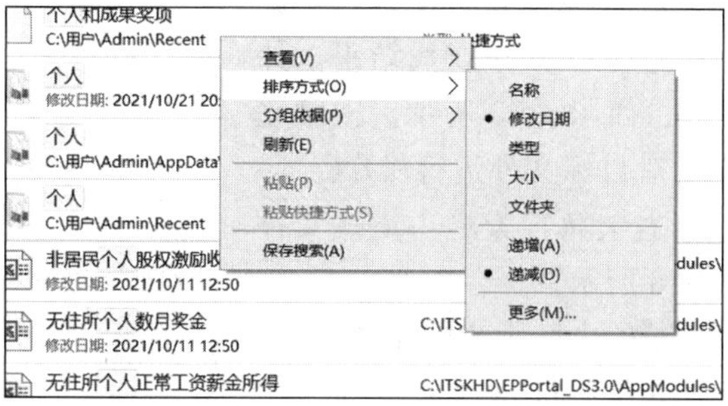

图 1-21　文件的排序

(2) 在目标文件夹上右击，选择【属性】进入图 1-22 所示窗口，点击【隐藏】前的方格，将原有空白的方格点击成为有“√”的方格，然后点击【确定】或【应用】按键，完成文件或文件夹的隐藏操作。也可以在资源管理器中选中目标文件，在工具栏中点击【查看】|【隐藏所选项目】|【确定】，如图 1-23 所示，完成文件或文件夹的隐藏操作。

图 1-22　文件的“隐藏”属性设置

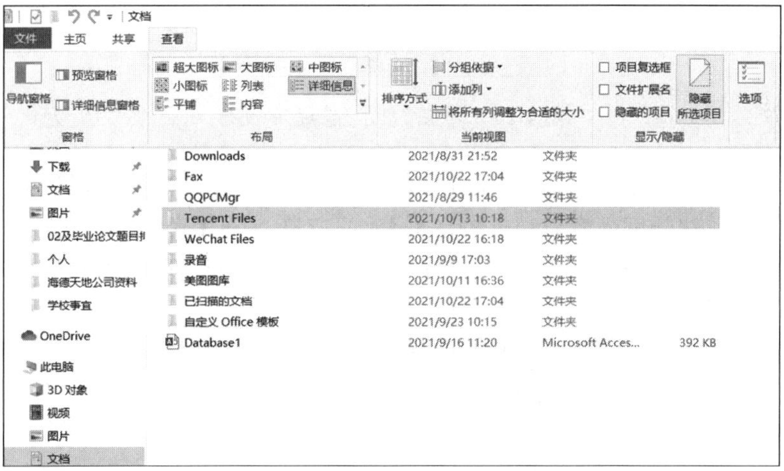

图 1-23　资源管理器中“隐藏所选项目”

如果要查看此隐藏文件或文件夹，在资源管理器的工具栏中点击【查看】|【隐藏的项目】前方的方格，将原有空白的方格点击成为有“√”的方格，如图 1-24 所示，此时就可看到隐藏的文件或文件夹了。也可以点击【查看】|【选项】，进入【查看】窗口，在图 1-25 所示下拉选项菜单中找到【显示隐藏文件、文件夹和驱动器】，将其选中，点击【确定】，此时就可看到隐藏文件或文件夹了。

图 1-24　显示“隐藏”的文件

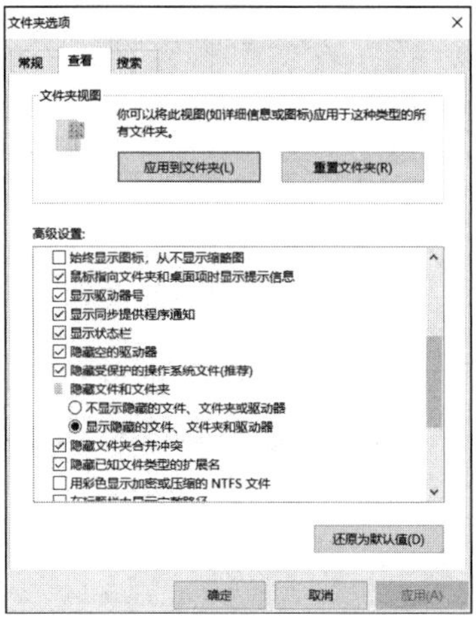

图 1-25　“查看”显示“隐藏”的文件

(3) 选中目标文件夹右击，选择【属性】，在出现的窗口中点击【高级】进入图 1-26 所示的窗口，勾选最下方【加密内容以便保护数据】前的方格，点击【确定】，再次点击“属性”窗口的【确定】或【应用】键，完成文件或文件夹加密操作，此时只有此用户才可访问该文件。

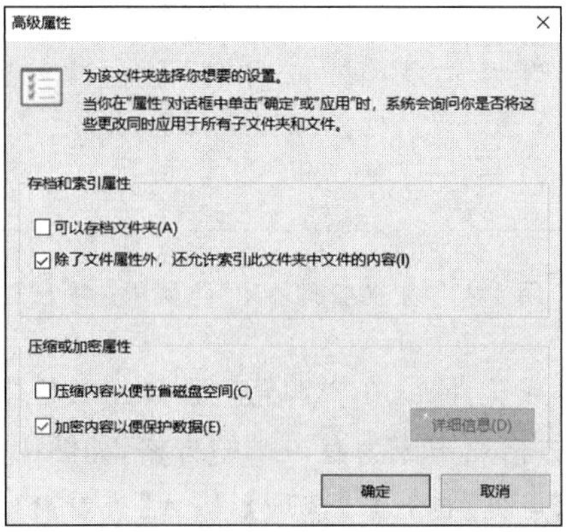

图 1-26　文件属性的“加密”

5. 文件和文件夹的快捷方式创建

选中目标文件或文件夹右击，选择【发送到】|【桌面快捷方式】，如图 1-27 所示。此时在桌面上就可看到直接指向此文件或文件夹的图标，即完成文件或文件夹快捷方式的创建操作。

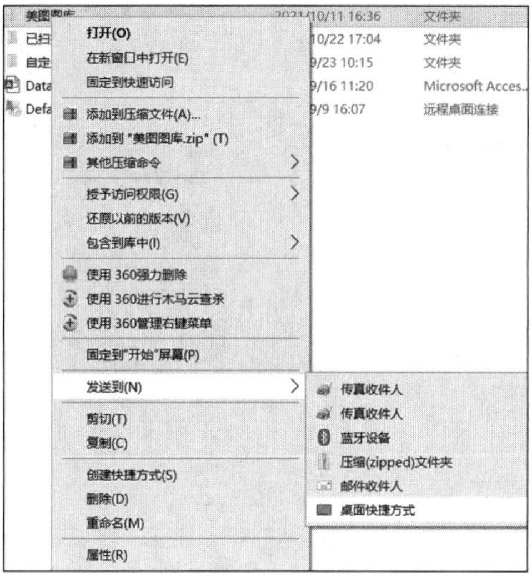

图 1-27　“桌面快捷方式”创建

项目三　控制面板的使用

第一章-项目三

项目描述

本项目的学习目标是学会使用“控制面板”窗口查看用户账户信息、增加用户等操作；掌握显示属性设置、系统日期和时间设置、鼠标和键盘属性设置以及输入法设置等操作方法；掌握查看和卸载程序等操作方法。

通过本项目的学习，学生应掌握 Windows 10 控制面板的使用方法。

项目相关知识介绍

控制面板是 Windows 操作系统用于对系统进行个性化或功能设置的一个操作平台。通过控制面板，用户可查看并更改基本的系统设置，比如添加/删除软件，设置用户账户，更改辅助功能选项。

控制面板主要功能有系统和安全设置、用户账户设置、网络和 Internet 设置、外观和个性化设置、硬件和声音设置、时钟和区域设置、程序设置等。

实验主要内容

任务 1　查看用户账户信息和增设用户

本任务的主要内容是掌握利用“控制面板”来查看和设置用户账户的方法。

操作步骤：

（1）左击桌面左下角【开始】按钮，在菜单列表中选择“控制面板”即可打开如图 1-28 所示控制面板窗口。

图 1-28　控制面板

（2）单击【用户账户】，打开如图 1-29 所示的窗口。在该窗口中可以管理已有的用户账户，也可以创建新的用户账户。

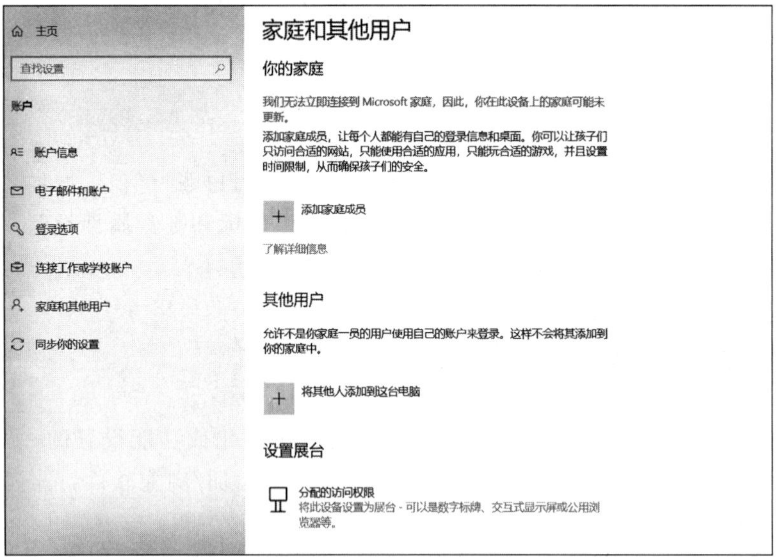

图 1-29　添加新用户

任务 2　个性化设置

本任务的主要内容是掌握在“控制面板”中设置屏幕显示文本语言和字体，文字显示大小和屏幕分辨率等的方法。

操作步骤：

（1）在如图 1-30 所示窗口中执行【控制面板】|【查看方式】|【大图标】，可以将控制面板图标的显示方式设置为大图标。

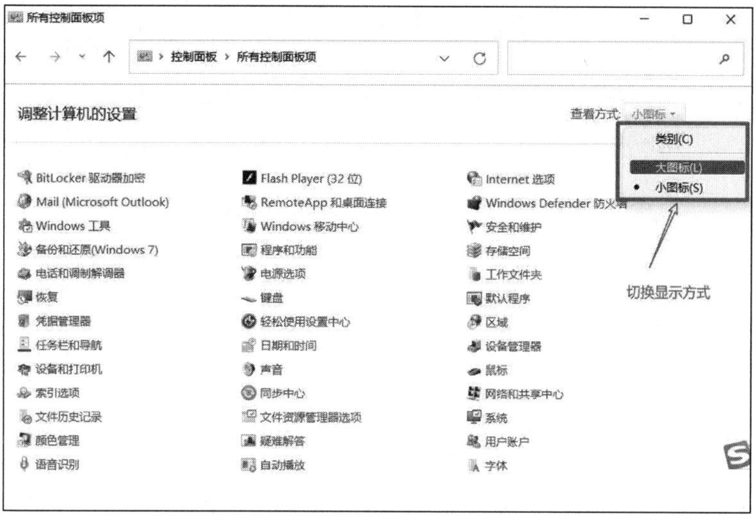

图 1-30 切换控制面板显示方式

（2）在“控制面板”中双击【字体】图标，即可打开如图 1-31 所示的字体设置窗口，在该窗口中用户可以选择适合自己的输入语言和字体。

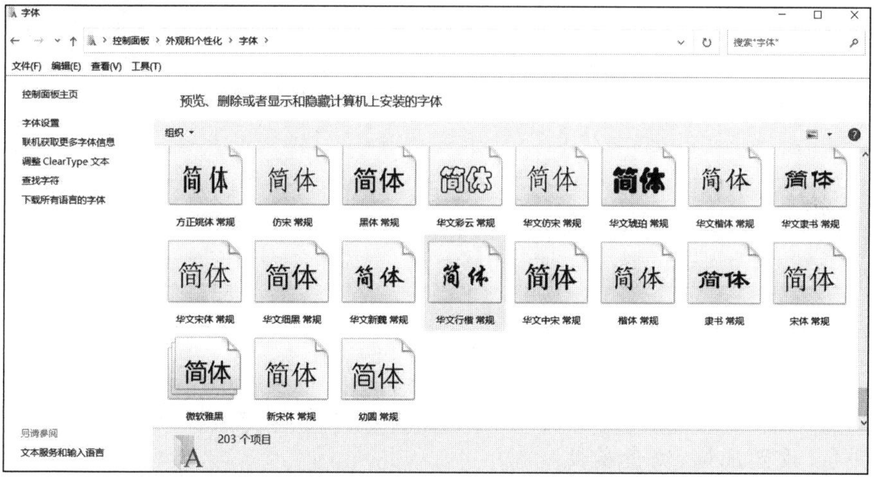

图 1-31 文字设置窗口

（3）在“控制面板”中双击【系统】图标，在打开的如图 1-32 所示的窗口中单击【显示】选项，可以设置适合自己的显示比例和屏幕分辨率等。

任务 3 设置系统时间和日期及时区

本任务的主要内容是掌握系统时间、日期和时区的设置方法。

操作步骤：

（1）在“控制面板”中双击【日期和时间】图标，在弹出的如图 1-33 所示的窗口中可以查看当前的时间、日期和时区等信息。

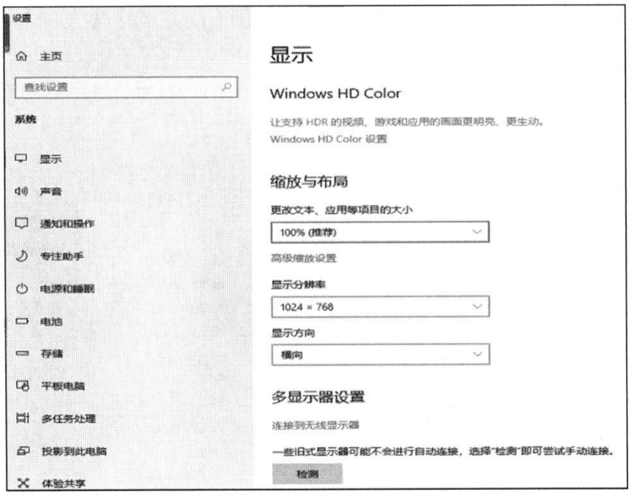

图 1-32　显示设置

(2) 单击【更改日期和时间】,在打开的如图 1-34 所示的窗口中可以设置日期和时间。

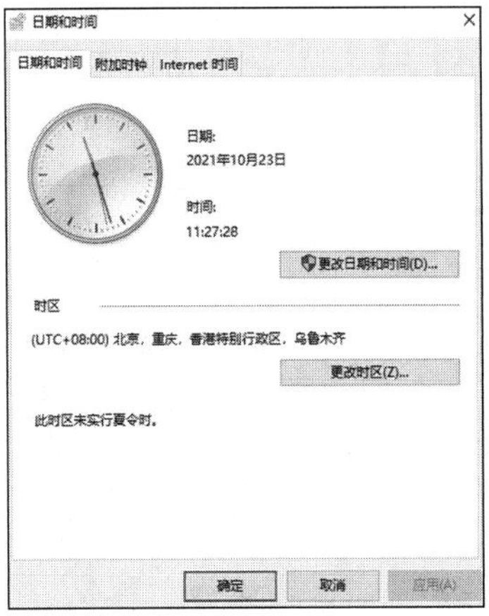

图 1-33　日期和时间

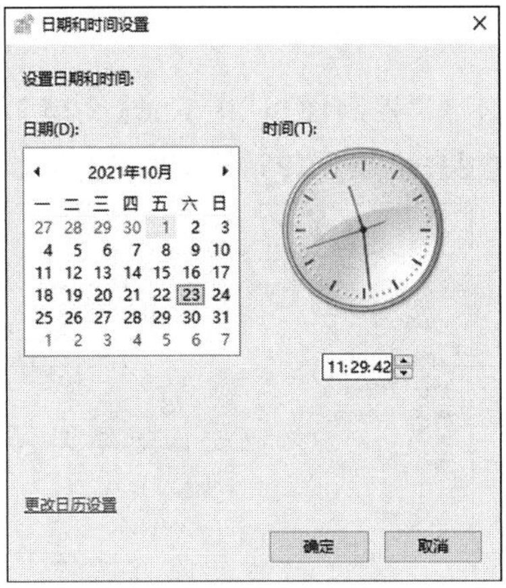

图 1-34　日期和时间设置

(3) 单击【更改时区】,选定时区后,点击【确定】,即完成时区设定。

任务 4　设置鼠标、键盘属性

本任务的主要内容是掌握鼠标属性、键盘属性的设置方法。

操作步骤:

(1) 在"控制面板"中双击【鼠标】图标,打开如图 1-35 所示的对话框。

(2) 在【鼠标属性】对话框中,单击【鼠标键】选项卡,可对鼠标键配置、鼠标双击速度和单击锁定(用于拖动操作)进行设置。

(3) 在【鼠标属性】对话框中,单击【指针】选项卡,可对鼠标指针的形状进行设置。鼠标指针形状设置如图 1-36 所示。

(4) 在【鼠标属性】对话框中,单击【指针选项】选项卡,可对鼠标指针的移动速度、精确度和可见性等进行设置。

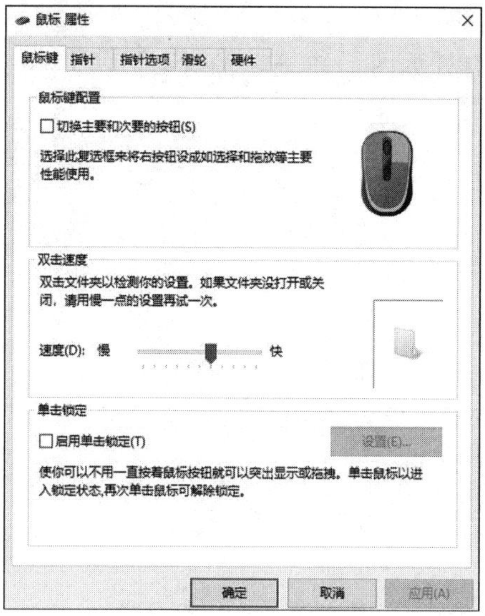

图 1-35　鼠标属性设置

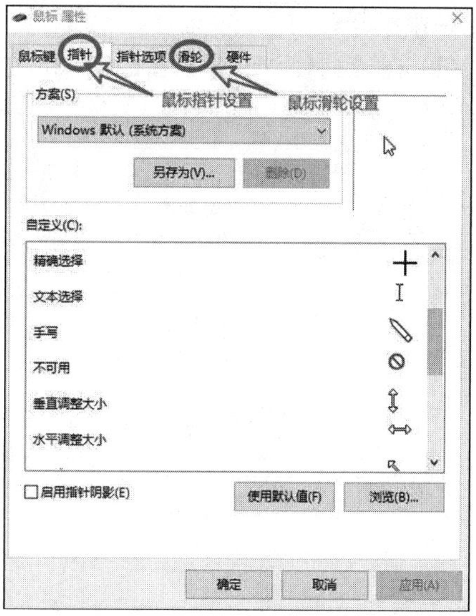

图 1-36　鼠标指针形状设置

(5) 在【鼠标属性】对话框中，单击【滑轮】选项卡，可以设置鼠标滑轮的垂直滚动和水平滚动效果。

(6) 在“控制面板”中双击【键盘】图标，在打开的如图 1-37 所示的【键盘属性】对话框中，可设置键盘的字符重复(按住某个键不放以重复输入字符的延迟和速度)和光标闪烁速度；切换到【硬件】选项卡，可查看并设置键盘的设备属性。

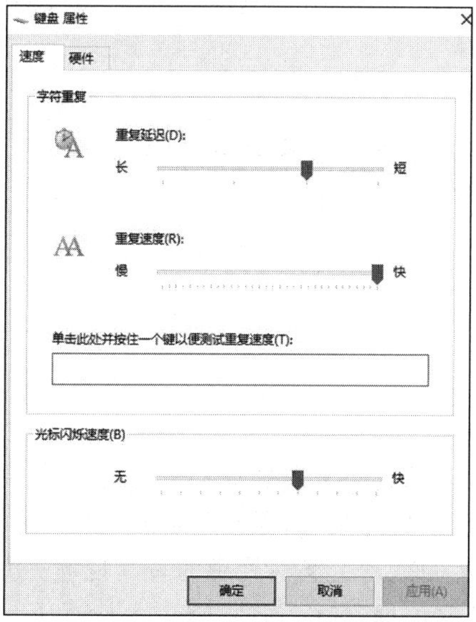

图 1-37　键盘属性设置

任务 5　查看和卸载程序

本任务的主要内容是掌握如何查看已经安装的程序和卸载程序。

操作步骤：

(1) 在"控制面板"中双击【程序和功能】图标，打开如图 1-38 所示的对话框。

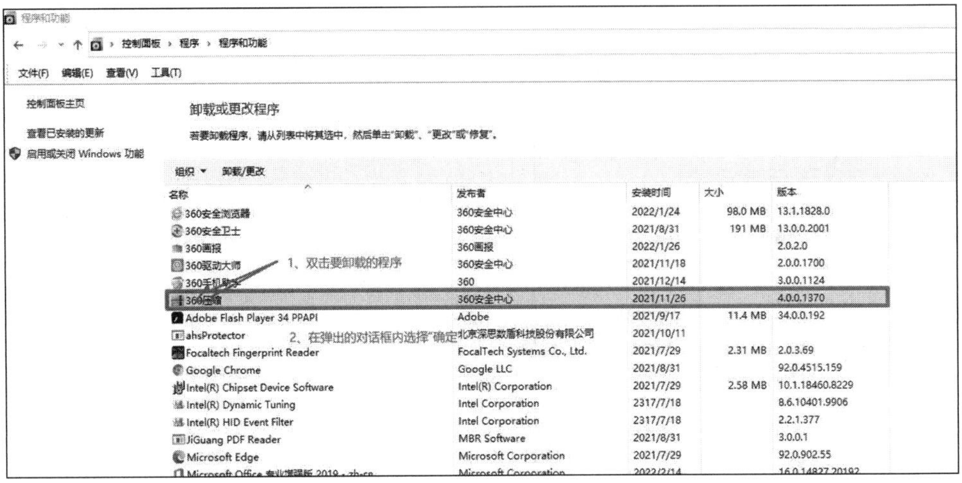

图 1-38 【程序和功能】对话框

(2) 在【程序和功能】对话框中，可以查看已经安装程序的名称、安装时间、大小、版本等信息。

(3) 双击需要卸载的程序，在弹出的对话框中点击【确定】按钮，即可卸载此程序。

项目四　常用工具软件的使用

第一章-项目四

项目描述

本项目的学习目标是掌握压缩软件、杀毒软件、远程协助工具、PDF 阅读软件、百度网盘工具等工具软件的使用方法。

通过本项目的学习，学生应掌握一些常用工具软件的使用方法，提高计算机应用能力，为以后的学习和工作打下坚实的基础。

项目相关知识介绍

1. 压缩软件

数据压缩技术是计算机技术中的关键技术之一，它利用信息之间的相关性和冗余性(空间冗余、时间冗余、统计冗余、结构冗余、知识冗余等)。要达到满意的画面质量和音频听觉效果，计算机要对信息进行实时处理。实时处理的关键是解决庞大的视频、音频等数据的传输、读入和存储问题，即对这些数据进行压缩处理。

2. 杀毒软件

杀毒软件，也称反病毒软件或防毒软件，是用于消除电脑病毒和恶意程序的一类软件。

病毒也是一种程序，但它不同于正常的程序。一个正常的程序会包含文档说明，但病毒不会，它不会含有关于它的"使用说明"。病毒不为用户提供一种期望的、可用的正常功能。

它对用户是不透明的，而且不等待被动运行，在制造者人为设置的运行条件下，隐蔽地运行。同时，病毒以多种方式复制自身，这并不是一种简单的复制过程，病毒可能会以一种更复杂的形式分割自身插入别的文件。

杀毒和安全防护软件提供了防护和清除两大功能。一是运用一种实时的监控能力，使病毒在出现时就遭"灭顶之灾"；二是在感染病毒后将之清除出系统。两大功能同时作用使我们的计算机运行于相对安全的环境。

任何用户，包括初级的、高级的用户都有必要安装一套杀毒软件，让它处在第一线保障计算机的安全；用户需要及时更新杀毒软件，这是最基本的防护。

3. 远程协助工具

传统的远程控制软件一般使用 NetBEUI、NetBIOS、IPX/SPX、TCP/IP 等协议来实现远程控制。而随着网络技术的发展，很多远程控制软件通过 Web 页面或者客户端形式以 Java 技术来控制远程电脑，这样可以实现不同操作系统下的远程控制，如向日葵远程控制软件既支持 Web 页面远程，也支持客户端远程。

从应用程序的角度看，远程协助工具除了下文介绍的系统自带"快速助手"外，还有 QQ、向日葵、TeamViewer 等。

4. PDF 阅读软件

PDF 阅读软件是阅读和编辑 PDF 文件的一类软件。Adobe 公司设计 PDF 文件格式的目的是跨平台支持多媒体集成信息的出版和发布，尤其是提供了对网络信息发布的支持功能。PDF 文件格式可以将文字、字形、格式、颜色及独立于设备和分辨率的图形图像等封装在一个文件中。该格式文件还可以包含超文本链接、声音和动态影像等电子信息。PDF 格式的文档具有纸版书的质感和阅读效果，可以逼真地展现原书的面貌，而显示大小可任意调节，为读者提供了个性化的阅读方式。

5. 百度网盘

百度网盘是百度推出的一项免费云存储服务。用户可以将自己的文件上传到百度网盘，并可以跨终端随时随地查看和分享。百度网盘提供离线下载、文件智能分类浏览、视频在线播放、文件在线解压缩、免费扩容等功能。

实验主要内容

任务 1　压缩软件的使用

本任务的主要内容是掌握 WinRAR 压缩软件的使用方法。

操作步骤：

(1) 打开 WinRAR 压缩软件，执行【命令】|【添加文件到压缩文件中】，如图 1-39 所示。

(2) 在如图 1-40 所示的窗口中，设置好压缩文件名、压缩参数等项目后，单击【确定】按钮。

(3) 在弹出的如图 1-41 所示的窗口中，显示该压缩文件的情况，包括压缩进度、剩余时间、压缩率等信息。压缩完成后，在原文件夹旁边出现了压缩文件。

(4) 双击需要解压缩的文件，即可打开如图 1-42 所示的窗口，执行【命令】|【解压到指定文件夹】。

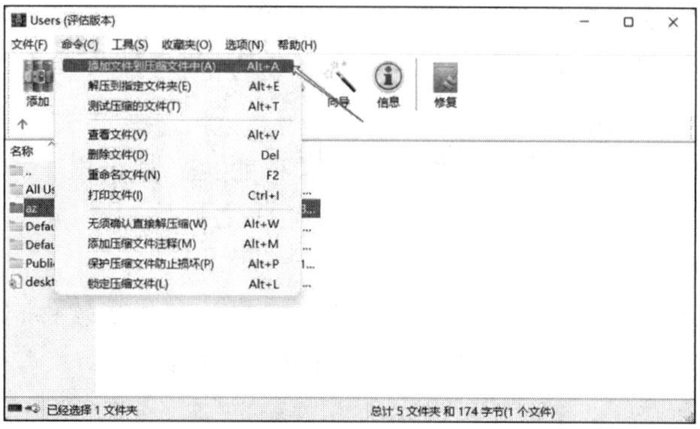

图 1-39 压缩窗口

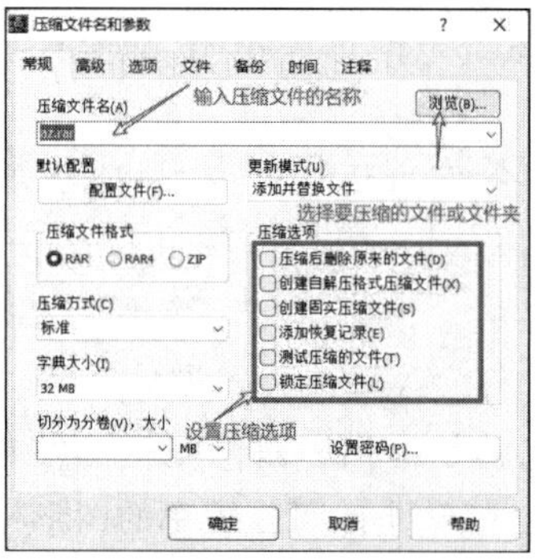

图 1-40 压缩参数设置

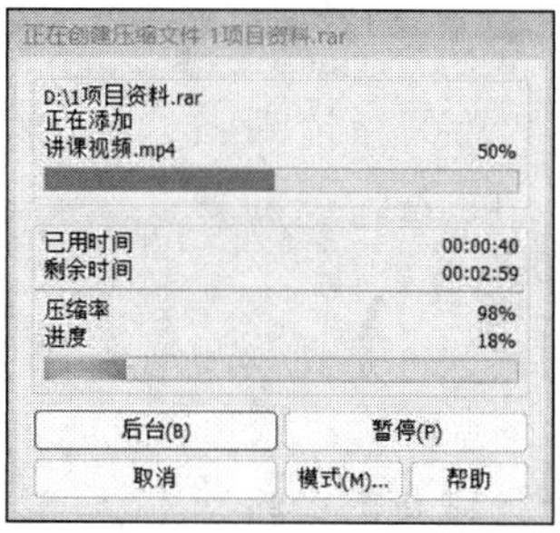

图 1-41 压缩过程

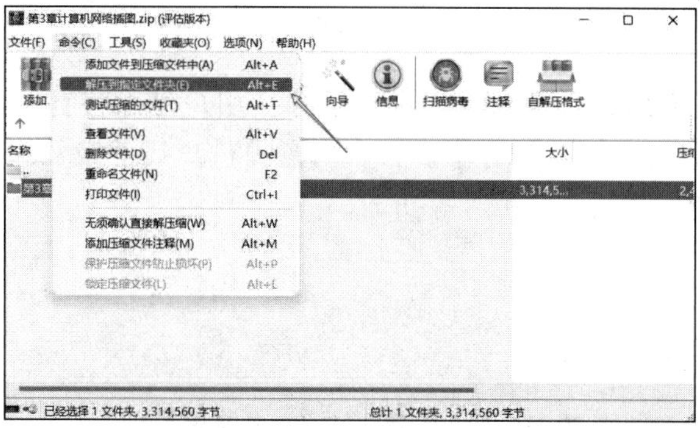

图 1-42 解压窗口

(5) 在弹出的如图 1-43 所示的【解压路径和选项】对话框中设置解压路径、解压选项的参数后，单击【确定】按钮，开始解压。

(6) 解压完成后，在指定的路径下出现要解压的文件或文件夹。

任务 2 杀毒软件的使用

本任务的主要内容是掌握 360 杀毒软件的使用方法。

操作步骤：

(1) 在 360 官网上下载新版 360 杀毒软件并正确安装。

（2）打开 360 杀毒软件，在如图 1-44 所示的窗口中单击“全盘扫描”，开始扫描病毒。

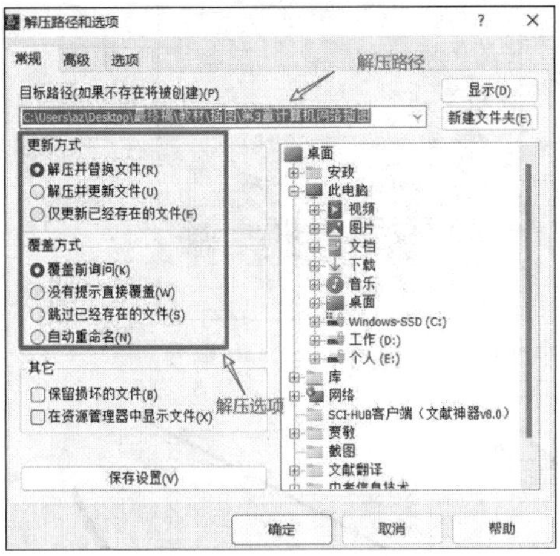

图 1-43　解压参数设置

图 1-44　安全防护软件

（3）扫描完成后，会出现扫描结果报告。用户可根据提示选择处理办法。

（4）360 杀毒软件还可以对系统漏洞进行扫描和修复，在图 1-45 所示的窗口中选择“漏洞修复”，可以实现对系统漏洞的扫描和修复。

图 1-45　漏洞修复

任务 3　远程协助工具的使用

本任务的主要内容是掌握 Windows 10 操作系统自带远程协助工具的使用方法。

操作步骤：

（1）执行【开始】|【Windows 附件】|【快速助手】，打开如图 1-46 所示的窗口。

（2）提供协助方的计算机，选择【提供协助】选项，在如图 1-47 所示的登录页面中输入 Microsoft 账号、密码等信息进行登录。

（3）登录成功后，在快速助手窗口中出现如图 1-48 所示的 6 位数的共享安全代码，把安全代码告知被协助方。

（4）选择控制方式（“完全控制”或“查看屏幕”），如图 1-49 所示。

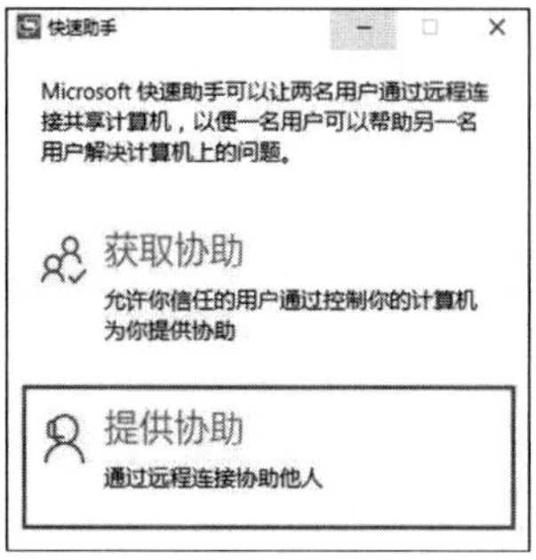

图 1-46　快速助手

图 1-47　输入 Microsoft 账号

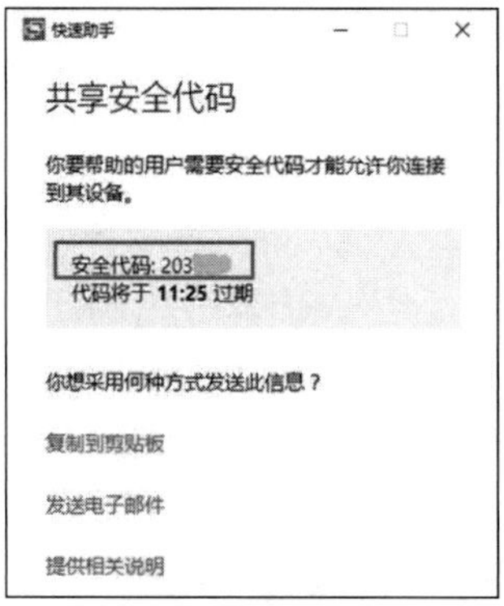

图 1-48　安全代码

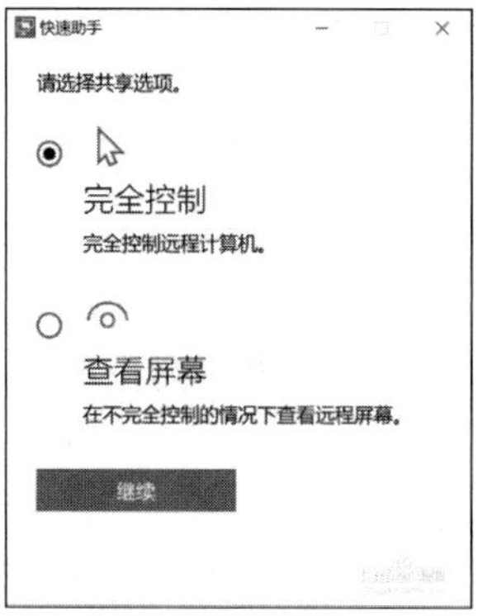

图 1-49　设置控制方式

(5) 被协助方启动 Windows 10 快速助手，选择【获取协助】选项，输入协助方提供的 6 位数安全代码，单击【提交】按钮，远程协助开始连接。

(6) 连接成功后，快速助手窗口中显示连接状态。提供协助方就可以根据设置的控制方式控制被协助方的计算机。

任务 4　PDF 阅读软件的使用

本任务的主要内容是掌握 Adobe Acrobat DC 的使用方法。

操作步骤：

(1) 启动 Adobe Acrobat DC 软件，其工作界面如图 1-50 所示。

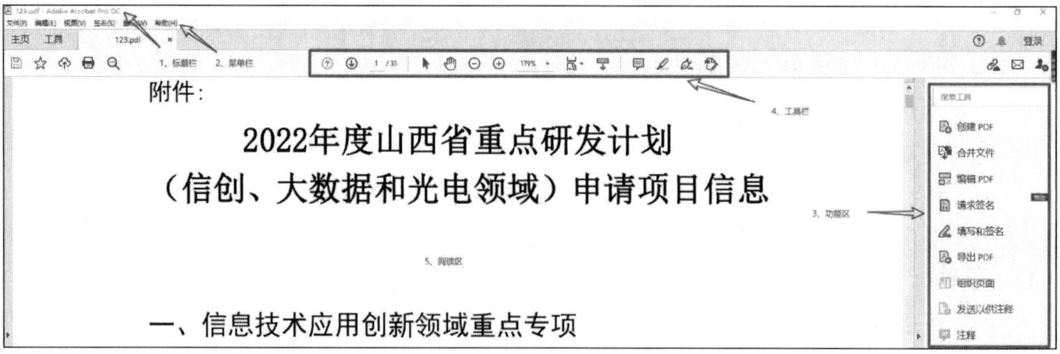

图 1-50　Adobe Acrobat DC 工作界面

(2) 执行【文件】|【打开】命令，可以打开选定的 PDF 文件。

(3) 单击【工具】选项，打开如图 1-51 所示的窗口，可以完成创建 PDF、合并文件、组织页面、编辑 PDF、导出 PDF 等操作。

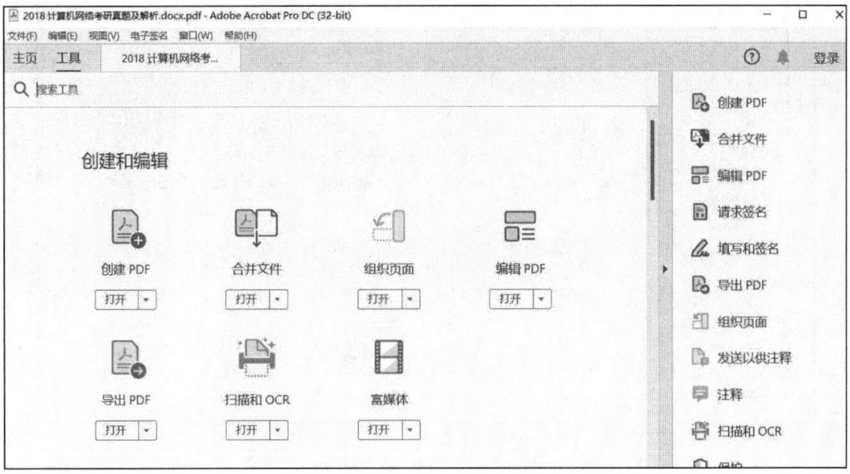

图 1-51　PDF 工具

(4) 选择【导出 PDF】，打开如图 1-52 所示的窗口，可以选择将 PDF 文件转换为 Word、PPT 等多种格式。

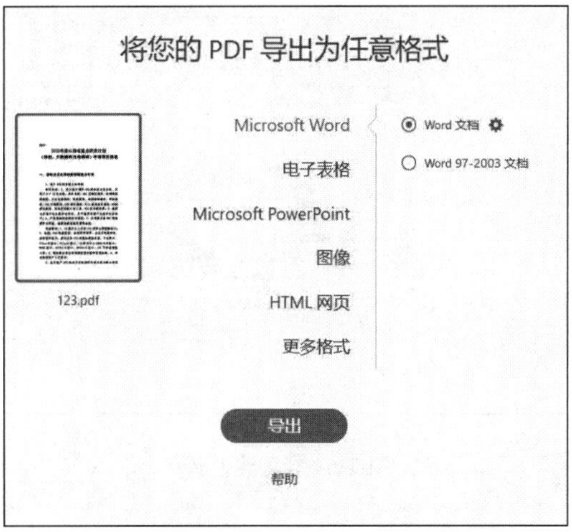

图 1-52　PDF 格式转换

任务 5　百度网盘的使用

本任务的主要内容是掌握百度网盘的使用方法。

操作步骤：

(1) 启动百度网盘程序，登录百度网盘账户，登录成功后进入如图 1-53 所示的窗口。

(2) 在百度网盘上选择某个文件夹，单击【上传】按钮，在如图 1-54 所示的窗口中可以将本地文件上传到百度网盘。

图 1-53　百度网盘窗口

图 1-54　文件上传

(3) 在百度网盘上选定某个文件或者文件夹，单击【下载】按钮，在如图 1-55 所示的窗口中可以将百度网盘中的文件下载到本地硬盘。

(4) 在百度网盘上选定某个文件或者文件夹，单击【分享】按钮，在如图 1-56 所示的窗口中可以将文件分享给好友或者生成分享链接。

(5) 在如图 1-57 所示的窗口中，单击百度网盘主页中的【工具】选项，可以打开百度网盘的工具列表，常用的有文件夹备份(将本地文件夹内容自动备份到百度网盘)、微信 QQ 文件备份等工具。

图 1-55　文件下载

图 1-56　文件分享

图 1-57　百度网盘工具

综合实训

实训一　完成文件和文件夹的操作。

（1）在D盘下新建文件夹，并更名为“我的文件”。

（2）在“我的文件”下新建两个文件夹，更名为“我的文件1”和“我的文件2”。

（3）将“我的文件2”复制粘贴至E盘根目录下，同时将“我的文件1”剪切粘贴至E盘根目录下。

（4）对“我的文件1”，在桌面上建立快捷方式。

（5）对“我的文件2”进行隐藏和加密操作。

（6）在资源管理器中搜索“我的文件2”。

（7）将“我的文件”删除。

实训二　完成下列操作。

（1）查看电脑的CPU信息、内存信息及软件信息。

（2）查看电脑当前CPU和内存使用情况并抓拍截图。

（3）选择任意一张图片，将其设置为屏幕保护图片，屏幕保护时间设置为3分钟。

（4）选择一个文件夹进行压缩操作。

（5）选择一个PDF文件，查看并将其转换成Word文件。

第二章　文字处理软件的使用

内容与要求

本章主要介绍了文字处理软件 Word 2016 的使用，包括文档的创建、编辑等基本操作，表格的创建、编辑、格式化、排序和表格数据计算方法，以及邮件合并、图文混排、文档排版等基本操作。

通过本章的学习，学生应掌握 Word 2016 排版的基本知识，字体、段落、表格、图文混排等文档编辑技术，并能综合应用于文档设计；具备独立设计和制作文档的能力，掌握从设计、编辑到打印装订的全部环节操作方法；能够熟练应用多种常用文档的格式、风格及设计思路，如产品彩页和使用说明书、商务文档、竞标方案、技术图书、简历及论文等，为将来走上工作岗位打好基础。

本章的思维导图

- 文字处理软件的使用
  - 项目一　Word 2016 基本操作
    - 任务 1　文档的创建与文本的录入
    - 任务 2　字符及段落格式化
    - 任务 3　格式刷的使用
    - 任务 4　文本底纹设置及日期的插入
    - 任务 5　邮件合并功能的使用
  - 项目二　Word 2016 的表格制作
    - 任务 1　创建表格
    - 任务 2　表格的格式化
    - 任务 3　公式的使用
    - 任务 4　文字与表格的转换
    - 任务 5　设置表格标题行重复
  - 项目三　Word 2016 的图文混排
    - 任务 1　设置页眉页脚
    - 任务 2　插入艺术字
    - 任务 3　插入 SmartArt 图形
    - 任务 4　图片的插入与编辑
  - 项目四　综合案例
    - 任务 1　设置页面
    - 任务 2　设置标题样式
    - 任务 3　设置字符、段落格式
    - 任务 4　添加页眉、页码
    - 任务 5　生成目录

项目一　Word 2016 基本操作

项目描述

本项目的学习目标是掌握 Word 2016 的基本操作，包括文档的创建、打开、编辑、字符及段落格式化、查找与替换、项目符号、格式刷、文本底纹、日期插入等基本操作，以及邮件合并等高级应用。通过本项目的学习，学生应能够进行 Word 2016 的基本操作。

项目相关知识介绍

1. 常用文字处理软件介绍

文字处理软件是办公软件的一种，常见文字处理软件主要有 Microsoft Office 中的 Word、金山 WPS Office、永中 Office 等。

WPS Office 是由北京金山办公软件股份有限公司自主研发的一款办公软件套装，可以实现办公软件最常用的文字、表格、演示等多种功能。WPS 包括 WPS 文字、WPS 表格和 WPS 演示三大组件。WPS 致力于全平台发展，除了 Windows 平台外，还有 Linux 版 WPS、移动版 WPS 和 iOS 的 WPS 演示，以及 Mac 版 WPS。

Microsoft Word 是微软公司开发的文字处理软件。它最初是由布罗迪(R. Brodie)于 1983 年为了运行 DOS 的 IBM 计算机而编写的，后来成了 Microsoft Office 的一部分。Word 提供了许多易于使用的文档创建工具，同时也提供了丰富的功能集，用于创建复杂的文档。

永中 Office 是一款自主创新的优秀国产办公软件，有文字处理、电子表格制作和简报制作三大应用，可以在 Windows、Linux 等多种不同操作系统上运行。永中 Office 可高度替代进口的同类软件，且具备诸多创新功能。

2. Microsoft Office 的发展历史

Microsoft Office 是工作、学习必备的装机软件，在编辑文档、制作电子表格、制作 PPT 演示文稿等方面使用率很高。Microsoft Office 在不断升级，提供最新的功能，以适应用户的需求。下面简单介绍一下 Microsoft Office 的历史与演变。

(1) Microsoft Word for MS-DOS 阶段

在 20 世纪 80 年代初，微型计算机开始普及，文字处理软件开始发展。1983 年，微软公司发布了自己的第一款基于 DOS 平台的文字处理软件 Word for DOS 1.0，开始了微软公司 Office 办公软件的发展历程。随后几年内，微软公司发布了 Word for DOS 2.0、Word for DOS 3.0、Word for DOS 4.0 等，同时还发布了 Word for Excel 以及支持苹果电脑的 Word for Mac 等。

(2) Microsoft Office for Windows 阶段

1989 年，微软公司发布基于 Windows 平台的文字处理软件 Word for Windows 1.0，并于 1990 年发布改进版 Word for Windows 1.1，开始占领办公软件的市场。

1992 年发布 Word for Windows 2.0 版本，用户界面和 1.0 版本有所不同，在工具栏上增加了一些按钮。

1995 年发布 Office 95。从这个版本开始，微软公司对办公软件的命名方法进行了更改，以匹配 Office 套件中每款应用程序软件的版本号，开始采用年份来命名软件。

1996 年秋季发布 Office 97。Office 97 首次引进 Office 助手，以交互的方式来帮助用户使用 Office 软件，为 Office 97 最负盛名的特色。

1999 年发布 Office 2000。Office 2000 对以前版本进行了许多更新，包括更流畅的用户元素和更高的安全性，用户体验更好。

2003 年秋季发布 Office 2003。Office 2003 具有大量的功能和安全特性，与 Windows 操作系统完全融合，呈现与操作系统外观相同的图标和工具栏。

2007 年发布 Office 2007。Office 2007 引入功能区界面，通过在新的微软 Office Fluent 用户界面中提供一套用于创建和格式化文档的综合工具来帮助用户生成具有专业外观的文档。

2009 年发布 Office 2010。Office 2010 引入办公网络应用，用户无论身在何处都能保持联系并有效地工作，他们可以从个人电脑、智能手机或网络浏览器中使用相同的应用程序。

2012 年发布 Office 2013。Office 2013 重点加强了云服务项目，提供了云集成功能，采用全新的界面，使用户更加专注于内容，配合 Windows 8 的触控使用，增强了触屏功能，实现了云服务端、计算机、平板电脑、手机等智能设备的同步更新。

Office 365 于 2011 年推出，作为微软公司基于云的业务套件的替代品，用于替代独立的 Office 版本。它包括 Word、Excel、PowerPoint、OneNote 和电子邮件程序的 Web 版本，此外，它还为 OneDrive 提供无限存储空间。

2015 年发布 Office 2016。Office 2016 进行了多方面升级，包括文档共同创作、新的“Tell Me”导航支持、与 Power BI 的集成，以及更多的权限管理功能等。该版本针对移动设备和触摸屏进行了优化。在 Office 2016 提供的新功能方面，Word 引入实时协作，Excel 可直接识别手写方程式等，从而大大提高了办公效率。

2018 年 9 月 25 日发布 Office 2019，包括 Windows 和 Mac 版。目前 Office 的最新版本为 Office 2021。

本章以 Microsoft Office 中的 Word 2016 版本为例来学习文字处理软件的使用。

实验主要内容

任务 1　文档的创建与文本的录入

要求：在“D:\计算机基础实验作业\学生姓名”文件夹（如果该文件夹不存在，请自建）中创建一个名为“邀请函.docx”的 Word 文档，并录入以下文字内容。

第二章-项目一-任务 1

研讨会邀请函范文

编号（ ）

尊敬的

近年来，随着国内企业信息化进程的不断加快，企业对于高水平信息化实用型人才的需求不断增长，为适合这种需要，许多高校都开设了 ERP 课程，学生掌握的信息化知识的深度和广度都有了很大的提高。

与此同时，由于高校中开设 ERP 课程的历史较短，以及教学经验和教学条件等方面的限制，培养出的学生质量与满足企业实际需求之间仍存在一定差距。

高校承担着为社会培养高水平专业人才的崇高使命，同时也面临着来自学生就业和不断提高教学质量的压力。那么：

什么是适合中国国情的信息化人才，如何找到适合自己的教学理念？

如何在“校企联盟”的教育改革模式下打造企业需要的信息化人才？

如何让没有任何商业实战经验的大学生初出校门即得到社会的青睐？

针对上述问题，我公司在 6 月 17 日召开“高校如何培养企业需要的信息化人才”的大型研讨会，使高校与企业悉知各自所应扮演的角色，从而为中国社会信息化的发展和普及作出应有的贡献。

特此邀请，真诚地期待您的光临！

时间：2021 年 6 月 17 日

地点：北京神州数码管理系统有限公司

活动主题：高校如何培养企业需要的信息化人才

日程安排：

9:00—12:00 注册

14:00—15:30 会议

15:30—15:45 休息

15:45—16:45 各高校教师代表发言

16:45—17:15 问题与回答

联系人：孙阳

操作步骤：

(1) 打开“D:\计算机基础实验作业\学生姓名”文件夹，单击鼠标右键，在快捷菜单中选择【新建】|【Microsoft Word 文档】，生成默认名为“新建 Microsoft Word 文档”的文档，之后为其重命名为“邀请函”。如图 2-1 和图 2-2 所示。

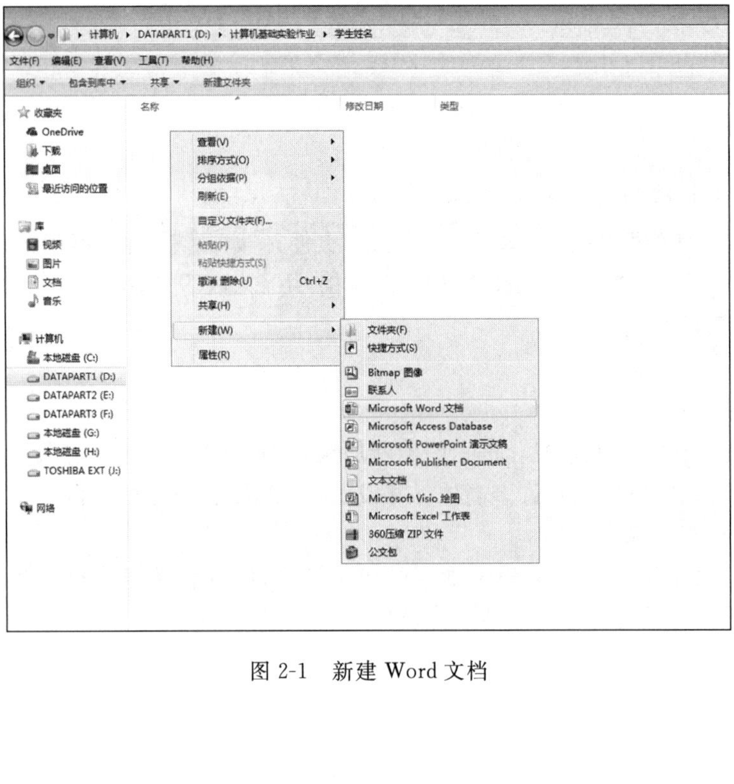

图 2-1 新建 Word 文档

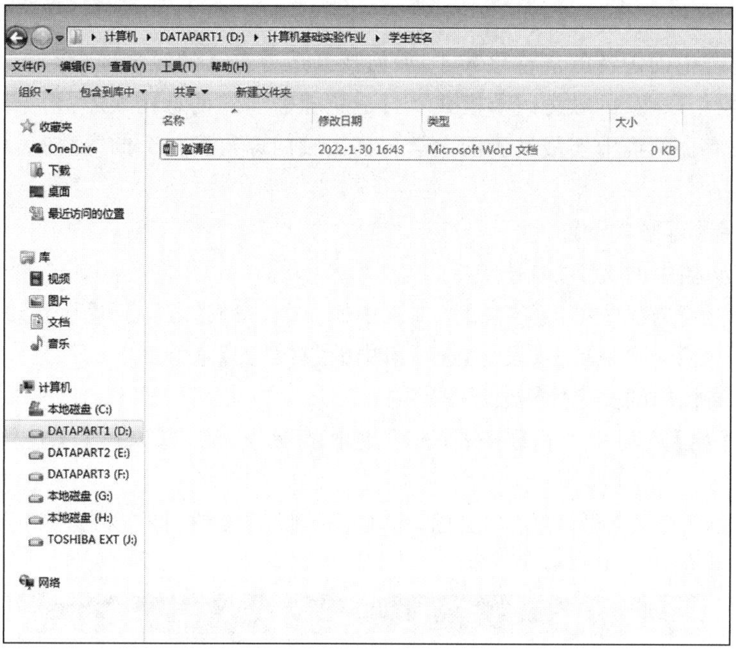

图 2-2　重命名后的 Word 文档

(2) 双击打开"邀请函"文档，即启动 Microsoft Office Word 2016 应用程序。

(3) 在文档编辑区依照"研讨会邀请函范文"输入会议请柬的具体内容。图 2-3 是初步输入完成的会议请柬文档。

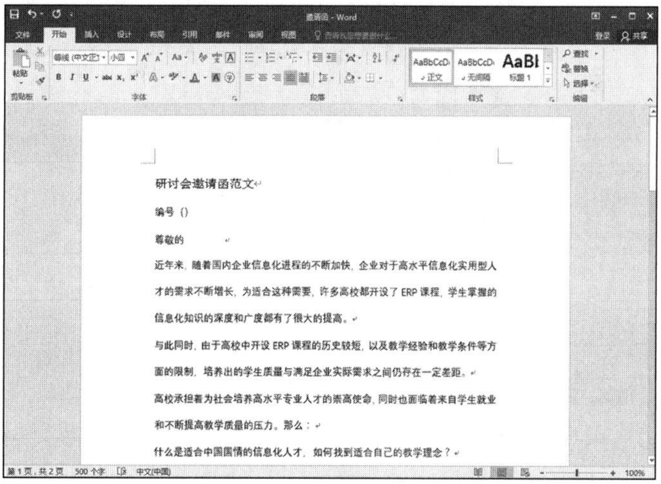

图 2-3　会议请柬文档

任务 2　字符及段落格式化

要求：对"邀请函"文档进行格式化。将"编号( )"的字体设置为宋体小五号，对齐方式设置为右对齐，段落间距设置为段后"1 行"、"单倍行距"；将"尊敬的"的字体设置为宋体五号加粗，后加下划线；将正文中的前两个自然段首行缩进 2 字符；将正文中的所有"高校"用"高等学校"替换；为文中的下列文字

第二章-项目一-任务 2、3、4

添加项目符号：

什么是适合中国国情的信息化人才，如何找到适合自己的教学理念？

如何在“校企联盟”的教育改革模式下打造企业需要的信息化人才？

如何让没有任何商业实战经验的大学生初出校门即得到社会的青睐？

操作步骤：

1. 对文字进行格式设置

(1) 选定文档中的文字“编号( )”。

(2) 在【开始】选项中单击【字体】选项组中的命令，完成【宋体】和【小五】的设置。

(3) 在【开始】选项中单击【段落】选项组中的【右对齐】命令。

(4) 选定文档中的文字“尊敬的”。

(5) 在【开始】选项中单击【字体】选项组中的命令，完成【宋体】、【五号】和【加粗】的设置。

(6) 将光标置于文字“尊敬的”后面，单击【下划线】按钮，按空格键，得到一条下划线。设置完成的效果如图 2-4 所示。

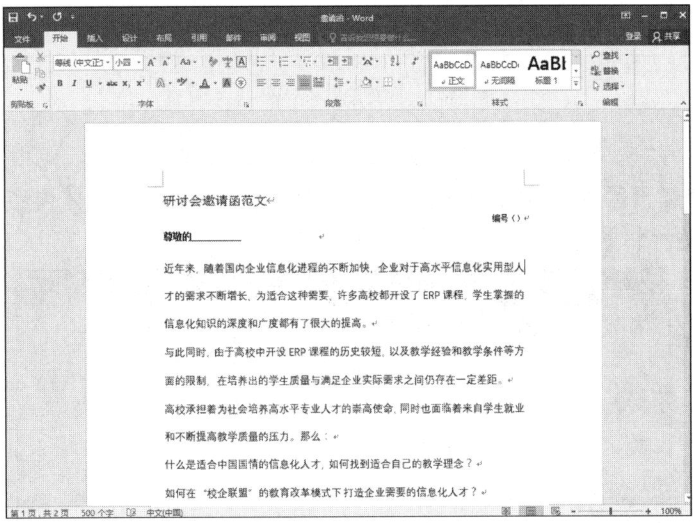

图 2-4　文字格式设置效果

2. 合理安排段落布局

(1) 把插入点放在文字“编号( )”后面。

(2) 在【开始】选项中单击【段落】选项组的右下角【对话框启动】按钮，打开【段落】对话框。

(3) 在【段落】对话框中完成段落间距段后“1 行”、“单倍行距”的设置，具体操作如图 2-5 所示。

(4) 选中正文的前 3 段。

(5) 在【开始】选项中单击【段落】选项组的右下角【对话框启动】按钮，打开【段落】对话框。

(6) 将【段落】对话框中的【特殊】格式设置为【首行缩进】。至此，文字设置效果如图 2-6 所示。

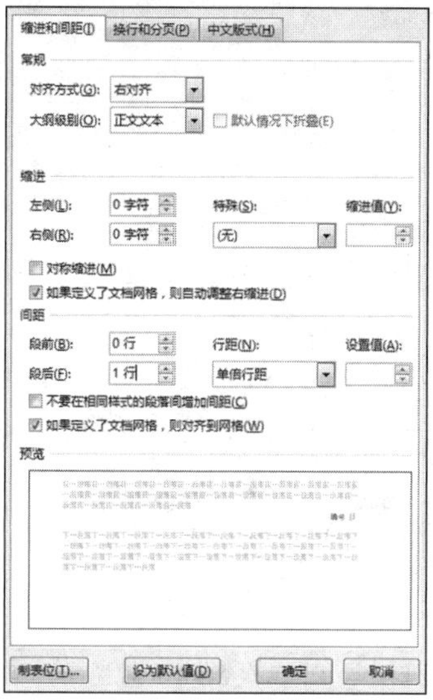

图 2-5　段落间距设置

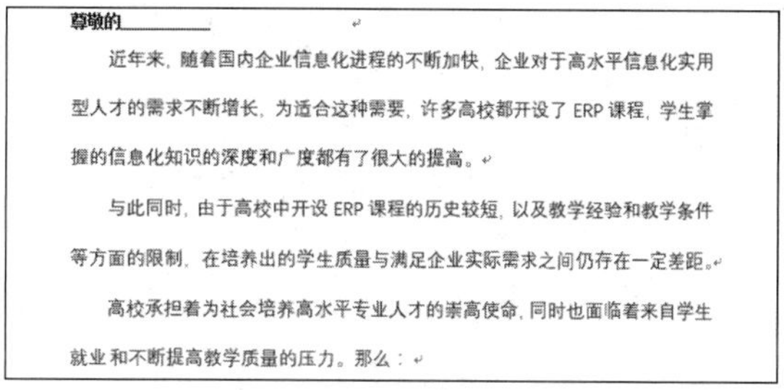

尊敬的

近年来，随着国内企业信息化进程的不断加快，企业对于高水平信息化实用型人才的需求不断增长，为适合这种需要，许多高校都开设了 ERP 课程，学生掌握的信息化知识的深度和广度都有了很大的提高。

与此同时，由于高校中开设 ERP 课程的历史较短，以及教学经验和教学条件等方面的限制，在培养出的学生质量与满足企业实际需求之间仍存在一定差距。

高校承担着为社会培养高水平专业人才的崇高使命，同时也面临着来自学生就业和不断提高教学质量的压力。那么：

图 2-6　段落设置效果

提示：在使用 Word 2016 编辑文档时，经常需要设置文字的大小，即设置字号。下面介绍设置字号的三种常用方法。

方法一：打开 Word 2016 文档页面，选中想要设置字号的文字，在【字体】中单击【字号】下三角按钮，在列表中选择符合需要的字号，或者在字号编辑框中输入具体的数值。

方法二：打开 Word 2016 文档页面，选中想要设置字号的文字，在【字体】中单击【增大字号】或【减小字号】按钮，改变被选中文字的字号。

方法三：打开 Word 2016 文档页面，选中想要设置字号的文字，在自动打开的“浮动工具栏”中设置字号。

3. 查找与替换

(1) 将光标定位在文档开始处，在【开始】选项【编辑】选项组的菜单中选【替换】，打开【查找和替换】对话框。

(2) 将光标定位于【查找内容】文本框中输入“高校”，之后将光标定位在【替换为】文本框中输入“高等学校”；单击【更多】按钮，展开对话框在【格式】中单击【字体】，得到如图 2-7 所示效果。

(3) 在【替换字体】对话框中设置字体着重号之后单击【确定】按钮，如图 2-8 所示。

(4) 单击【全部替换】，弹出对话框提示文档中替换的数目，单击【确定】按钮，出现如图 2-9 所示对话框。完成替换后效果如图 2-10 所示。

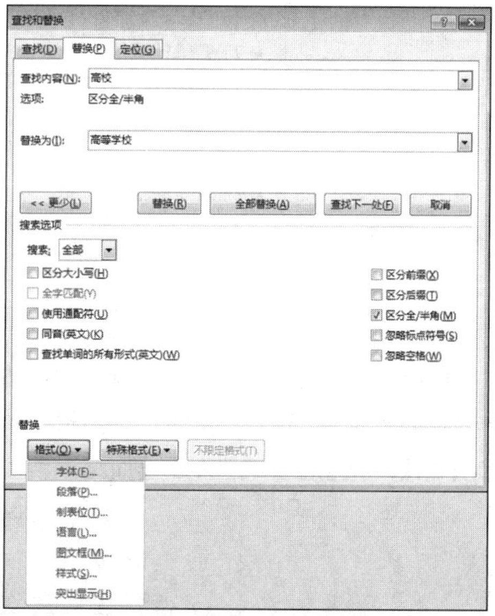

图 2-7　【查找和替换】对话框中【更多】设置

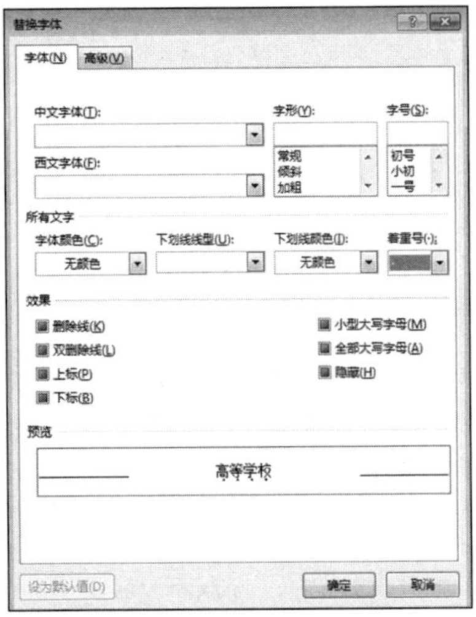

图 2-8　【替换字体】对话框

图 2-9　替换次数确认对话框

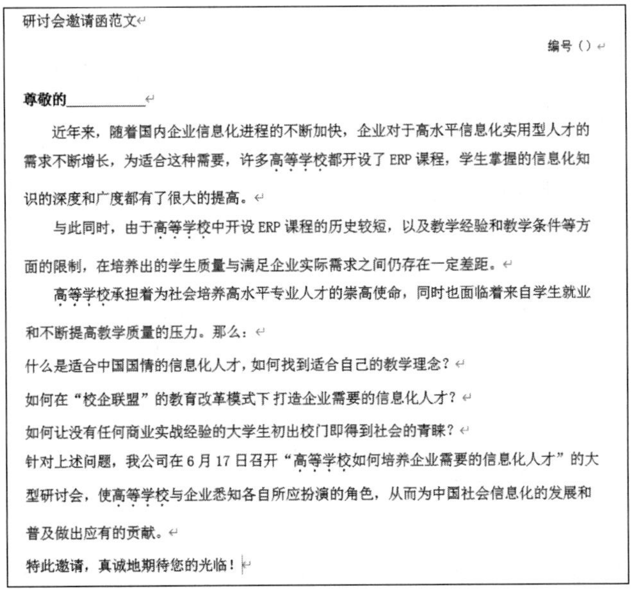
研讨会邀请函范文

编号（）

尊敬的__________

近年来，随着国内企业信息化进程的不断加快，企业对于高水平信息化实用型人才的需求不断增长，为适合这种需要，许多高等学校都开设了 ERP 课程，学生掌握的信息化知识的深度和广度都有了很大的提高。

与此同时，由于高等学校中开设 ERP 课程的历史较短，以及教学经验和教学条件等方面的限制，在培养出的学生质量与满足企业实际需求之间仍存在一定差距。

高等学校承担着为社会培养高水平专业人才的崇高使命，同时也面临着来自学生就业和不断提高教学质量的压力。那么：

什么是适合中国国情的信息化人才，如何找到适合自己的教学理念？

如何在“校企联盟”的教育改革模式下打造企业需要的信息化人才？

如何让没有任何商业实战经验的大学生初出校门即得到社会的青睐？

针对上述问题，我公司在 6 月 17 日召开“高等学校如何培养企业需要的信息化人才”的大型研讨会，使高等学校与企业悉知各自所应扮演的角色，从而为中国社会信息化的发展和普及做出应有的贡献。

特此邀请，真诚地期待您的光临！

图 2-10　完成替换后的效果

4. 添加项目符号

选中需要添加项目符号的内容，在【开始】选项中单击【段落】选项组中的【项目符号】命令右侧向下箭头，选择一种项目符号库的格式；为了使项目符号更加突出，可以增加其缩进量，单击【段落】选项组中的【增加缩进量】命令即可。设置效果如图 2-11 所示。

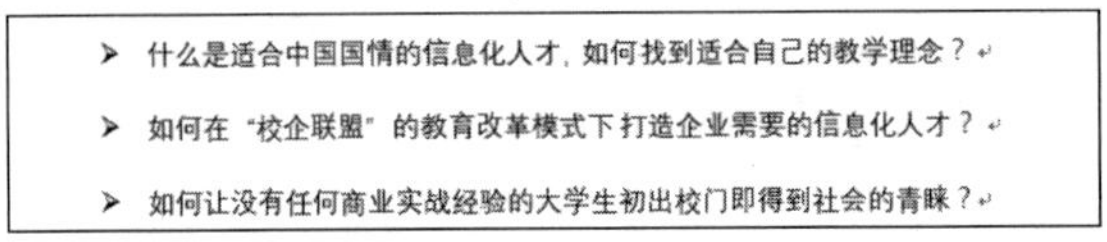
➢ 什么是适合中国国情的信息化人才，如何找到适合自己的教学理念？

➢ 如何在“校企联盟”的教育改革模式下打造企业需要的信息化人才？

➢ 如何让没有任何商业实战经验的大学生初出校门即得到社会的青睐？

图 2-11　【项目符号】设置效果

任务 3　格式刷的使用

要求：使用格式刷快速重复设置相同格式到指定文本，使剩余段落与文档前 2 自然段有相同设置。

操作步骤：

(1) 把光标定位到已有格式的段落中。

(2) 切换到功能区【开始】选项卡，在【剪贴板】选项组中单击【格式刷】按钮，此时光标形状变成一把刷子。

(3) 在需要刷新格式的段落上单击鼠标左键，即可复制段落格式，效果如图 2-12 所示。

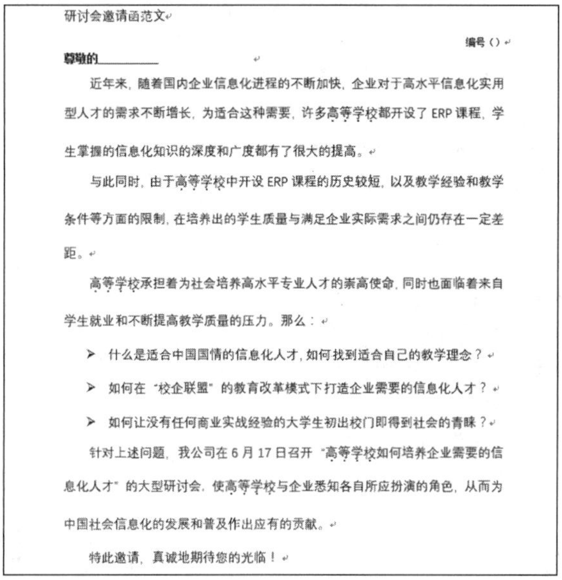
研讨会邀请函范文

编号（）

尊敬的__________

近年来，随着国内企业信息化进程的不断加快，企业对于高水平信息化实用型人才的需求不断增长，为适合这种需要，许多高等学校都开设了 ERP 课程，学生掌握的信息化知识的深度和广度都有了很大的提高。

与此同时，由于高等学校中开设 ERP 课程的历史较短，以及教学经验和教学条件等方面的限制，在培养出的学生质量与满足企业实际需求之间仍存在一定差距。

高等学校承担着为社会培养高水平专业人才的崇高使命，同时也面临着来自学生就业和不断提高教学质量的压力。那么：

- 什么是适合中国国情的信息化人才，如何找到适合自己的教学理念？
- 如何在“校企联盟”的教育改革模式下打造企业需要的信息化人才？
- 如何让没有任何商业实战经验的大学生初出校门即得到社会的青睐？

针对上述问题，我公司在 6 月 17 日召开“高等学校如何培养企业需要的信息化人才”的大型研讨会，使高等学校与企业悉知各自所应扮演的角色，从而为中国社会信息化的发展和普及作出应有的贡献。

特此邀请，真诚地期待您的光临！

图 2-12　使用格式刷设置段落格式效果

提示：双击【格式刷】命令，可连续多次使用格式刷，再次单击【格式刷】命令可释放格式刷。

任务 4　文本底纹设置及日期的插入

要求：为“邀请函.docx”文档中会议的“时间”“地点”“活动主题”“日程安排”和“联系人”等内容添加绿色底纹以突出效果，并在文章结束处插入日期。

操作步骤：

(1) 为“时间”“地点”“活动主题”“日程安排”和“联系人”等内容增加缩进量并添加绿色底纹。

① 选中“时间”一行，按住 Shift 键，单击“联系人”一行。

② 在【开始】选项中单击【段落】选项组中的【增加缩进量】按钮。

③ 选中倒数第 2 行至倒数第 5 行。

④ 在【开始】选项中单击【段落】选项组中的【增加缩进量】按钮。

⑤ 选中要添加底纹的文字。

⑥ 在【开始】选项中单击【段落】选项组中的【底纹】按钮，弹出如图 2-13 所示界面（扫描右侧二维码获取彩图，下同）。

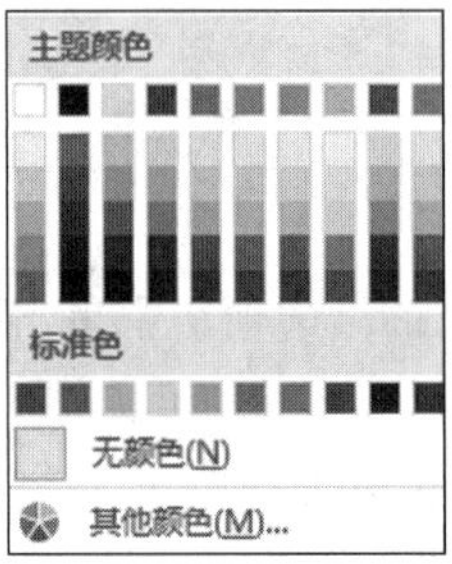

图 2-13　底纹设置

⑦ 单击标准色中的“绿色”，设置效果如图 2-14 所示。

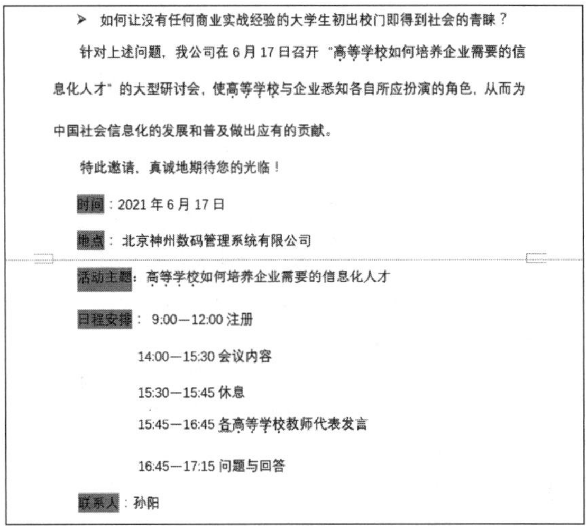

➢ 如何让没有任何商业实战经验的大学生初出校门即得到社会的青睐？

针对上述问题，我公司在 6 月 17 日召开“高等学校如何培养企业需要的信息化人才”的大型研讨会，使高等学校与企业悉知各自所应扮演的角色，从而为中国社会信息化的发展和普及做出应有的贡献。

特此邀请，真诚地期待您的光临！

时间：2021 年 6 月 17 日

地点：北京神州数码管理系统有限公司

活动主题：高等学校如何培养企业需要的信息化人才

日程安排：9:00—12:00 注册

14:00—15:30 会议内容

15:30—15:45 休息

15:45—16:45 各高等学校教师代表发言

16:45—17:15 问题与回答

联系人：孙阳

图 2-14　底纹设置效果

(2) 插入日期完成请柬制作。

① 把光标定位到插入的位置。

② 切换到功能区【插入】选项卡，单击【文本】选项组中【日期和时间】按钮，自动将当天的日期插入文档。

③ 切换到功能区【开始】选项卡，单击【段落】选项组中【右对齐】按钮，使插入的日期位于文档的右侧。完成后如图 2-15 所示。

任务 5　邮件合并功能的使用

要求：利用邮件合并功能为“邀请函. docx”制作邀请函，使其与 Excel 中保存的客户信息的数据源结合起来。

第二章-项目一-任务 5

操作步骤：

(1) 在“D:\计算机基础实验作业\学生姓名”文件夹中建立一个文件名为“通讯录”的 Excel 工作表，里面保存的是公司的客户资料，如图 2-16 所示。

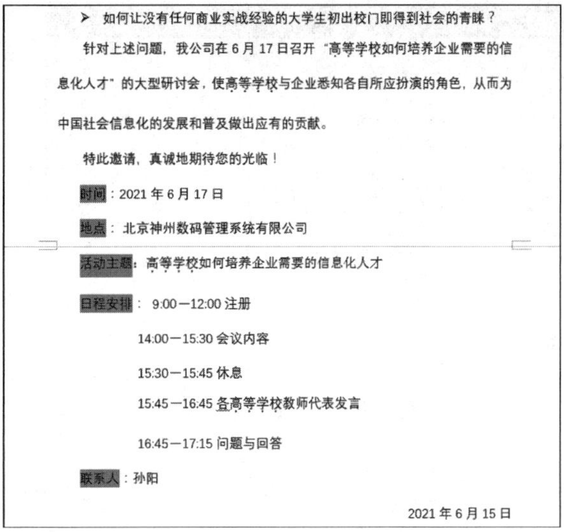

➤ 如何让没有任何商业实战经验的大学生初出校门即得到社会的青睐？

针对上述问题，我公司在 6 月 17 日召开“高等学校如何培养企业需要的信息化人才”的大型研讨会，使高等学校与企业悉知各自所应扮演的角色，从而为中国社会信息化的发展和普及做出应有的贡献。

特此邀请，真诚地期待您的光临！

时间：2021 年 6 月 17 日

地点：北京神州数码管理系统有限公司

活动主题：高等学校如何培养企业需要的信息化人才

日程安排：9:00—12:00 注册

14:00—15:30 会议内容

15:30—15:45 休息

15:45—16:45 各高等学校教师代表发言

16:45—17:15 问题与回答

联系人：孙阳

2021 年 6 月 15 日

图 2-15　插入日期后的文档效果

编号	姓名	性别	单位名称
jy0001	闫新	女	太原市大中专毕业生就业指导中心
jy0002	李义红	男	陕西省阳泉市教育局
jy0003	刘元胜	男	山西省朔州市教育局
jy0004	杨文晶	女	山西省运城市教育局
jy0005	杨斌	男	太原市大中专毕业生就业指导中心
jy0006	代红艳	女	山西省运城市教育局
jy0007	徐刚	男	河南省洛阳市人事局
jy0008	王璠	男	太原市大中专毕业生就业指导中心
jy0009	张庆	男	山西省朔州市教育局
jy0010	燕芸	女	山西省晋中市教育局
jy0011	李萍	女	山西省晋中市教育局

图 2-16　Excel 工作表中的数据

(2) 利用邮件合并功能，将工作表中的相应数据读取出来，并自动添加到邀请函文档中。

① 在主文档中打开数据源文件，使两者联系起来。

a. 打开“D:\计算机基础实验作业\学生姓名”文件夹中的“邀请函.docx”文档。

b. 切换到功能区【邮件】选项卡，单击【开始邮件合并】选项组中的【选择收件人】按钮，出现如图 2-17 所示的列表。

c. 在列表中单击【使用现有列表】命令，启动【选取数据源】对话框。

d. 在【选取数据源】对话框中，选择定义好的 Excel 数据源文件，如图 2-18 所示。

e. 单击【打开】按钮，弹出【选择表格】对话框，选择客户资料所在的 Excel 工作表，如图 2-19 所示。

f. 单击【确定】按钮就打开了数据源文件，此时【编辑收件人列表】按钮变为可用状态。如图 2-20 所示。

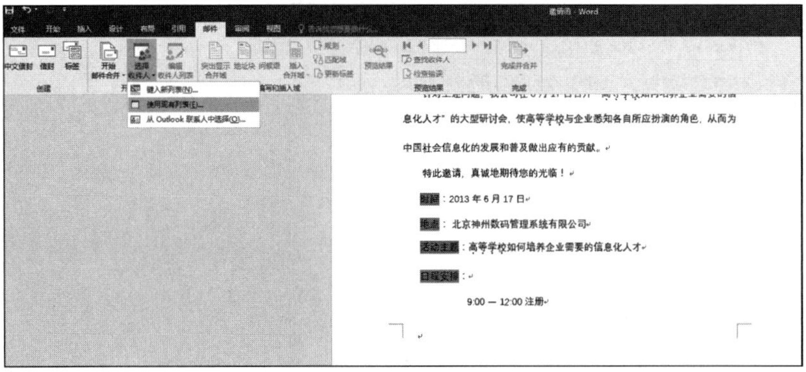

图 2-17 【选择收件人】列表

图 2-18 【选取数据源】对话框

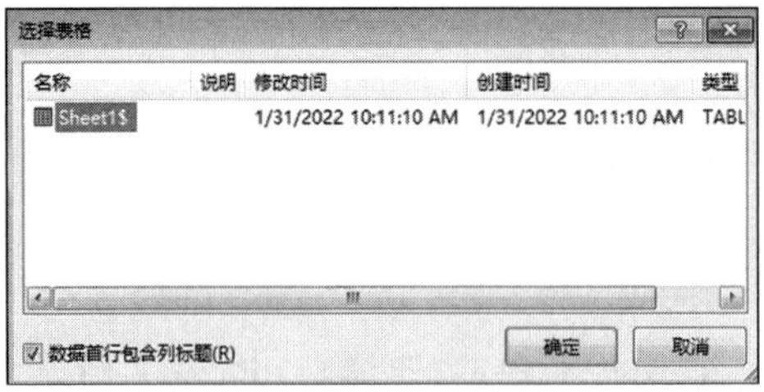

图 2-19 【选择表格】对话框

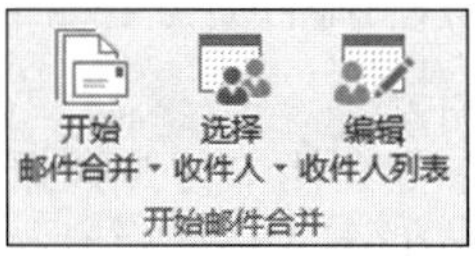

图 2-20 【编辑收件人列表】按钮

② 插入合并域。

将数据源中的【编号】和【姓名】信息添加到主文档中。

a. 将光标定位到文档中需要添加合并域的位置[文字"编号( )"的括号内]。

b. 切换到功能区【邮件】选项卡，单击【编写和插入域】选项组中的【插入合并域】按钮，出现如图 2-21 所示的列表。

c. 选择"编号"。

d. 重复上述操作，将“姓名”添加到文档相应位置。主文档插入域的效果如图 2-22 所示。

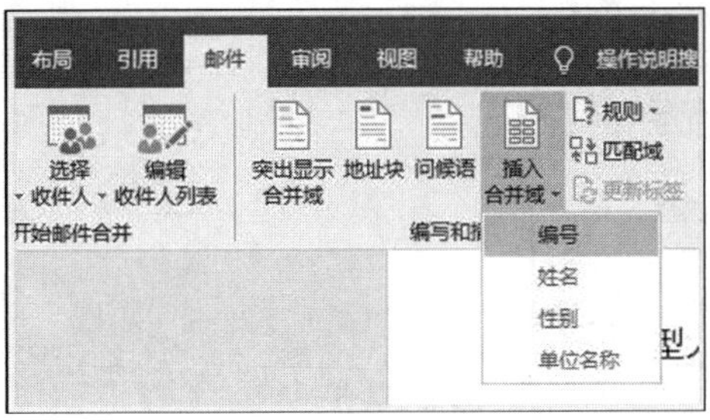

图 2-21　【插入合并域】列表

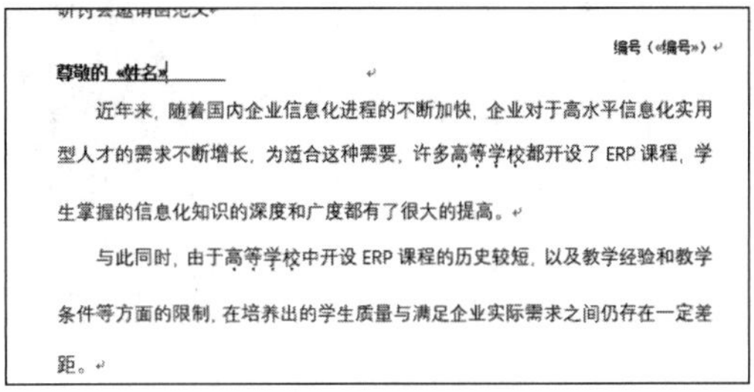

图 2-22　插入“编号”和“姓名”域后的效果

e. 将光标定位到文档中“《姓名》”结束处。

f. 切换到功能区【邮件】选项卡，单击【编写和插入域】选项组中的【规则】按钮，出现【规则】列表，如图 2-23 所示。

g. 单击“如果…那么…否则(I)…”命令，在弹出的对话框中进行如图 2-24 所示的操作。

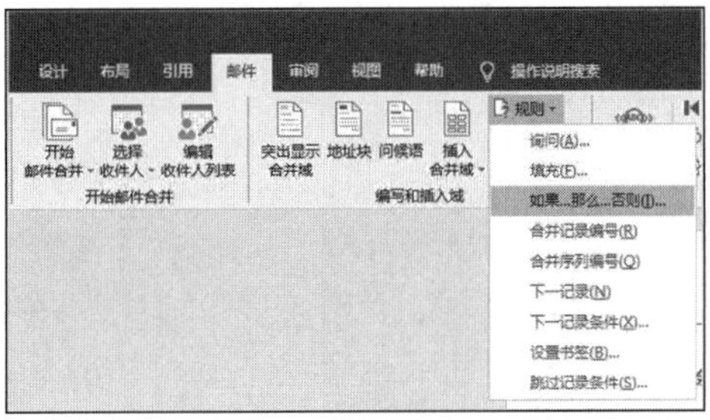

图 2-23　【规则】列表

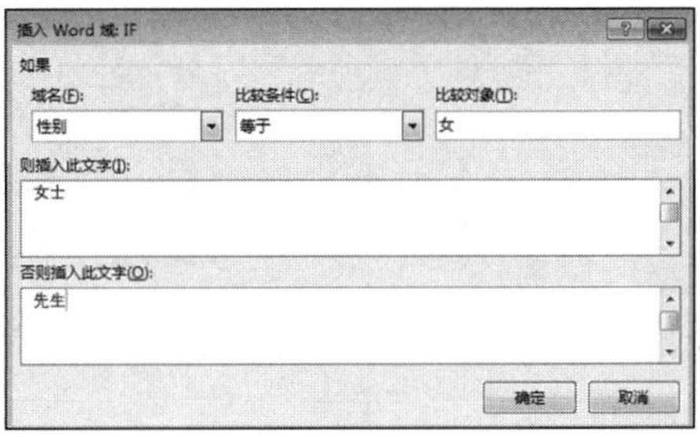

图 2-24　【插入 Word 域:IF】对话框

h. 单击【确定】按钮，在主文档中插入“性别”域，效果如图 2-25 所示。这样，在主文档和数据源文件之间就建立起了数据的链接。

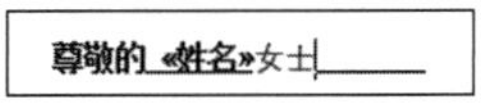

图 2-25　插入“性别”域后的效果

③ 合并数据源与主文档。

a. 切换到【邮件】选项卡，单击【完成】选项组中的【完成并合并】按钮，出现如图 2-26 所示的下拉列表。

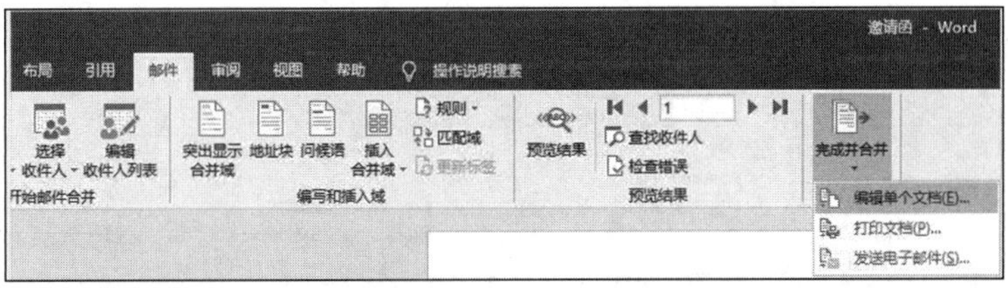

图 2-26　【完成并合并】列表

b. 单击【编辑单个文档】命令，弹出【合并到新文档】对话框。

c. 在其中选择合并记录的范围，如选中【全部】单选项，表示对所有记录进行合并操作，如图 2-27 所示。

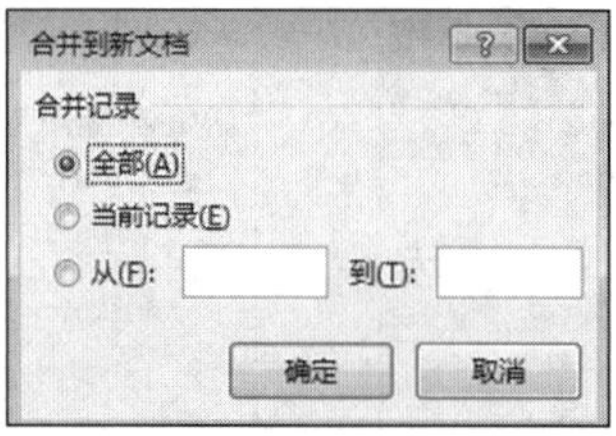

图 2-27 【合并到新文档】对话框

d. 单击【确定】按钮即可生成一个新的文档“信函 6”，其中显示了不同客户邀请函的效果，某女士邀请函的显示效果如图 2-28 所示，某先生邀请函的显示效果如图 2-29 所示。

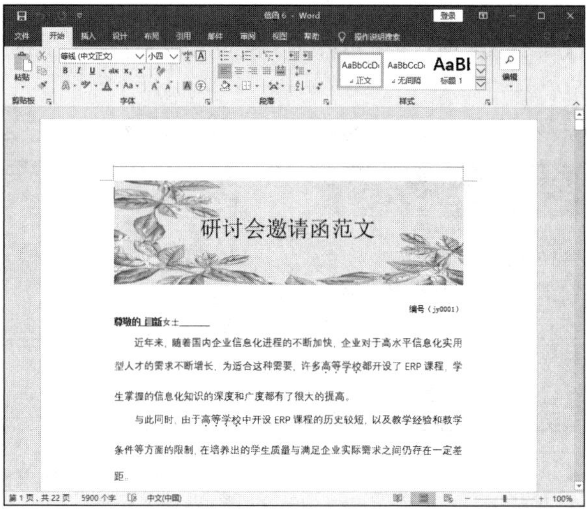

图 2-28 某女士邀请函的显示效果

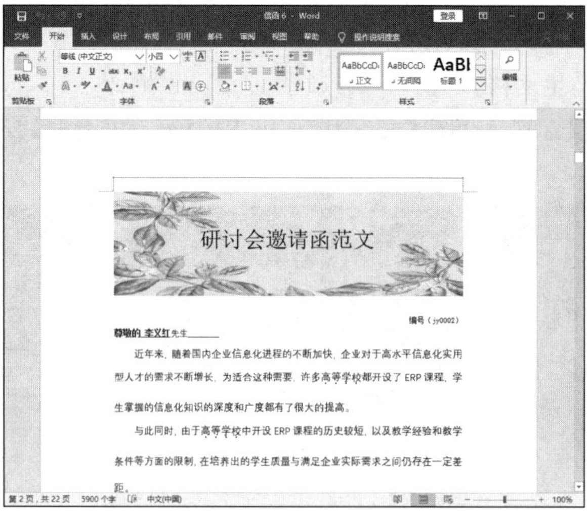

图 2-29 某先生邀请函的显示效果

项目二　Word 2016 的表格制作

项目描述

本项目的学习目标是掌握表格的创建和单元格内容的输入、表格的编辑和格式化、表格的排序和表格数据计算、表格和边框工具栏的使用方法。

通过本项目的学习，学生应能够制作和编辑各种不同类型的表格。

实验主要内容

任务 1　创建表格

要求：根据所给样本，分别用两种不同的方法创建一个 3 行 4 列的表格，并输入表头及数据，设置表格中文字对齐方式为水平居中，字体为五号、红色、隶书。其格式如表 2-1 所示。

第二章-项目二-任务 1、2

表 2-1

姓名	英语	语文	数学
李洁	64	82	73
张冰	89	74	90

操作步骤：

1. 表格的创建

(1) 自动创建表格

① 切换到功能区【插入】选项卡，在【表格】选项组中单击【表格】按钮，弹出如图 2-30 所示的菜单。

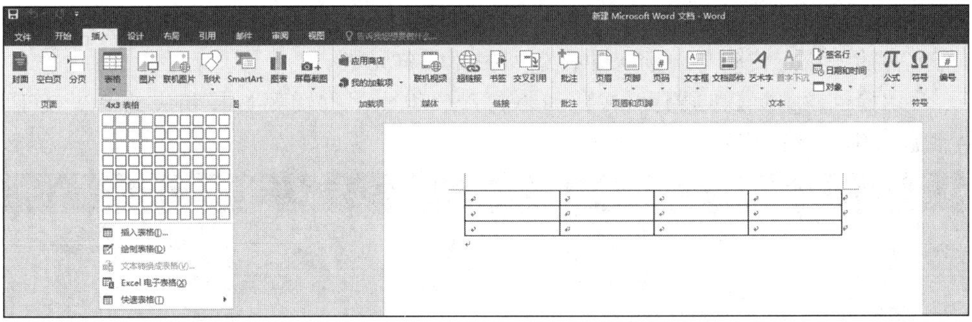

图 2-30　自动创建表格菜单

② 用鼠标在表格中拖动，以选择表格的行数和列数，同时在表格的上方显示相应的行列数。

③ 选定 4×3 即所需的 3 行 4 列，释放鼠标，即可得到一个 3 行 4 列的空白表格，同时功能区出现【表格工具】选项卡。

(2) 手动创建表格

① 切换到功能区【插入】选项卡，在【表格】选项组中单击【表格】按钮，弹出如图 2-30 所示的菜单。

② 选择【插入表格】命令，打开如图 2-31 所示的【插入表格】对话框。

③ 在列数和行数文本框中输入要创建的表格包含的列数(4)和行数(3)，单击【确定】按钮，即可得到所需的空白表格。

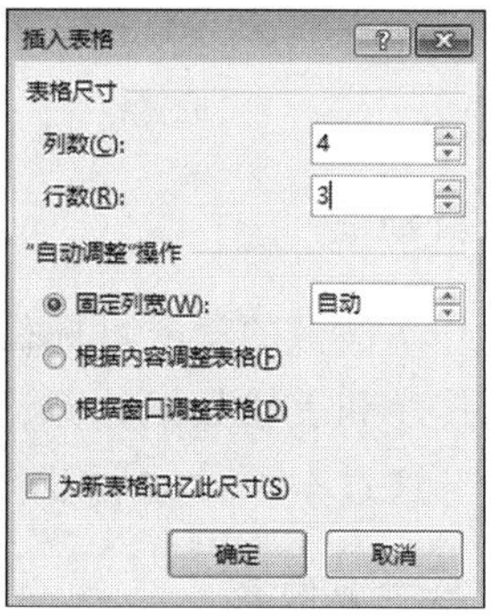

图 2-31 【插入表格】对话框

2. 表格中文字的录入与编辑

(1) 完成各单元格的文字录入。

(2) 选中表格中所有文字，切换到功能区【开始】选项卡，在【字体】选项组中设置字体为隶书、五号、红色。

(3) 在出现的【表格工具】选项卡的【布局】页的【对齐方式】选项组中，设置对齐方式为水平居中。

任务 2　表格的格式化

要求：在表 2-1 中添加行和列，给表格添加标题“学生成绩单”并居中显示，设置表格外边框为 0.5 磅双实线。其格式如表 2-2 所示。

表 2-2

学生成绩单				
姓名	英语	语文	数学	总分
李洁	64	82	73	
张冰	89	74	90	
刘翔	66	76	77	

操作步骤：

1. 为表添加行和列

(1) 将插入点定位到与要插入的行或列相邻的单元格。

(2) 切换到功能区【布局】页，在【行和列】选项组中根据需要选择相应的命令实现行或列的添加，如图 2-32 所示。

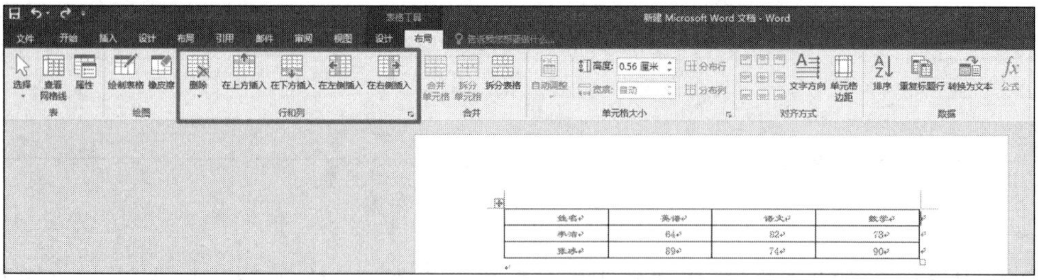

图 2-32 插入行和列

2. 单元格的合并

在添加标题时需要对单元格进行合并，操作如下：

(1) 选定表格中第一行的所有单元格。

(2) 切换到功能区【布局】页，选择【合并】选项组中的【合并单元格】命令。

3. 边框的设置

(1) 选中表格。

(2) 切换到功能区【设计】页，在【边框】选项组中单击【边框样式】按钮，选取线形为双实线、0.5 磅后单击【边框】按钮，弹出快捷菜单，设置边框为【外侧边框】，效果如图 2-33 所示。

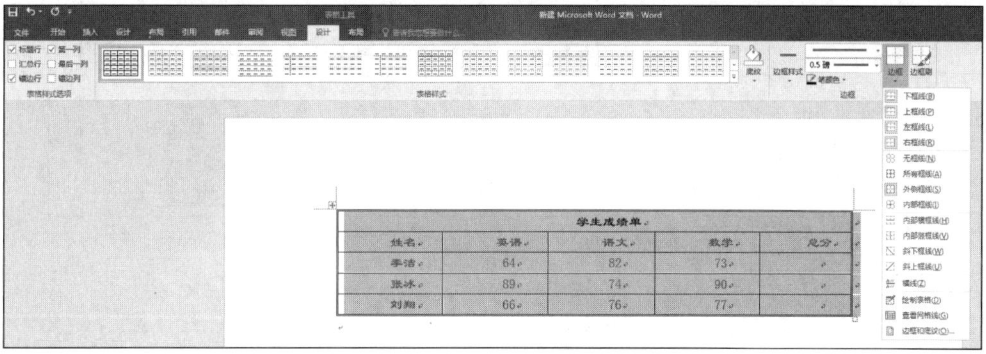

图 2-33　边框的设置

任务 3　公式的使用

要求：在表 2-2 中计算“总分”，对成绩按照总分由高至低的顺序排序，当总分相同时，按照英语成绩以降序排序。

第二章-项目二-任务 3、4、5

操作步骤：

1. 表格数据的计算

(1) 将光标定位到计算结果要填写“总分”的单元格里。

(2) 切换到功能区【布局】页，单击【数据】选项组中的【公式】按钮，弹出【公式】对话框。

(3) 在【公式】对话框中输入“＝SUM(LEFT)”，如图 2-34 所示。

(4) 单击【确定】按钮。

(5) 单击“总分”列第二单元格，按【F4】键即可完成计算，其他单元格的计算照此完成。

提示：键盘上的【F4】功能键，可以重复上一步的操作。例如，你可以重复添加边框或底纹样式及重复向所选文字添加加粗格式的操作、重复插入文件或图片等操作，只要一按【F4】功能键，上次所操作的内容就会重复操作。

图 2-34　【公式】对话框

2. 表格数据的排序

(1) 选定要排序的所有行。

(2) 切换到功能区【布局】页，选择【数据】选项组中的【排序】命令，弹出【排序】对话框。

(3) 在【排序】对话框中设置【列表】为【有标题行】，则在主要关键字的下拉列表中就可以选择具体的标题，在右侧【类型】的下拉列表中选择数据排序类型，之后设定【降序】。如图 2-35 所示。

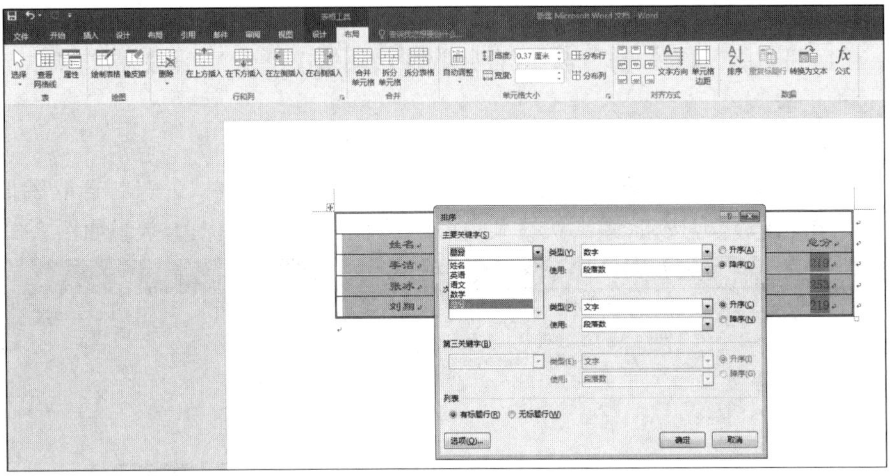

图 2-35 【排序】对话框

(4) 单击【确定】按钮，结果如图 2-36 所示。

学生成绩单				
姓名	英语	语文	数学	总分
张冰	89	74	90	253
李洁	64	82	73	219
刘翔	66	76	77	219

图 2-36 主要关键字排序后效果

(5) 当总分相同时，按照题目要求，需要设定次要关键字，以英语成绩的降序排序，如图 2-37 所示。

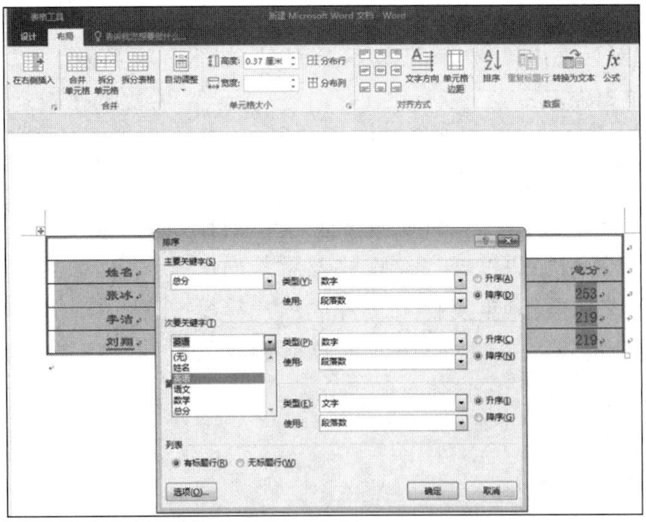

图 2-37 次要关键字的设定

(6) 单击【确定】按钮，结果如图 2-38 所示。

学生成绩单				
姓名	英语	语文	数学	总分
张冰	89	74	90	253
刘翔	66	76	77	219
李洁	64	82	73	219

图 2-38　排序后的效果

任务 4　文字与表格的转换

要求：在文档中录入以下内容并直接转换成表格。

学号，姓名，高数，英语，计算机，总分，均分，名次

2009123015，白雪，97，85，85，267，89.0，

2009123004，宋杰，88，88，97，273，91.0，

2009123034，宋思雄，78，88，97，263，87.7，

2009123005，李力，54，86，97，237，79.0，

2009123010，田甜，97，56，86，239，79.7，

2009123013，孙楠，75，97，66，238，79.3，

操作步骤：

(1) 新建 Word 文档，录入上述文本，并为文本添加段落标记和逗号。

(2) 选中要转换成表格的所有文本，在【插入】功能区执行【表格】|【文本转换成表格】命令，如图 2-39 所示。

(3) 在弹出的如图 2-40 所示的对话框中，可以设置表格的列宽、文字分隔符等参数。在【"自动调整"操作】区选中【固定列宽】，可以设置表格列宽。

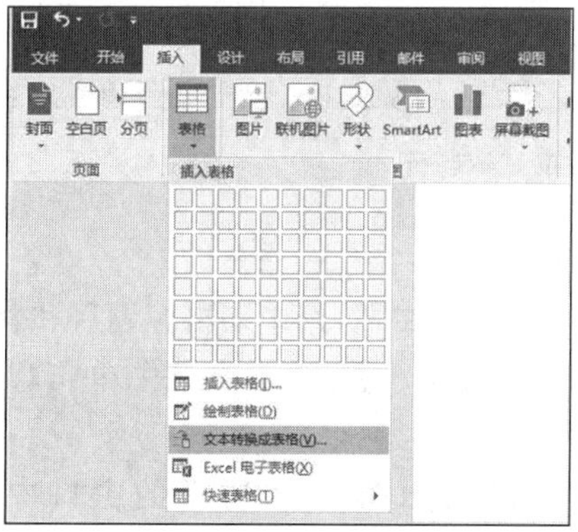

图 2-39　文本转换成表格

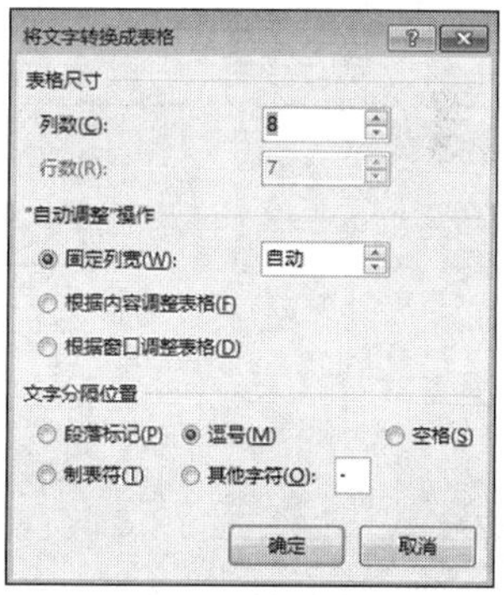

图 2-40　设置表格列宽

(4) 在【文字分隔位置】区选中逗号，单击【确定】按钮。完成操作后转换生成的表格效果如图 2-41 所示。

提示：本例中用逗号作为分隔符；在实际转换过程中，分隔符也可以是其他符号，只要在【文本分隔位置】区选择【其他字符】，在其右的框中设置就可以，但要保证需要转换为表格的文本之间使用相同的分隔符。

学号	姓名	高数	英语	计算机	总分	均分	名次
2009123015	白雪	97	85	85	267	89.0	
2009123004	宋杰	88	88	97	273	91.0	
2009123034	宋思雄	78	88	97	263	87.7	
2009123005	李力	54	86	97	237	79.0	
2009123010	田甜	97	56	86	239	79.7	
2009123013	孙楠	75	97	66	238	79.3	

图 2-41　文本转换成表格后的效果

任务 5　设置表格标题行重复

要求：在如图 2-42 所示的表格中，当多个页面显示时，每一页的标题行要重复显示。

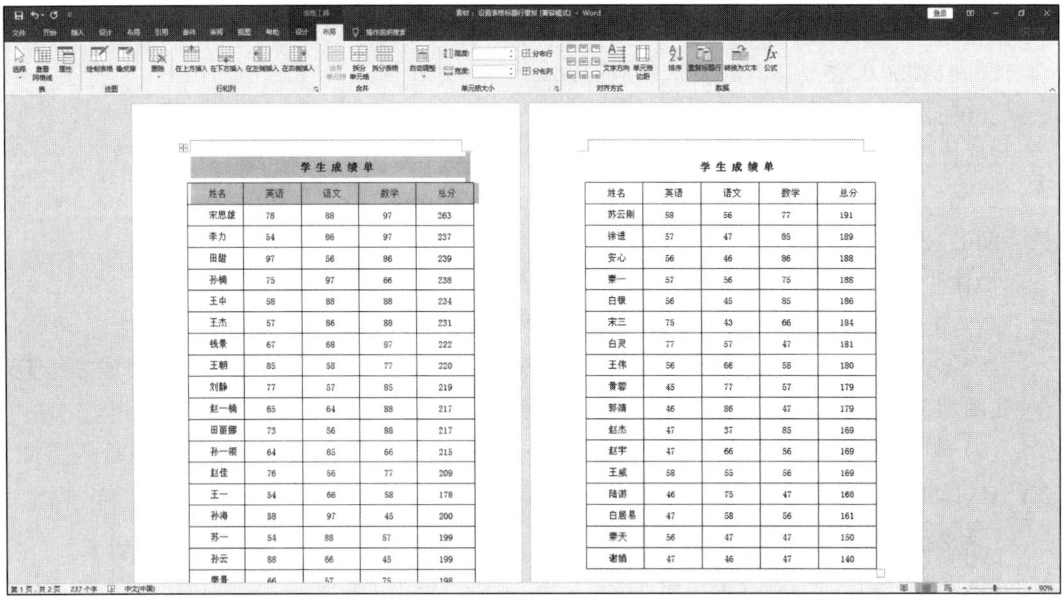

图 2-42　多个页面显示时重复标题行

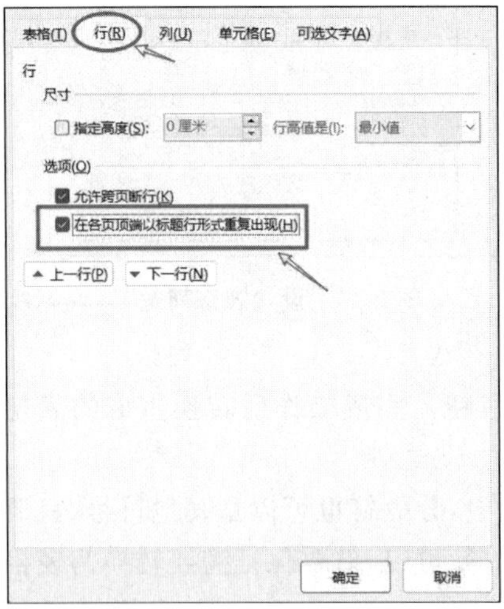

图 2-43　表格属性窗口

操作步骤：

(1) 打开 Word 文档，选中表格标题行和首行。

(2) 在【布局】页的【表】选项组中单击【属性】按钮。

(3) 在弹出的如图 2-43 所示的窗口中单击【行】选项卡。

(4) 选中【在各页顶端以标题行形式重复出现】选项后，单击【确定】按钮，即完成表格标题行重复设置。

项目三　Word 2016 的图文混排

第二章-项目三

项目描述

本项目的学习目标是掌握插入页眉、页脚的基本操作；掌握插入艺术字的基本方法；掌握 SmartArt 图形的插入及使用方法；掌握图文混排的技巧。

在文档中插入图片、形状、艺术字等对象，可使 Word 文档的版面更加生动美观。Word 2016 提供强大的图文混排功能，可以很方便地将各类对象插入文档中恰当的位置，满足用户需要。通过本项目的学习，学生应能够熟练掌握图文混排的方法和技巧。

实验主要内容

任务 1　设置页眉页脚

要求：在 Word 文档底部添加页码，设置首页页眉为“Word 2016 实验指导”，奇数页页眉为“第 2 章　Word”，偶数页页眉为“Word 2016”。

操作步骤：

1. 添加页码

(1) 打开 Word 2016 文档，在【插入】功能区的【页眉和页脚】选项组中单击【页码】按钮。

(2) 在【页面顶端】、【页面底端】、【页边距】和【当前位置】选项之中选择【页面底端】。

(3) 在页码列表中选择合适页码样式，如图 2-44 所示。

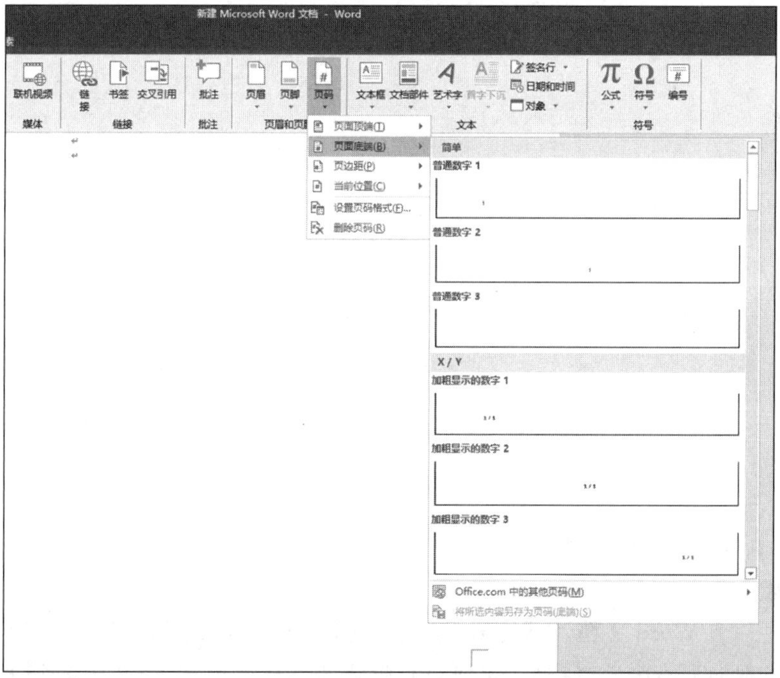

图 2-44　插入页码

2. 为首页、奇数页、偶数页设置不同的页眉页脚

(1) 打开 Word 文档，在【插入】选项卡的【页眉和页脚】选项组中单击【页眉】按钮。

(2) 在菜单中选择【编辑页眉】命令，出现如图 2-45 所示的【设计】功能区。

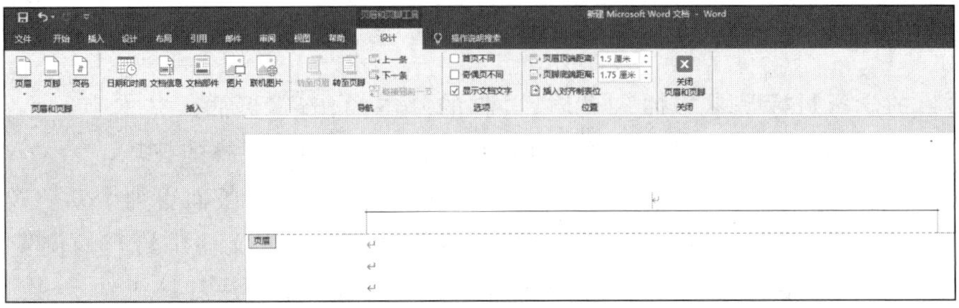

图 2-45 【设计】功能区

(3) 在【选项】选项组中，选中【首页不同】和【奇偶页不同】选项。首页页眉效果如图 2-46 所示，奇数页、偶数页页眉效果如图 2-47 所示。

图 2-46 首页页眉效果

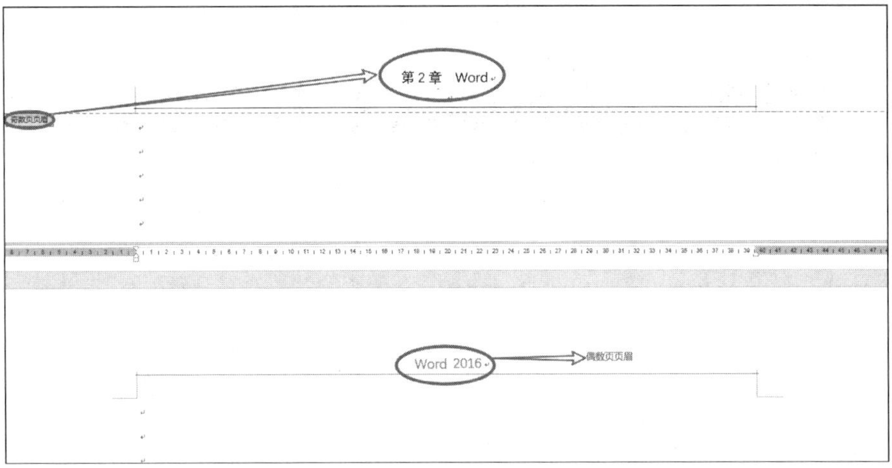

图 2-47 奇数页、偶数页页眉效果

任务 2 插入艺术字

要求：在新建的 Word 文档中插入艺术字“计算机基础”。

操作步骤：

(1) 新建一个 Word 文档，在【插入】选项卡的【文本】选项组中点击【艺术字】按钮。

(2) 在出现的列表中选择字体，也可以根据需要选择其他样式，如图 2-48 所示。

(3) 在出现的如图 2-49 所示的“请在此放置您的文字”文本输入框中输入“计算机基础”。

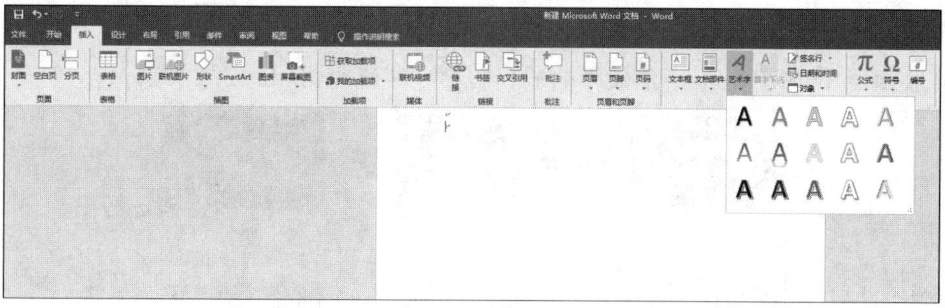

图 2-48　【艺术字】字体列表

(4) 新建的 Word 页面中就会出现"计算机基础"五个艺术字,效果如图 2-50 所示。

图 2-49　艺术字文本输入框

图 2-50　艺术字效果

(5) 若要对艺术字的大小进行调整及进行其他编辑,选中艺术字"计算机基础",在如图 2-51 所示的【绘图工具格式】选项卡中,单击【艺术字样式】选项组右下角的展开按钮,在弹出的如图 2-52 所示的【设置形状格式】对话框中进行设置。

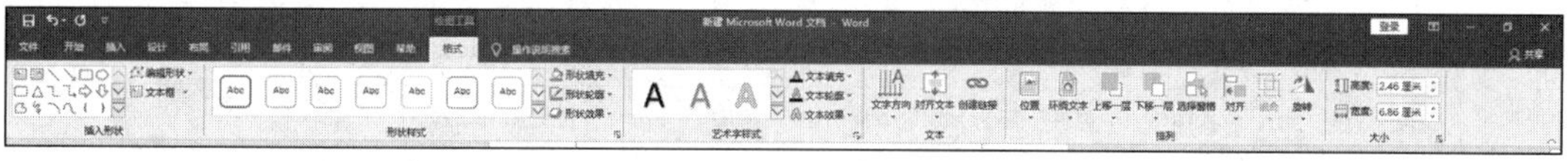

图 2-51　【绘图工具格式】选项卡

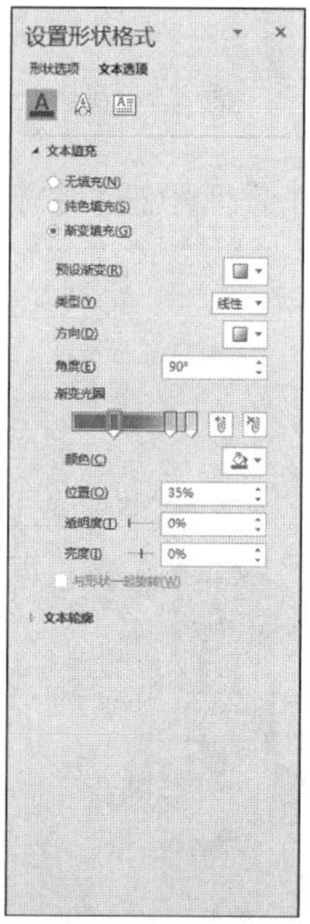

图 2-52　【设置形状格式】对话框

任务 3　插入 SmartArt 图形

要求：编制出如图 2-53 所示效果的流程图，并以“流程图.docx”文件名保存。

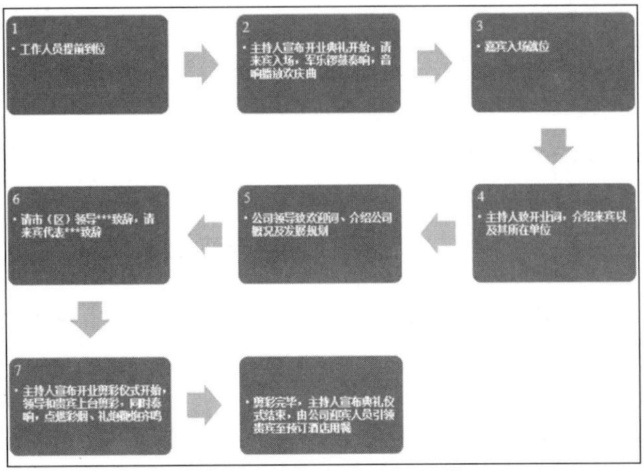

图 2-53　流程图

操作步骤：

1. 插入流程图

（1）新建“流程图.docx”文档。

（2）点击【插入】选项卡，在【插图】选项组中单击【SmartArt】按钮，如图 2-54 所示。

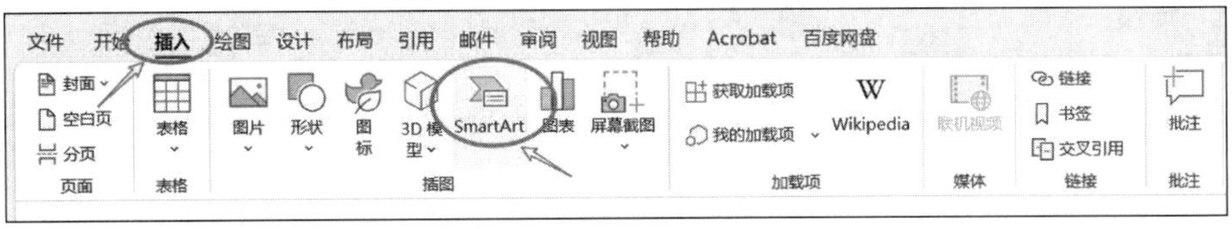

图 2-54　插入 SmartArt 图形

（3）在打开的如图 2-55 所示的对话框中选择【流程】分类，然后在右侧列表框中选择【基本蛇形流程图】选项。

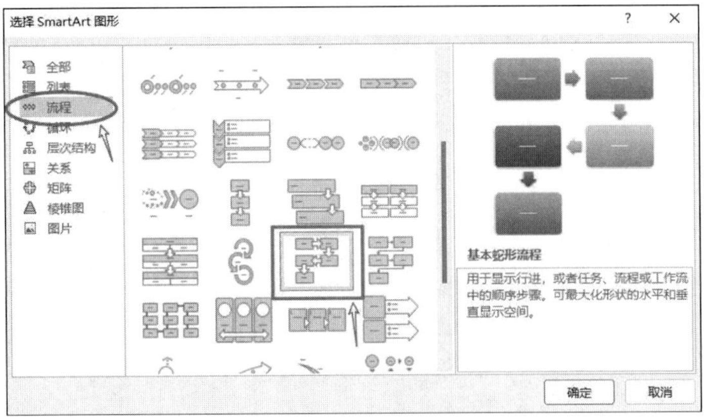

图 2-55　【基本蛇形流程图】选择

(4) 单击【确定】按钮，插入的流程图效果如图 2-56 所示。

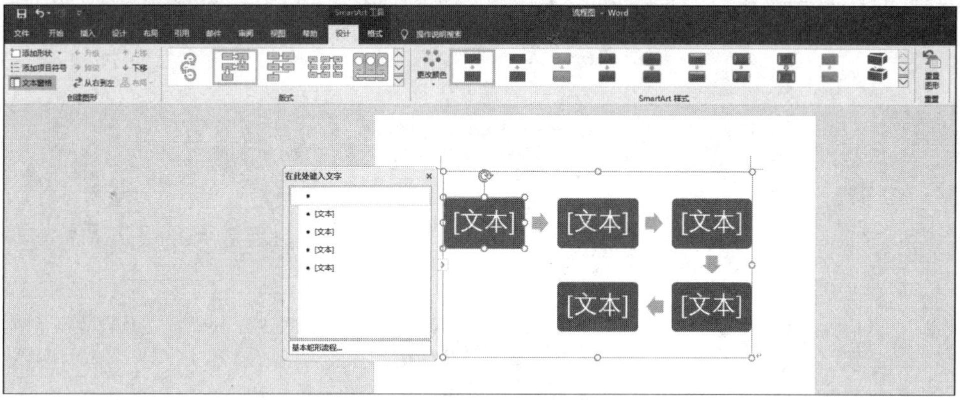

图 2-56　插入的流程图效果

2. 添加形状并输入流程图文本

(1) 选中图 2-56 所示的图形。

(2) 切换到功能区【SmartArt 工具设计】选项卡，选择【创建图形】选项组中的【添加形状】命令，根据需要插入多个形状。

(3) 在每个文本框中输入对应文字。

(4) 为了使流程图更加美观，还可以利用【SmartArt 工具设计】选项卡的【SmartArt 样式】选项组中的命令来快速美化流程图，之后对文档进行保存操作，如图 2-57 所示。

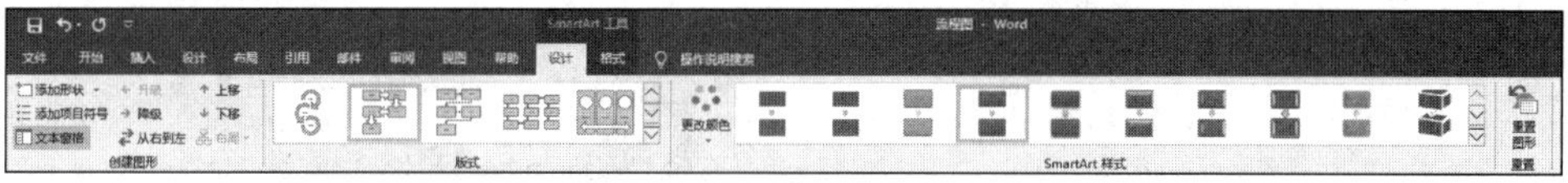

图 2-57　【SmartArt 样式】选项组

任务 4　图片的插入与编辑

要求：在文档中插入图片，并设置图片与文字位置为“文字环绕”，为图片添加红色 1.5 磅的边框。

操作步骤：

(1) 打开要进行编辑的文档，在【插入】选项卡的【插图】选项组中点击【图片】按钮，从打开的窗口中选择相关图片后单击【插入】按钮。

(2) 单击选中图片，在【格式】选项卡的【排列】选项组中点击【位置】|【文字环绕】|【四周环绕】。效果如图 2-58 所示。

(3) 此时图片可被任意拖动，同时位于图片下方的文字将自动环绕在图片的四周。效果如图 2-59 所示。

(4) 为了更突出地显示图片，我们也可以为其增加边框。在【格式】选项卡中点击【图片边框】，设置【粗细】为 1.5 磅，颜色为红色，如图 2-60 所示。效果如图 2-61 所示。

提示：在使用 Word 2016 编辑文档的过程中，经常需要在文档中插入图片。有时需要将图片完全插入文档，而有时需要插入一个图片链接。插入图片链接的好处是当原始图片

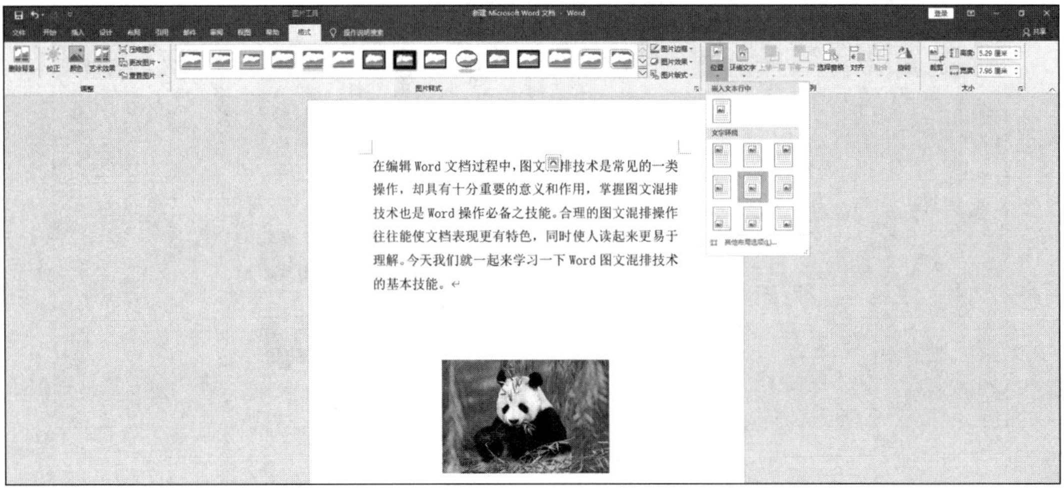

图 2-58 【位置】中的图片与文字设置

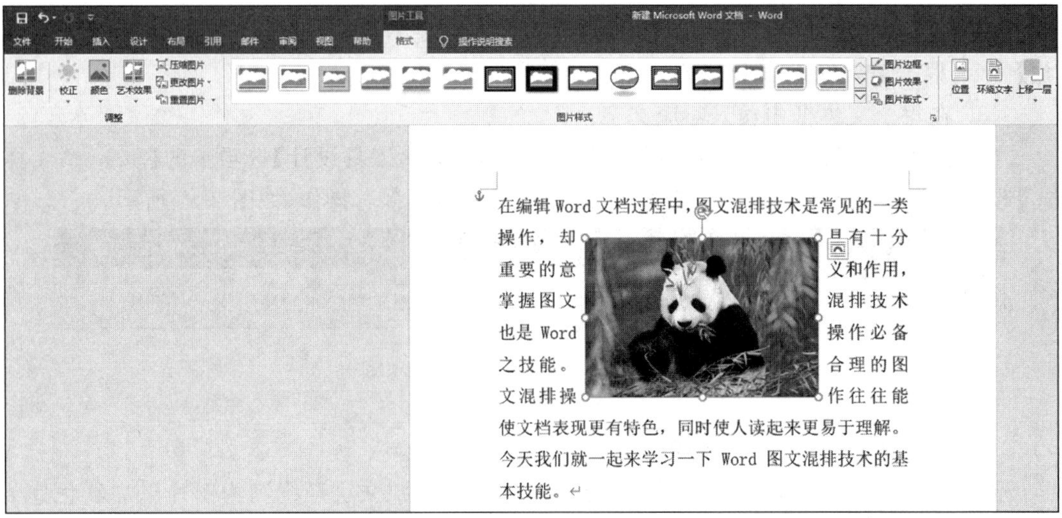

图 2-59 文字环绕图片效果

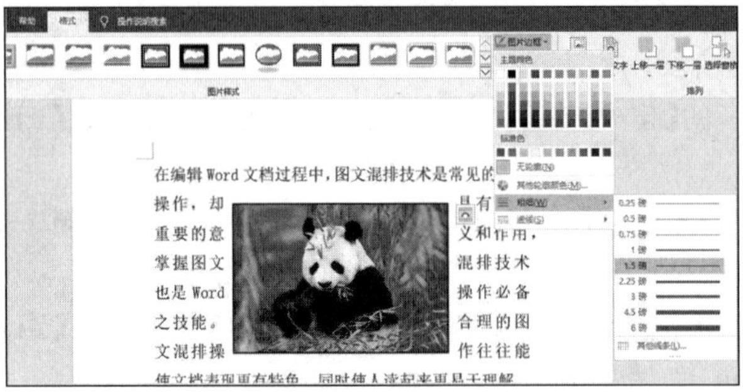

图 2-60 图片边框设置

图 2-61 加边框之后的效果

发生改变时，文档中的图片会自动更新。

下面介绍一下在文档中插入图片的三种方法。

方法一：打开 Word 2016 文档页面，单击【插入】选项卡，在【插图】选项组中单击【图片】按钮，在弹出的【插入图片】对话框中查找到我们需要的图片，选中该图片并单击【插入】按钮就能将其插入当前文档。

方法二：打开 Word 2016 文档页面，单击【插入】选项卡，在【插图】选项组中单击【图片】按钮。在弹出的【插入图片】对话框中查找并选中目标图片，单击【插入】下三角按钮，在下拉菜单中选择【插入和链接】命令，图片将会被插入文档，且与原始图片建立链接。一旦原始图片发生改变，当再次打开文档时，图片将自动更新，前提是该文件的存储位置没有变化且文件名也没有变化。如果文件名和存储位置发生了变化，则文档中的图片保持不变。

方法三：打开 Word 2016 文档页面，单击【插入】选项卡，在【插图】选项组中单击【图片】按钮，在弹出的【插入图片】对话框中选中目标图片，单击【插入】下三角按钮，在下拉菜单中选择【链接到文件】命令，图片将以链接的形式插入文档。如果原始图片位置或文件名改变，文档中的图片将不再显示。

项目四　综合案例

第二章-项目四

项目描述

本项目的学习目标是掌握 Word 2016 的页面设置、标题层级设置、字符与段落格式设置以及页眉页脚、页码、目录生成等排版功能。

通过一篇论文排版的实例操作，学生应掌握 Word 2016 文档排版的基本知识，具备对论文等文档进行排版的能力。

实验主要内容

任务 1　设置页面

要求：对文档“范文.docx”进行页面设置，页面大小设置为 A4，页边距上下边距 2 厘米、左右边距 3 厘米。

操作步骤：

(1) 打开文档，在【布局】选项卡的【页面设置】选项组中点击【纸张大小】按钮，选择 A4，如图 2-62 所示。

(2) 点击【页边距】按钮，在如图 2-63 所示的窗口中单击【自定义边距】，在打开的对话框中设置上下边距 2 厘米、左右边距 3 厘米。

任务 2　设置标题样式

要求：对文档“范文.docx”中各级标题按照下面内容进行设置。

第一级：“第 1 章”，字体为小二号黑体，居中，2 倍行距。

第二级：“1.1”，字体为小三号宋体加粗，居左，2 倍行距。

第三级：“1.1.1”，字体为五号黑体，居左，1.1 倍行距。

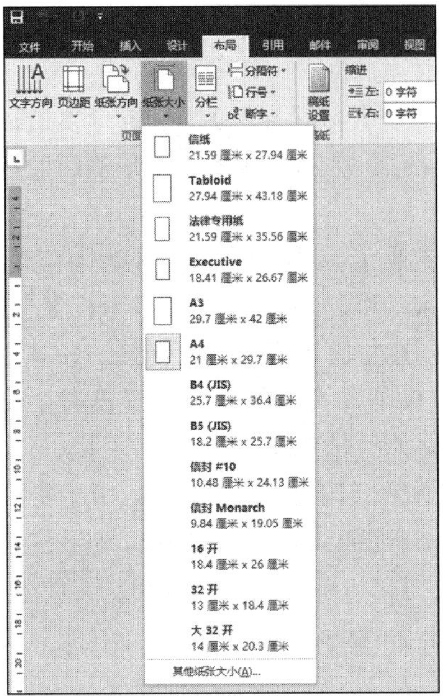

图 2-62　页面纸张大小设置

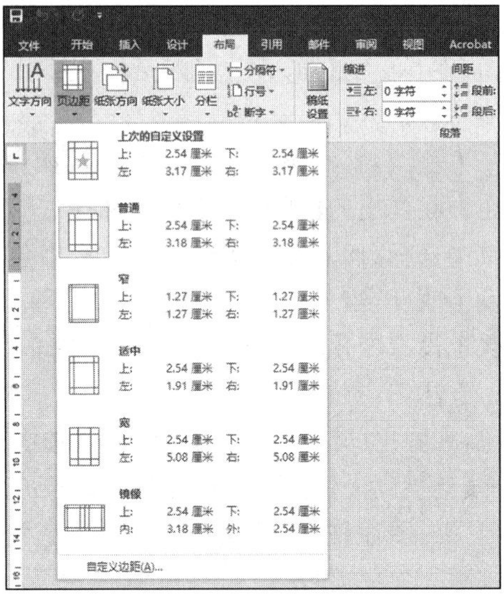

图 2-63　页面页边距设置

第四级:“1.1.1.1”,字体为五号楷体,居左,1.1 倍行距。

注:以上四级标题单独成行,后面不可接正文。

操作步骤:

(1) 打开文档,将光标放置在范文第一级标题“第 1 章 绪论”后,点击【开始】|【样式】功能组中右下角的展开按钮,就会打开如图 2-64 所示的【样式】窗口。

(2) 在【样式】窗口列表中找到“标题 1”并点击选中,右击,在打开的窗口中选择【修改】,打开如图 2-65 所示的【修改样式】对话框,在该对话框中设置字体为黑体小二号,其他默认。

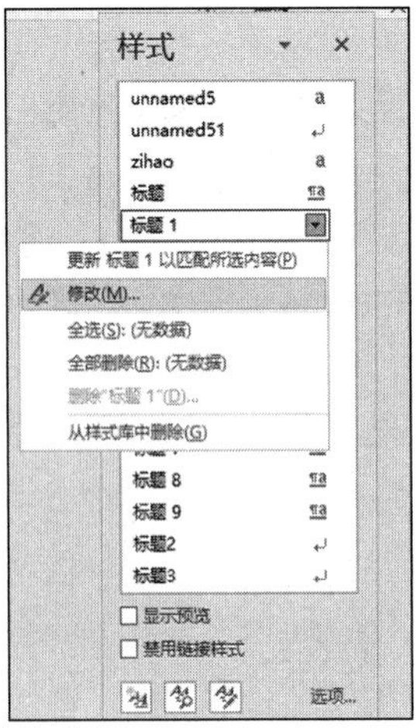

图 2-64　内建【样式】窗口

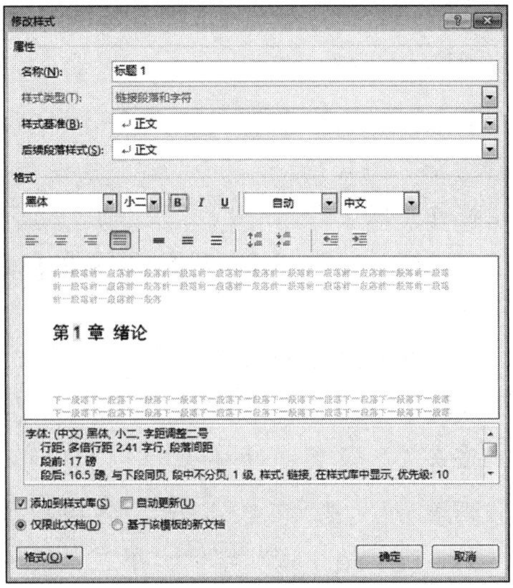

图 2-65　【修改样式】对话框

(3) 点击【修改样式】对话框左下角【格式】向下箭头，在下拉列表(图 2-66)中选择【段落】命令，在打开的【段落】对话框中设置“对齐方式”为居中，“行距”为 2 倍行距，设置完成后点击【确定】按钮。完成效果如图 2-67 所示。

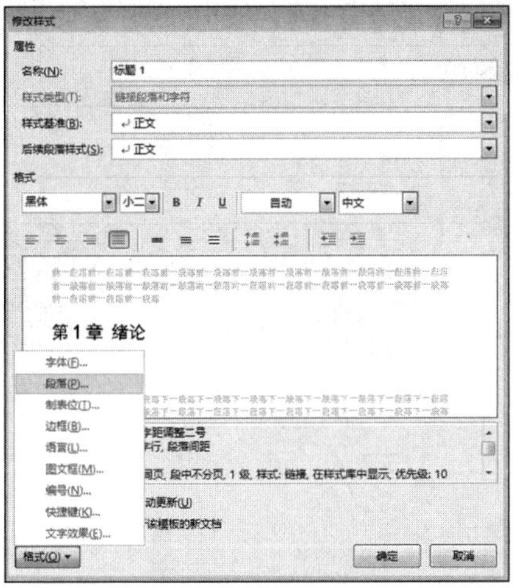

图 2-66　【格式】下拉列表

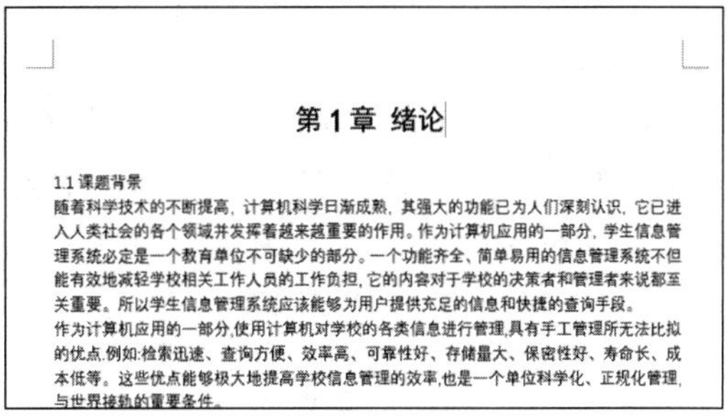

第 1 章 绪论

1.1 课题背景
随着科学技术的不断提高，计算机科学日渐成熟，其强大的功能已为人们深刻认识，它已进入人类社会的各个领域并发挥着越来越重要的作用。作为计算机应用的一部分，学生信息管理系统必定是一个教育单位不可缺少的部分。一个功能齐全、简单易用的信息管理系统不但能有效地减轻学校相关工作人员的工作负担，它的内容对于学校的决策者和管理者来说都至关重要。所以学生信息管理系统应该能够为用户提供充足的信息和快捷的查询手段。
作为计算机应用的一部分，使用计算机对学校的各类信息进行管理，具有手工管理所无法比拟的优点，例如：检索迅速、查询方便、效率高、可靠性好、存储量大、保密性好、寿命长、成本低等。这些优点能够极大地提高学校信息管理的效率，也是一个单位科学化、正规化管理，与世界接轨的重要条件。

图 2-67　标题 1 样式效果

(4) 采用同样方法，完成其他各级标题设置。

(5) 对同类级别的标题，只需将光标移到该标题后面，选择设置好的对应样式，就可以使用该样式。类似一级标题的还有引言、结束语、目录、致谢、参考文献等。应用所有样式后，效果如图 2-68 所示。

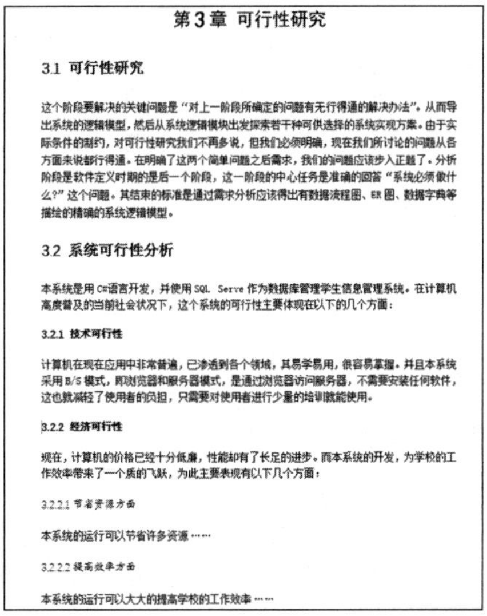

第 3 章 可行性研究

3.1 可行性研究

这个阶段要解决的关键问题是“对上一阶段所确定的问题有无行得通的解决办法”。从而导出系统的逻辑模型，然后从系统逻辑模块出发探索若干种可供选择的系统实现方案。由于实际条件的制约，对可行性研究我们不再多说，但我们必须明确，现在我们所讨论的问题从各方面来说都行得通。在明确了这两个简单问题之后需求，我们的问题应该步入正题了。分析阶段是软件定义时期的最后一个阶段，这一阶段的中心任务是准确的回答“系统必须做什么?”这个问题。其结束的标准是通过需求分析应该得出有数据流程图、ER 图、数据字典等描绘的精确的系统逻辑模型。

3.2 系统可行性分析

本系统是用 C#语言开发，并使用 SQL Serve 作为数据库管理学生信息管理系统。在计算机高度普及的当前社会状况下，这个系统的可行性主要体现在以下的几个方面：

3.2.1 技术可行性

计算机在现在应用中非常普遍，已渗透到各个领域，其易学易用，很容易掌握。并且本系统采用 B/S 模式，即浏览器和服务器模式，是通过浏览器访问服务器，不需要安装任何软件，这也就减轻了使用者的负担，只需要对使用者进行少量的培训就能使用。

3.2.2 经济可行性

现在，计算机的价格已经十分低廉，性能却有了长足的进步。而本系统的开发，为学校的工作效率带来了一个质的飞跃，为此主要表现有以下几个方面：

3.2.2.1 节省资源方面

本系统的运行可以节省许多资源……

3.2.2.2 提高效率方面

本系统的运行可以大大的提高学校的工作效率……

图 2-68　各级标题样式应用效果

任务 3　设置字符、段落格式

要求：对文档“范文.docx”中各段落进行设置，正文字体为五号宋体，首行缩进 2 个字符，1.1 倍行距。

操作步骤：

（1）打开文档，分别选中正文各段文字，在【开始】|【字体】功能组中设置字体为五号宋体。

注：单击【开始】|【字体】功能组右下角按钮，弹出【字体】对话框，可以设置更多字符格式：字体、字号、加粗、倾斜、下划线、上标/下标、字体颜色。

也可以使用“浮动工具栏”设置字符格式。选中文本，鼠标在文本末端晃动，可出现一个半透明的“浮动工具栏”，在“浮动工具栏”中可以快速地设置字体，如图 2-69 所示。

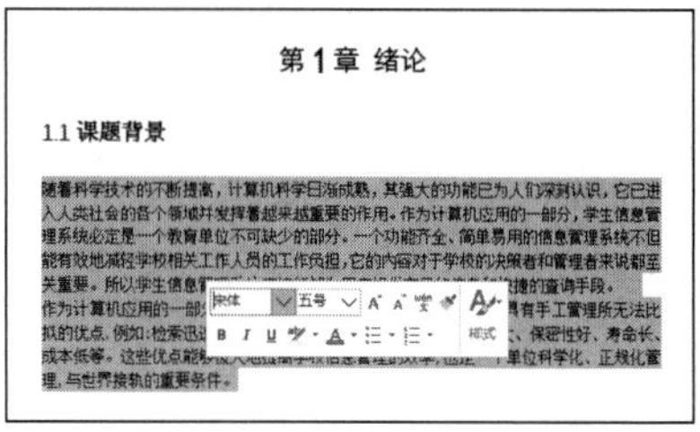

图 2-69 字体设置

（2）单击【开始】|【段落】功能组右下角的按钮，在弹出的如图 2-70 所示的【段落】对话框中设置对齐方式为左对齐，特殊格式设置为首行缩进 2 个字符，1.1 倍行距。设置好的效果如图 2-71 所示。

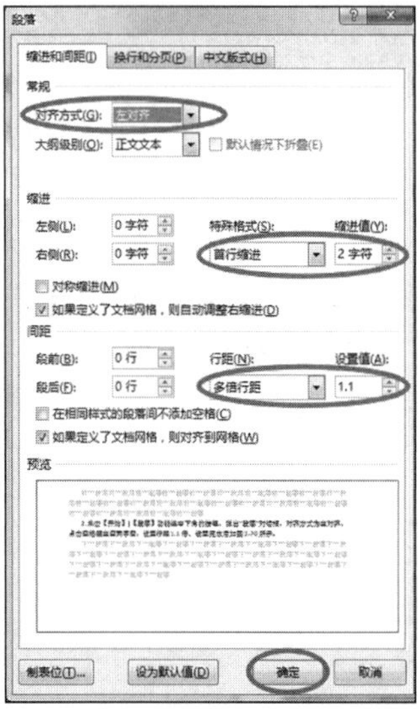

图 2-70 【段落】对话框

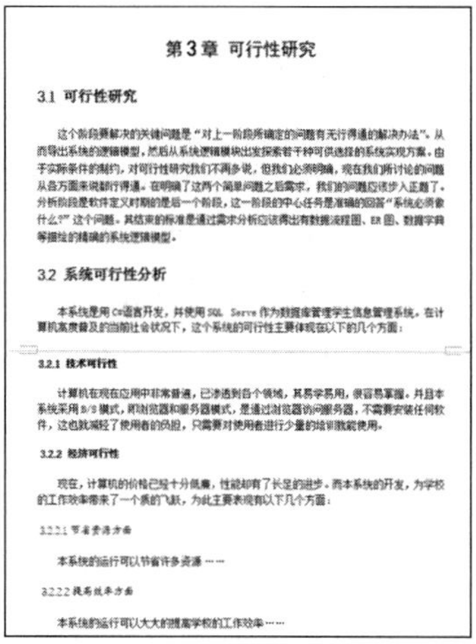

图 2-71 段落设置效果

任务 4 添加页眉、页码

要求：给范文添加页眉和页码。

操作步骤：

1. 添加页眉

具体操作步骤参考“项目三 Word 2016 的图文混排”中“任务 1 设置页眉页脚”进行设置。

2. 添加页码

双击页面中页脚区域，使页眉页脚处于可编辑状态，单击【插入】|【页眉和页脚】功能组中的【页码】按钮，在如图 2-72 所示的页码列表菜单中单击【设置页码格式】命令，打开如图 2-73 所示的【页码格式】对话框，在对话框中设置页码格式。

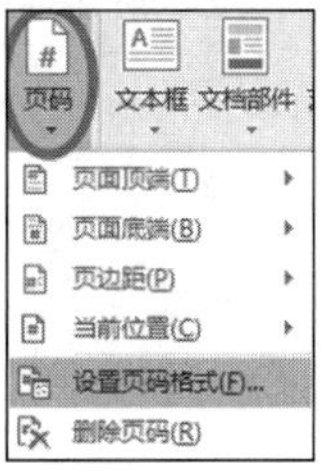

图 2-72　页码列表菜单

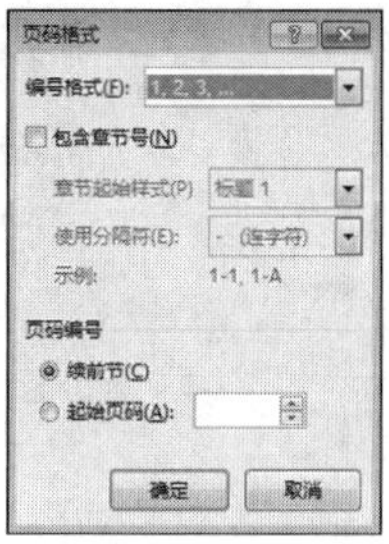

图 2-73　【页码格式】对话框

再次单击【页码】按钮，在弹出的列表菜单中单击【页面顶端】或【页面底端】或【页边距】或【当前位置】按钮，在弹出的列表中选择需要插入的页码位置和样式，则会在页面对应位置插入所设定格式的页码，且页码值会随着随文档页数变化而不同。

任务 5　生成目录

要求：在范文中自动生成目录。

操作步骤：

(1) 应用内建样式。在上述任务 2 的操作中，已经应用了内建样式。

(2) 自动生成目录。将鼠标移到要插入目录的地方，单击【引用】|【目录】功能组中的【目录】按钮，在弹出的“内置”目录列表中选择“自动目录 1”样式，如图 2-74 所示，系统会根据文档标题样式级别在“文本插入点”位置自动生成目录，生成的目录如图 2-75 所示。

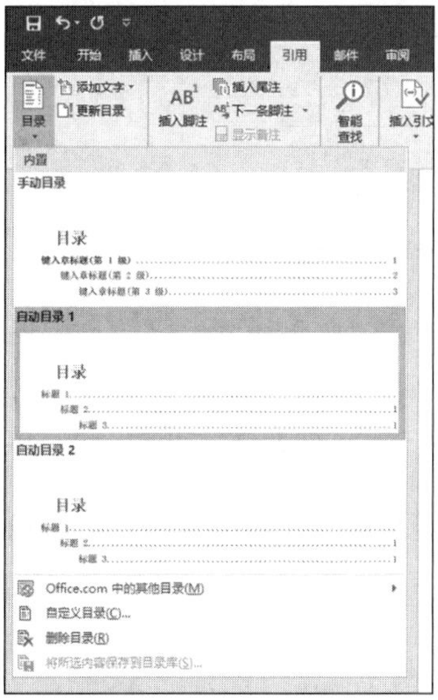

图 2-74　自动目录选择

目录

第 1 章　绪论 1
1.1 课题背景 1
1.2 现有系统存在问题的分析 1
1.3 目的背景及意义 1
1.4 主要研究内容 2
1.5 主要思路和方法 2
第 2 章　相关技术与开发工具介绍 2
2.1 Visual studio C# 2010 简介 2
2.2 SQL Server 2008 简介 3
第 3 章　可行性研究 3
3.1 可行性研究 3
3.2 系统可行性分析 3
3.2.1 技术可行性 4
3.2.2 经济可行性 4
3.2.3 操作可行性 4
第 4 章　需求分析 4

图 2-75　生成的目录

(3) 生成目录后，目录不会随文档的修改自动更新。如需要更新目录，则单击目录使目录背景呈灰色，单击【引用】|【目录】功能组中的【更新目录】按钮，在弹出的【更新目录】对话框中选择“只更新页码”，将只更新目录标题对应的页码；如在文档中添加了新标题或对原标题进行了修改，则需要选择“更新整个目录”，系统会对文档中全部标题和页码重新进行检

索，生成新目录。如图 2-76 所示，单击【确定】按钮，完成目录更新。

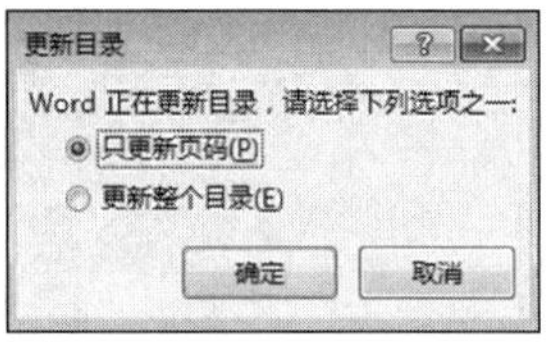

图 2-76　目录更新

综合实训

实训一　要求：利用【邮件合并】功能制作录取通知书，使其与已经在 Excel 中保存的包含学生信息的数据源（见图 2-77）结合起来生成每位学生的录取通知书。

图 2-77　学生信息数据源文件

山西能源学院 SHANXI INSTITUTE OF ENERGY

录取通知书

考生号：

同学：

经批准，你已被山西能源学院　　　　　　　　　　专业（本科）录取，请于二〇二一年九月七日持本通知书准时到校报到。

山西能源学院

二〇二一年八月

实训二　在“D:\计算机基础作业\学生姓名”文件夹（如果该文件夹不存在，请自建）中创建一个名为“毕业论文.docx”的 Word 文档，并按要求完成以下操作。

（1）录入以下文字内容。

> 第1章　引言
>
> 1.1　背景研究
>
> 我们通常会把对组织或者公司极为重要的数据保存在数据库中，这也是数据为什么重要和具有高价值的原因，也因此，数据库成为被经常攻击的目标。而随着网络化发展，数据库遭到攻击的可能性进一步加大。传统意义上的数据库安全机制，包括身份认证、访问控制等，将未授权用户的一切操作行为都当作违背系统安全的行为，应当予以阻止；而认为授权用户所有的符合授权的行为对系统都不会造成破坏。这种被动的以预防为主的安全机制已经远远满足不了数据库对于安全的需要。
>
> 1.2　国内外研究现状
>
> 从20世纪90年代到现在，入侵检测系统的研发呈现出了百花齐放、百家争鸣的繁荣局面，并在分布式和智能化两个方向取得了长足的进展。
>
> 1.3　论文的研究内容和组织结构
>
> 本文主要探讨了数据库系统中入侵检测的技术实现以及系统效率提高的问题，研究建立规则库、设计入侵检测单元，同时分析了现有的数据库入侵检测系统的弱点，建立了基于聚类分析算法与关联分析算法的入侵检测模型。
>
> 第2章　数据库安全技术与入侵检测概述
>
> 2.1　数据库安全机制研究
>
> 2.1.1　数据库安全特性

(2) 对文档“毕业论文.docx”进行页面设置，页面大小设置为A4，页边距采用默认页边距(上下2.54厘米，左右3.18厘米)。

(3) 对文档“毕业论文.docx”中各级标题按照以下要求进行设置：

第一级：“第1章”，字体为小二号黑体，居中，2倍行距。

第二级：“1.1”，字体为小三号宋体加粗，居左，2倍行距。

第三级：“1.1.1”，字体为五号黑体，居左，1.1倍行距。

第四级：“1.1.1.1”，字体为五号楷体，居左，1.1倍行距。

注：以上四级标题单独成行，后面不可接正文。

(4) 对文档“毕业论文.docx”中各段落进行设置：正文字体为五号宋体，左空两字，1.1倍行距。

(5) 给文档“毕业论文.docx”添加页眉“山西能源学院毕业论文”和页码。

(6) 在文档“毕业论文.docx”中自动生成目录。

第三章 电子表格软件的使用

内容与要求

本章主要介绍 Excel 2016 的基本操作、格式化工作表、公式与函数、图表、工作表中的数据库操作、工作表的打印和超链接、数据管理等内容。

通过本章的学习，学生应了解电子表格的基本概念和 Excel 2016 的基本功能；熟练掌握工作簿和工作表的操作方法；掌握工作表的格式化方法；了解单元格绝对地址和相对地址的概念；掌握工作表中公式的输入和复制以及常用函数的使用方法；掌握图表的建立和编辑方法。

本章的思维导图

- 电子表格软件的使用
  - 项目一 电子表格软件的基本操作
    - 任务 1 电子表格软件的启动和退出
    - 任务 2 熟悉电子表格软件的工作界面
    - 任务 3 建立与保存工作簿
    - 任务 4 输入和编辑工作表数据
    - 任务 5 使用工作表和单元格
  - 项目二 工作表的编辑和格式化
    - 任务 1 设置单元格格式
    - 任务 2 设置行高和列宽
    - 任务 3 设置条件格式
    - 任务 4 使用样式
  - 项目三 函数和公式的使用
    - 任务 1 运算符
    - 任务 2 输入公式
    - 任务 3 复制公式
    - 任务 4 函数应用
  - 项目四 数据管理与分析
    - 任务 1 建立数据清单
    - 任务 2 数据排序
    - 任务 3 数据筛选
    - 任务 4 数据分类汇总
  - 项目五 图表的使用
    - 任务 1 创建图表
    - 任务 2 编辑和修改图表
    - 任务 3 修饰图表

项目一　电子表格软件的基本操作

第三章-项目一

项目描述

本项目的学习目标是以 Excel 2016 为例，熟悉常用电子表格软件中工作簿的基本操作。通过本项目的学习，学生应能够掌握常用电子表格软件的启动和退出方法，熟悉常用电子表格软件的工作界面，在常用电子表格软件中建立与保存工作簿，并在电子表格软件中输入和编辑工作表数据。

实验主要内容

任务 1　电子表格软件的启动和退出

本任务的主要内容是掌握 Excel 2016 的基本使用方法，包括了解 Excel 2016 的启动和退出方法。

操作步骤：

(1) 启动 Excel 2016 有多种方法，常用的方法是执行【开始】|【Excel 2016】命令，如图 3-1 所示。

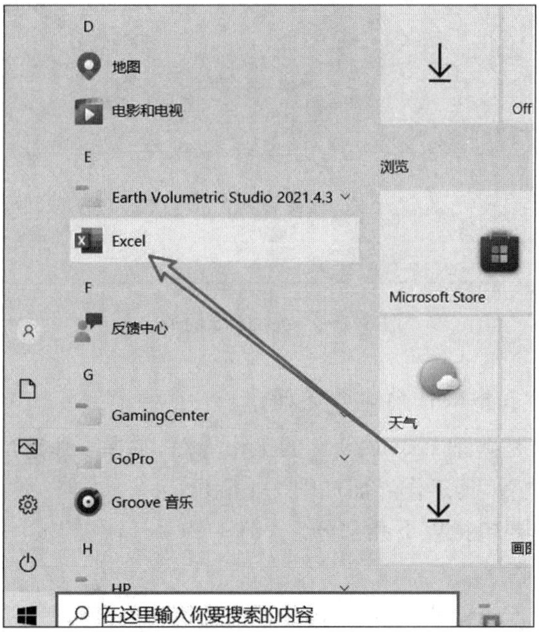

图 3-1　Excel 2016 的启动

(2) 启动后会出现 Excel 2016 的主界面，如图 3-2 所示。

(3) 退出 Excel 2016 也有多种方法，常用的方法是单击 Excel 2016 窗口右上角的【关闭】按钮，如图 3-3 所示。

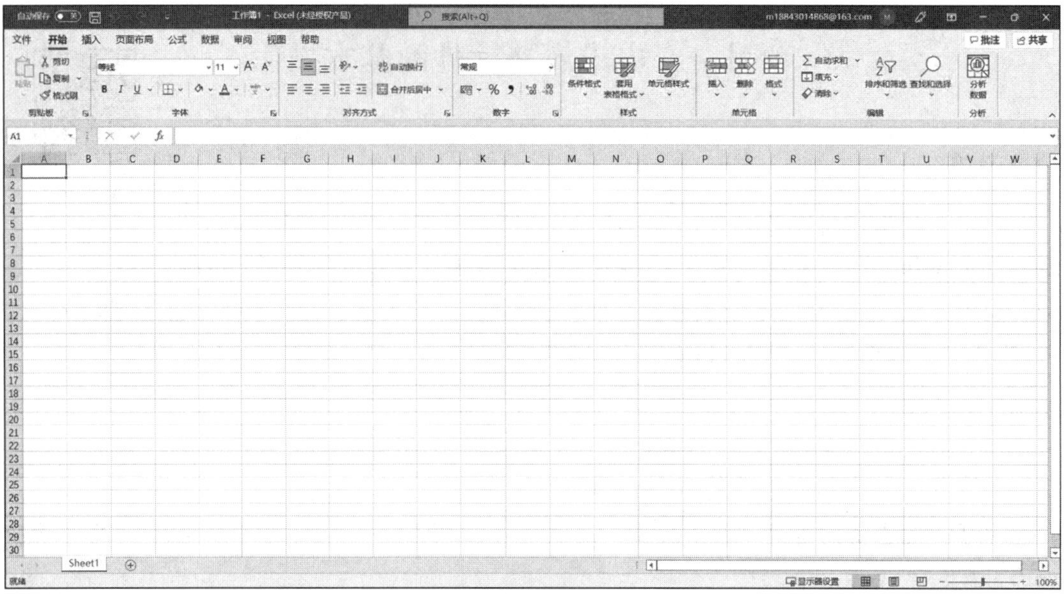

图 3-2　Excel 2016 主界面

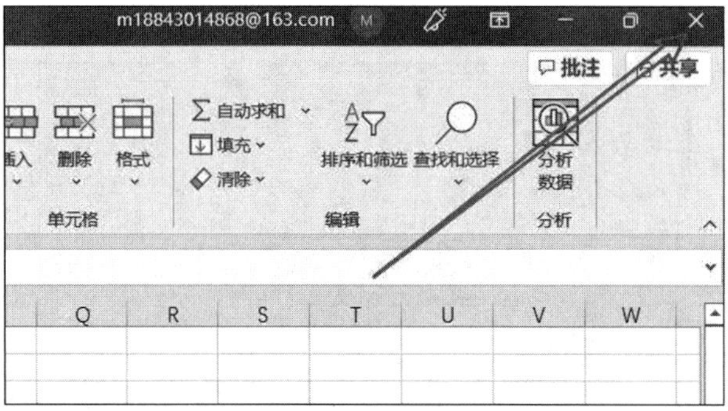

图 3-3　Excel 2016 的退出

任务 2　熟悉电子表格软件的工作界面

本任务的主要内容是熟悉 Excel 2016 的工作界面，掌握工作簿的基本操作。

启动 Excel 2016 之后，其工作界面如图 3-4 所示。

Excel 2016 窗口主要包括以下几部分。

(1) 快速访问工具栏

快速访问工具栏位于 Excel 2016 工作界面的左上方，用于快速执行一些操作。在使用过程中，用户可以根据工作需要，添加或删除快速访问工具栏中的工具。默认情况下，快速访问工具栏包括【保存】、【撤销】、【恢复】三个按钮。

(2) 标题栏

标题栏位于 Excel 2016 工作界面的最上方，用于显示当前正在编辑的电子表格名称。拖动标题栏可以改变窗口的位置，用鼠标双击标题栏可以最大化或还原窗口。在标题栏右侧分别是【最小化】、【最大化】|【向下还原】、【关闭】三个按钮。

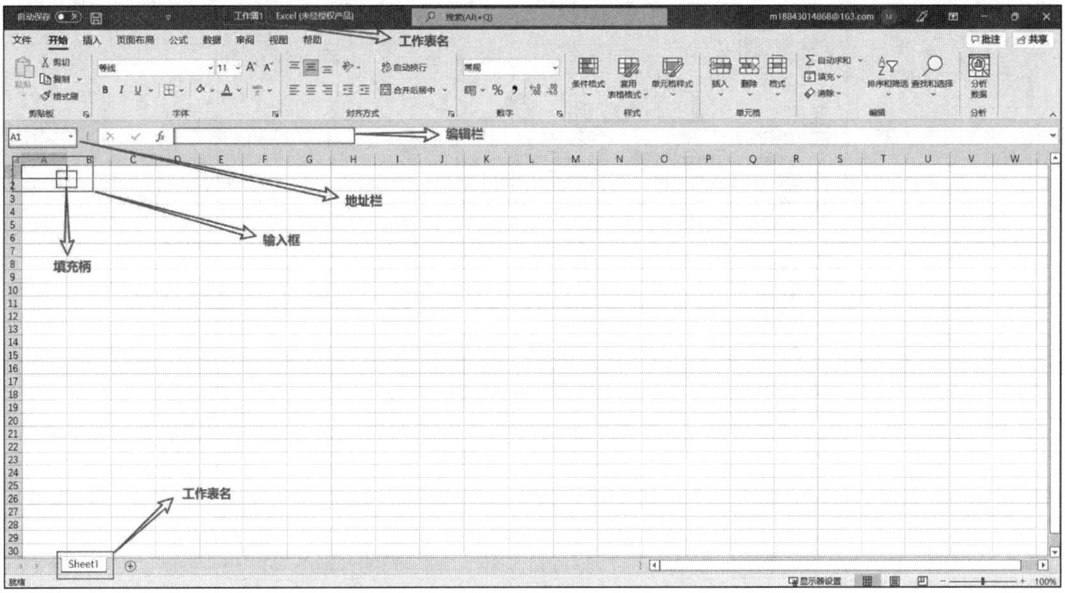

图 3-4　Excel 2016 工作界面

(3) 功能区

功能区位于标题栏的下方，默认会出现【开始】、【插入】、【页面布局】、【公式】、【数据】、【审阅】、【视图】七个功能区。每个功能区由若干个组组成，每个组由若干个功能相似的按钮和下拉列表组成。

Excel 2016 将很多功能相似的、性质相近的命令按钮集成在一起，命名为“组”。用户能够十分方便地在组中选择命令按钮，编辑电子表格，如【插入】功能区下的【插图】组，如图 3-5 所示。

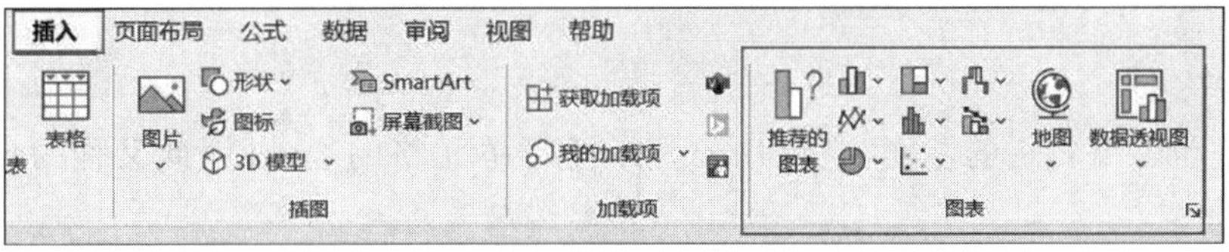

图 3-5　【插图】组

为了方便用户使用 Excel 2016 表格处理数据，在有些组的右下角还设计了一个启动器按钮，点击该按钮后，根据所在的不同组，会弹出不同的命令对话框。图 3-6 是【插入】功能区下的【图表】组的启动器按钮所对应的【插入图表】对话框。

(4) 工作区

工作区位于 Excel 2016 工作界面的中间，是工作表中占据屏幕面积最大的区域，也是用户工作的主要区域。用户在该区域可以向表格中输入数据，并可以对数据进行编辑，或插入图片、设置格式及效果等，如图 3-7 所示。

(5) 编辑栏

编辑栏位于工作区上方，主要用于显示或编辑活动单元格中的数据和公式。

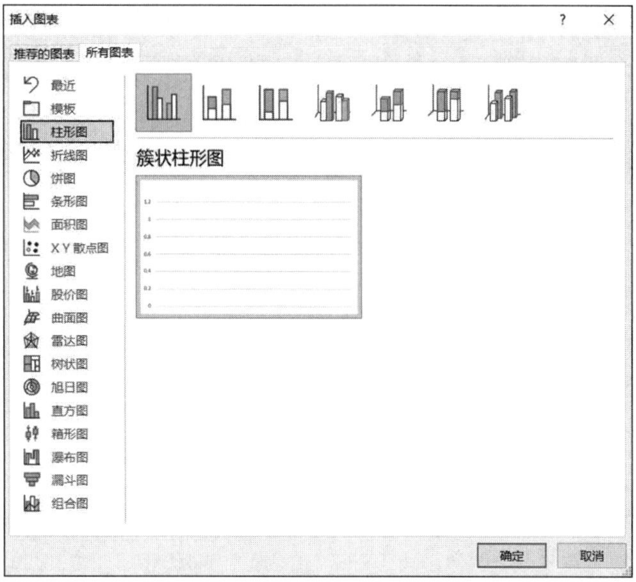

图 3-6 【插入图表】对话框

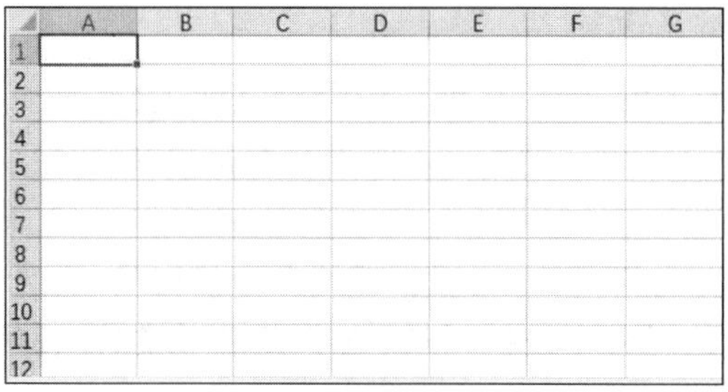

图 3-7 工作区

(6) 名称框

名称框位于编辑栏的左侧，主要用于显示活动单元格的地址，因此又称为地址栏或地址框。

(7) 状态栏

状态栏位于 Excel 2016 工作界面的最下方。在状态栏中可以显示工作表中的单元格状态，还可以通过点击状态栏右侧的视图切换按钮改变工作表的视图模式，如图 3-8 所示。

图 3-8 状态栏

任务 3 建立与保存工作簿

本任务的主要内容是在 Excel 2016 中建立与保存工作簿。

1. 创建工作簿

创建工作簿，可以选择以下几种方法之一。

(1) 在没有指定要打开的工作簿的情况下，启动 Excel 2016 时，系统会自动打开一个名称为“工作簿 1”的空白工作簿，其中默认包含三个工作表。

(2) 单击快速访问工具栏上的【新建】按钮，系统将自动建立一个新的工作簿文件。

(3) 执行【文件】|【新建】命令，单击【可用模板】区域内的【空白工作簿】选项，然后单击右侧的【创建】按钮，即可建立一个新的工作簿文件。

(4) Excel 2016 还提供了用模板创建工作簿的方法。若需要创建一个相似的工作簿，则可以利用模板，这种方法可以减少很多重复性工作。用户可以用 Excel 2016 自带的模板，也可以根据工作需要创建自己的模板。

2. 保存工作簿

在使用 Excel 2016 编辑工作簿的过程中，为了避免计算机故障、误操作、断电等各种原因造成数据丢失，应该养成一个随时保存文件的良好习惯。

(1) 保存未保存过的工作簿文件

选择快速访问工具栏上的【保存】按钮，或者选择【文件】|【保存】命令，弹出【另存为】对话框。首先，在该对话框左侧的“组织”框中选择工作簿保存的位置，之后就可在地址栏中看到已选择的地址；其次，在“文件名”右侧的下拉列表框中输入工作簿的名称；最后，单击【保存】按钮。

(2) 保存已保存过的工作簿文件

对已经存在的工作簿，可以对其进行修改，然后进行保存，保存时只要选择快速访问工具栏上的【保存】按钮即可。

(3) 另存为工作簿文件

对于修改过的工作簿，若需要对原文件进行换名保存，可以通过选择【文件】|【另存为】命令，弹出【另存为】对话框，之后的操作方法同“保存未保存过的工作簿文件”。

3. 关闭工作簿

当用户完成对工作表的编辑而不需要再进行其他操作时，就应该关闭工作簿文件，以防止其中的数据被误操作。关闭工作簿即关闭当前正在使用的工作簿窗口，可以使用的方法是：单击工作簿窗口右上角的【关闭】按钮。若需要关闭的工作簿在关闭之前未被保存过，则在关闭前系统会弹出一个提示对话框，询问用户是否对该工作簿所作的修改进行保存。要保存就单击【保存】按钮，不保存就单击【不保存】按钮，要放弃关闭工作簿的操作就单击【取消】按钮。

4. 打开工作簿

对于已经存在的工作簿，在使用之前需要先打开工作簿。打开的方法有以下几种。

(1) 单击快速访问工具栏中的【打开】按钮，弹出【打开】对话框。在其中选择准备打开的工作簿，单击【打开】按钮即可。

(2) 选择【文件】|【打开】命令，其余操作步骤与方法(1)完全相同，不再赘述。

任务 4　输入和编辑工作表数据

本任务的主要内容是掌握如何在 Excel 2016 中输入和编辑数据。

1. 单元格的操作

单元格是 Excel 2016 工作表最基本的数据单元，也是 Excel 2016 进行数据处理的最小单位，输入的数据就放在这些单元格中。输入数据之前，需要先确定单元格，下面介绍有关单元格的操作。

（1）选择一个单元格

选择一个单元格的方法有以下两种：

① 直接单击某个单元格，即可选中。

② 在地址栏中输入要选择的单元格地址，按下【Enter】键，即可选中一个单元格。如输入 B6，即可选中 B6 单元格。

（2）选择连续多个单元格

选择连续多个单元格的方法有以下三种：

① 首先选中需要选择的单元格区域左上角的单元格，然后按住鼠标左键不放开进行拖动，一直拖到需要选择的单元格区域右下角的单元格后释放鼠标即可。（适用于区域较小的情形）

② 首先选中需要选择的单元格区域左上角的单元格，然后按住【Shift】键不放，并单击需要选择的单元格区域右下角的单元格。（适用于区域较大的情形）

③ 在单元格名称框中输入需要选择的单元格区域的地址，按下【Enter】键即可。

（3）选择不连续多个单元格

选择一个单元格后按住【Ctrl】键不放开，然后依次单击其他需要选择的单元格，选择完成后释放【Ctrl】键和鼠标即可。

（4）选择行

① 选择一行：将鼠标移动到所需选择行的行号之上，当鼠标指针变为实心右向箭头时，单击行号即可选中该行的所有单元格。

② 选择连续多行：首先选中需要选择的起始行号，然后按住鼠标左键不放开进行拖动，一直拖到需要选择的最后一行的行号上，释放鼠标即可。

③ 选择不连续多行：首先选中需要选择的起始行号，然后按住【Ctrl】键不放开，再依次单击其他需要选择行的行号即可。

（5）选择列

① 选择一列：将鼠标移动到所需选择列的列号之上，当鼠标指针变为实心向下箭头时，单击列号即可选中该列的所有单元格。

② 选择连续多列：首先选中需要选择的起始列号，然后按住鼠标左键不放开进行拖动，一直拖到需要选择的最后一列的列号上，释放鼠标即可。

③ 选择不连续多列：首先选中需要选择的起始列号，然后按住【Ctrl】键不放开，再依次单击其他需要选择列的列号即可。

（6）选择全部单元格

单击名称框下方行号与列号交叉处的按钮，即可选中当前工作表中的全部单元格。

（7）插入单元格

① 插入一个单元格：选择插入单元格的位置，在【开始】|【单元格】组中单击【插入】按钮，弹出一个下拉列表，单击其中的【插入单元格】选项，之后弹出一个【插入】对话框，如图 3-9 所示。在【插入】对话框中选择活动单元格的移动方式，单击【确定】按钮，即可完成单元格的插入。

② 插入行：选择插入行的位置，在【开始】|【单元格】组中单击【插入】按钮，弹出一个下

拉列表，单击其中的【插入工作表行】选项，即可在当前行的上方插入一个空白行。

③ 插入列：选择插入列的位置，在【开始】|【单元格】组中单击【插入】按钮，弹出一个下拉列表，单击其中的【插入工作表列】选项，即可在当前列的左边插入一个空白列。

(8) 删除单元格

① 删除一个单元格或单元格区域：选择需要删除的一个单元格或单元格区域，在【开始】|【单元格】组中单击【删除】按钮，弹出一个下拉列表，单击其中的【删除单元格】选项，之后弹出一个【删除文档】对话框，如图 3-10 所示。在【删除文档】对话框中选择活动单元格的移动方式，单击【确定】按钮，即可完成单元格或单元格区域的删除。

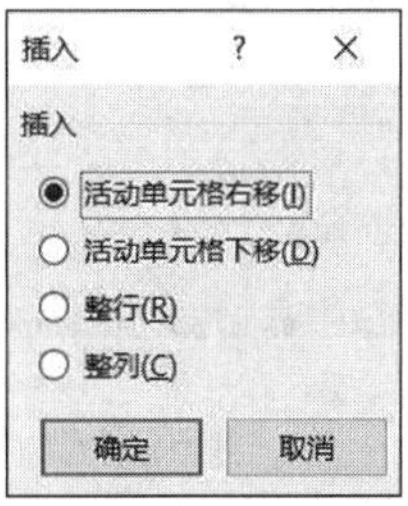

图 3-9　【插入】对话框

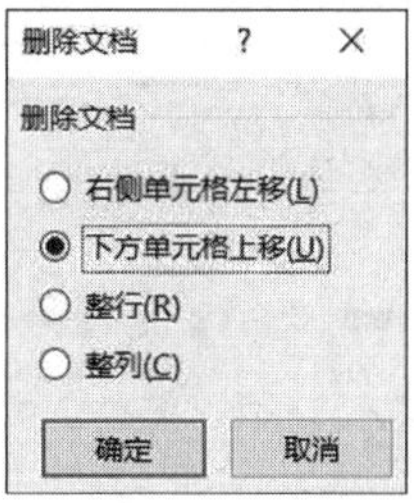

图 3-10　【删除文档】对话框

② 删除行|列：选择需要删除的行|列，在【开始】|【单元格】组中单击【删除】按钮，弹出一个下拉列表，单击其中的【删除工作表行】|【删除工作表列】选项，即可删除所选择的行|列。

2. 输入常量

在单元格中输入数据的方法通常有以下三种。

方法一：选择活动单元格，此时鼠标形状变为✚，即可在活动单元格中输入数据，然后按【Enter】键、【Tab】键或用↑、↓、←、→键就可完成数据输入。

方法二：双击活动单元格，鼠标形状变为 I 时，即可在活动单元格中输入或编辑已有数据。

方法三：选择活动单元格，在编辑栏内输入数据，用鼠标单击控制按钮 ✓ 或 ✗ 来决定是输入还是取消输入的数据。

Excel 允许用户在单元格中输入的数据，包括文字、日期、数字、声音、图形等；可以是常量，也可以是公式和函数，本节只介绍常量的输入方法。就常量而言，Excel 能自动将它们区分为文本、数值、日期和时间 3 种类型。

(1) 输入文本常量

文本常量可以包含汉字、大小写英文字母、数字、特殊字符等符号。

文本常量的默认对齐方式为左对齐，如图 3-11 中的第二行和第二列均为文本常量。

对于以 0 开头的纯数字字符串，如全国各地的区号 010、021 等，或全部由数字组成的文本常量，如学号、电话号码等(见图 3-11 中的学号下方的数据)，若直接输入，则 Excel 自动将其处理为数值常量，前者不显示开头的 0，后者以科学计数方式显示，如图 3-12 所示。

要想正确输入这些文本常量，方法主要有两种：

① 在输入的数字字符串前面加上一个半角的单引号(‘)。

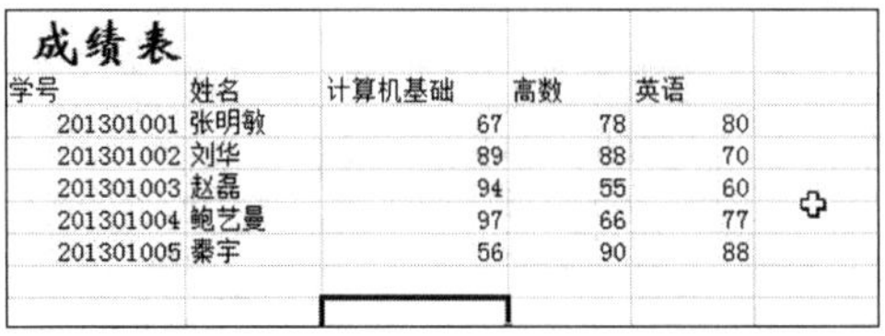

图 3-11　文本常量的默认对齐方式

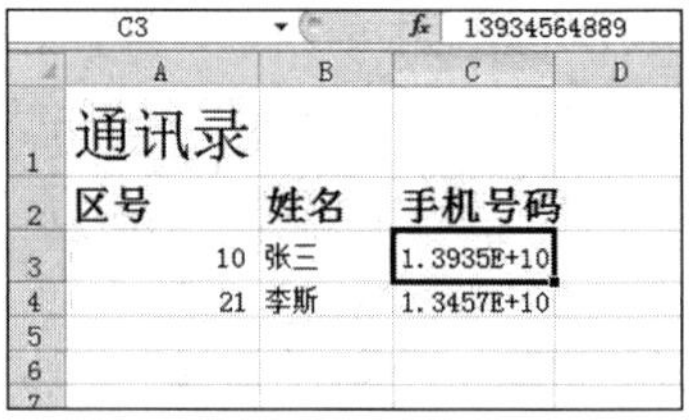

图 3-12　纯数字字符串的默认显示方式

② 先将单元格格式设置为“文本”，再输入数字字符串，见图 3-13。

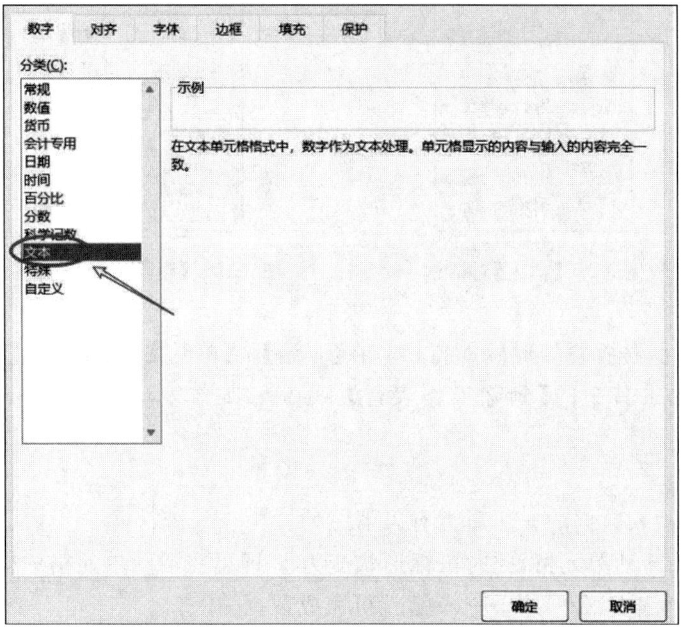

图 3-13　单元格格式设置

说明：

① 当输入的文本长度超出单元格宽度时，若右侧单元格无内容，则扩展至右边列，否则将截断显示。

② 用户可以通过格式化的方法改变文本的对齐方式。

(2) 输入数值常量

数值常量允许包含 0～9、+、-、E、e、$ 、/(分数)、%、小数点(.)、千分位符号(,)等特殊字符。

数值常量的默认对齐方式为右对齐。

当输入的数据超过列宽或超过 15 位时，Excel 都自动以科学计数法表示，如图 3-12 中的手机号码；当单元格容纳不下一个格式化数字时，就用若干个“#”代替。此时，可以通过调整列宽使其正常显示。

Excel 的数字精度为 15 位，当数字长度超过 15 位时，Excel 会将多余的数字转换为 0。如输入 12345678901234567，但参与计算的是 12345678901234500。

若输入正数，则直接输入即可。若输入负数，则必须在数字之前加一个负号“－”或者给数字加一个圆括号。例如，输入“－200”，或者“(200)”都会得到－200。

若输入百分数，则可直接在数字后面加一个百分号“%”。例如，要输入50%，首先在单元格中输入50，再输入%即可。

若输入分数，则首先在单元格中输入一个0后跟一个空格，再输入分数。例如，输入1/4，必须在单元格中输入“0 1/4”；否则，Excel会自动将其转换为日期“1月4日”。

(3) 输入日期和时间常量

Excel内置了一些日期和时间格式，当输入数据与这些格式相匹配时，Excel会自动识别它们。常见的日期和时间格式为：yy/mm/dd、yy-mm-dd、hh：mm(AM/PM)。

输入日期时，可用“/”和“-”分隔日期的年、月、日。

输入时间时，按“时：分：秒”格式。如果按12小时制输入时间，则应在时间数字的尾部空一格，随后输入字母AM(或am)或PM(或pm)。例如，输入8：30 am，显示为8：30 AM，缺少空格时将被当作文本处理。

同时输入日期和时间时，需要在两者之间空一格。例如，输入2013-12-31 8：30 pm或者2021-12-31 20：30，都表示2021年12月31晚上8：30，但是时间均显示为24小时制2021-12-31 20：30。

若要输入当天的日期，可按组合键“Ctrl＋；(分号)”。

若要输入当时的时间，可按组合键“Ctrl＋Shift＋；(分号)”或“Ctrl＋Shift＋：(冒号)”。

日期和时间常量的默认对齐方式为右对齐。

(4) 一些输入技巧

① 换行输入。

单击【开始】功能区【对齐方式】组中的【自动换行】按钮，如图3-14所示。也可以按“Alt＋Enter”组合键(强制换行)。

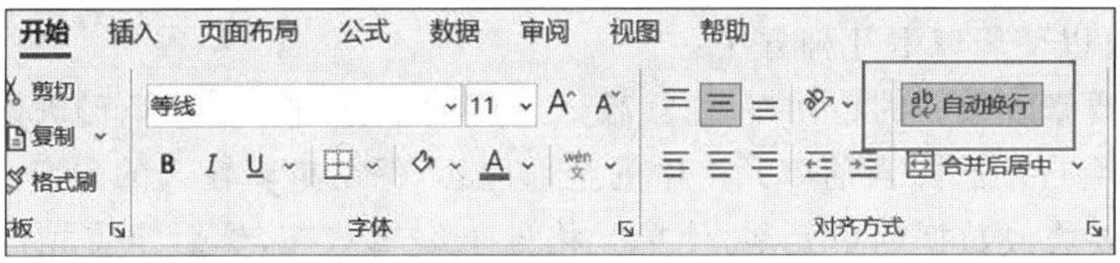

图3-14　【自动换行】按钮

② 输入相同的数据。

想在不同单元格中输入相同的数据，可以先选中要输入相同数据的单元格，然后在编辑框中输入数据，最后按“Ctrl＋Enter”组合键。

3. 数据的快速填充

自动填充功能是Excel的一项特殊功能。利用该功能可以将一些有规律的数据或公式，方便快速地填充到指定的单元格中，从而提高工作效率。在单元格中填充数据主要有两种情况：一种是填充相同数据；另一种是填充序列数据。

(1) 填充相同数据和序列数据

操作步骤如下：

① 在某个单元格或单元格区域中输入要填充的数据。

② 选中已经输入内容的单元格或单元格区域。

③ 将鼠标移动到填充柄上，指针变为黑色十字形状，按下鼠标左键并进行拖动，即可将选中区域的数据按照某种规律填充到这些单元格中。

（2）自动填充功能可以完成的操作

① 单个单元格内容为纯字符、纯数字或公式，填充相当于复制。

② 单个单元格内容为文本数字混合体，填充时文本不变，最右边的数字递增。

③ 单个单元格内容为 Excel 预设的自动填充序列中的一员，按预设序列填充。

④ 若有连续单元格存在等差关系，则先选中该区域，再运用自动填充可输入其余的等差值。拖动可以由上往下或由左向右，也可反方向进行。

⑤ 自动填充时，若要考虑是否带格式或区域中是等差还是等比序列，则自动填充时按住鼠标右键，拖动到要填充的最后一个单元格释放鼠标时，将会弹出一个【自动填充】快捷菜单，在其中可以进行各种选择。

图 3-15 所示为自动填充的结果。

通讯录				
学号	姓名	专业	星期	月份
2014001001	张三	信息管理与信息系统	星期一	三月
2014001002	李斯	信息管理与信息系统	星期二	四月
2014001003	王鹏举	信息管理与信息系统	星期三	五月
2014001004	赵吉祥	信息管理与信息系统	星期四	六月
2014001005	方红霞	信息管理与信息系统	星期五	七月
2014001006	秦姜瑜	信息管理与信息系统	星期六	八月
2014001007	鲍玉莲	信息管理与信息系统	星期日	九月

图 3-15　自动填充

4. 数据的修改与清除

（1）修改数据

修改数据可以使用以下几种方法：

① 选择需要修改数据的单元格，直接输入正确的数据，按下【Enter】键即可。使用该方法修改数据时，会自动删除当前单元格中的全部内容，保留重新输入的内容。

② 双击需要修改数据的单元格，使单元格处于编辑状态，然后定位光标插入点进行修改，完成修改后按下【Enter】键即可。使用该方法修改数据时，只对单元格中的部分内容进行修改。

③ 选择需要修改数据的单元格，将光标插入点定位到编辑框中，然后对数据进行修改，完成修改后按下【Enter】键即可。使用该方法修改数据时，只对单元格中的部分内容进行修改。

（2）清除数据

工作表中若有不需要的数据，则可将其清除。

操作方法是，选中需要清除内容的单元格或单元格区域，在【开始】|【编辑】组中单击【清除】按钮，再在弹出的下拉列表中选择相应的清除方式即可。

在弹出的下拉列表中，提供了 6 种清除方式，如下所述。

① 全部清除：可清除单元格或单元格区域中的内容和格式。

② 清除格式：可清除单元格或单元格区域中的格式，但保留内容。

③ 清除内容:可清除单元格或单元格区域中的内容,但保留格式。

④ 清除批注:可清除单元格或单元格区域中内容的批注,但保留单元格或单元格区域中的内容和格式。

⑤ 清除超链接:执行清除超链接后,在单元格或单元格区域中的右下角会出现一个浮动按钮,单击该按钮后,可以选择仅清除单元格或单元格区域中的超链接,也可以选择清除单元格或单元格区域中的超链接和格式。

⑥ 删除超链接:直接删除单元格或单元格区域中的超链接和格式。

清除与删除之间的区别为:清除只是针对数据和格式,而单元格或单元格区域继续保留;删除则是把单元格或单元格区域全部删除,包括其中的数据和格式。

任务5　使用工作表和单元格

本任务的主要内容是掌握工作表和单元格的编辑与使用方法。

1. 工作表的操作

(1) 工作表的选择

① 选择单个工作表

对于已经显示出的工作表标签,直接单击工作表名称即可选择工作表。当工作表标签未显示出来时,可以单击工作表标签导航按钮,使工作表名称显示出来,再单击工作表名称即可选择工作表;或者用鼠标右键单击导航按钮,在弹出的工作表名称列表中选择目标工作表。

② 选择多个工作表

当用户需要创建或者编辑一组有类似作用和结构的工作表时,可以选择多个工作表,这样就能在多个工作表中同时进行编辑工作。

选择多个工作表的可能性有以下几种。

选择一组相邻的工作表:先选中第一个工作表标签,按住【Shift】键,再选择最后一个工作表标签。

选择不相邻的工作表:先选中第一个工作表标签,按住【Ctrl】键,再选择其余要选择的工作表标签。

选择工作簿中的全部工作表:用鼠标右键单击工作表标签,在弹出的快捷菜单中选择【选定全部工作表】命令。

选择多个工作表后,Excel 2016 标题栏中工作簿文件名后会出现“[组]”字样。此时,若在一个工作表中输入数据,则其他选择的工作表也会出现相同内容;若改变一个工作表中单元格的格式,则其他选择的工作表中相应单元格的格式也会改变。

取消工作组的方法是,用鼠标右键单击工作组的工作表标签,在弹出的快捷菜单中选择【取消组合工作表】命令。

(2) 工作表的插入、删除

① 工作表的插入方法是,先用鼠标右键单击需要插入工作表的标签,在弹出的快捷菜单中选择【插入...】命令,然后在如图 3-16 所示的对话框中选择工作表,再单击【确定】按钮即可。

② 工作表的删除方法是,用鼠标右键单击需要删除的工作表标签,在弹出的快捷菜单中选择【删除】命令。

图 3-16 【插入】对话框

(3) 工作表的移动、复制

工作表的移动/复制的方法是，先用鼠标右键单击需要移动/复制的工作表标签，在弹出的快捷菜单中选择【移动或复制...】命令，然后在如图 3-17 所示的对话框中选择将选定的工作表移动至哪个工作表的前面，最后单击【确定】按钮。

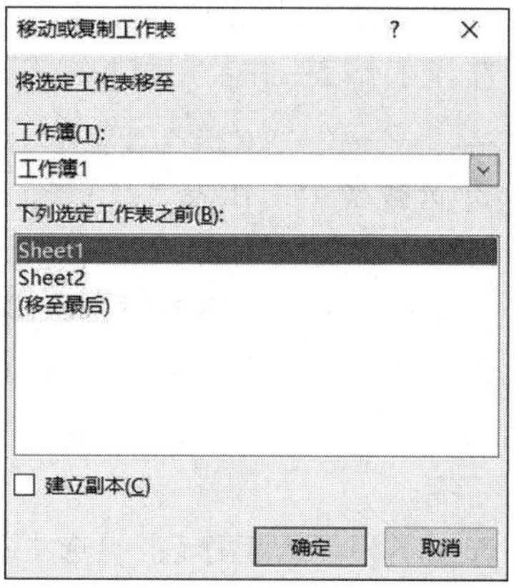

图 3-17 【移动或复制工作表】对话框

移动与复制操作的区别是，在图 3-17 中，移动操作不需要选择【建立副本】复选框，而复制操作需要选择【建立副本】复选框。

移动或复制工作表，既可以在多个工作簿之间进行，也可以在一个工作簿内进行。若仅在一个工作簿内移动或复制工作表，则可直接拖动鼠标来完成(复制时需要先按下【Ctrl】键)。

(4) 工作表的重命名

工作表重命名的方法是，用鼠标右键单击需要重命名的工作表标签，在弹出的快捷菜单中选择【重命名】命令。

2. 单元格的操作

(1) 复制和移动单元格

在 Excel 中，单元格的复制和移动，既可以在同一个工作表中进行，也可以在不同的工作表中完成。具体操作一般可以通过【开始】|【剪贴板】组、快捷键、拖动三种方式来完成，下面介绍第一种方法。

① 选择要移动(或复制)的单元格或单元格区域。

② 在【剪贴板】组中单击【剪切】(或【复制】)按钮。

③ 定位目标位置。

④ 单击【粘贴】按钮。

(2) 选择性粘贴

在 Excel 中，利用系统提供的【选择性粘贴】功能，可以达到一些特殊的复制目的。例如，只复制公式、批注、转置等。具体的操作方法如下：

① 选择要复制的单元格或单元格区域。

② 在【剪贴板】组中单击【复制】按钮。

③ 定位目标位置。

④ 单击【粘贴】按钮下方的▾按钮。

⑤ 在【粘贴】下拉列表中，单击【选择性粘贴...】按钮，弹出【选择性粘贴】对话框，如图 3-18 所示。

⑥ 在【选择性粘贴】对话框中进行相关选择。

(3) 插入/删除行和列

① 插入行和列。针对插入整行和整列，Excel 2016 规定只能插入选定行的上边或选定列的左边。插入方法是，在插入位置选定若干行或若干列，单击鼠标右键，在弹出的快捷菜单中选择【插入】命令，即可插入若干行或若干列。

② 删除行和列。选择想要删除的若干行或若干列，单击鼠标右键，在弹出的快捷菜单中选择【删除】命令，即可删除若干行或若干列。

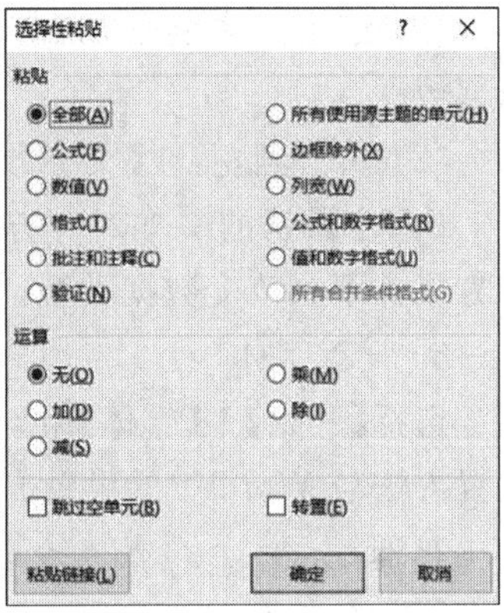

图 3-18 【选择性粘贴】对话框

项目二　工作表的编辑和格式化

第三章-项目二

项目描述

本项目的学习目标是掌握工作表的编辑及格式化方法。通过本项目的学习，学生应能创建美观大方、数据醒目的工作表，并能对工作表进行必要的格式编排(如改变数据的对齐方式、调整行高和列宽、添加表格底纹等)，即要掌握工作表的格式化方法。

实验主要内容

任务 1　设置单元格格式

本任务的主要内容是掌握 Excel 2016 中单元格格式的设置方法。

1. 设置单元格的数据格式

通过【开始】|【数字】组中的【分类】列表框，可以定义单元格中数据的类型。数据类型主要有常规、数值、货币、会计专用、日期、时间、百分比、分数、科学计数、文本、特殊、自定义等种类。

2. 设置单元格数据的对齐方式

选择【开始】|【对齐方式】组，在其中可以设置文本的对齐方式、自动换行、合并单元格、文字方向等。其中各项含义如下。

(1) 水平对齐:选择单元格内容的水平对齐方式,默认的水平对齐方式为“常规”。

(2) 垂直对齐:选择单元格内容的垂直对齐方式,默认的垂直对齐方式为“居中”。

(3) 缩进:从单元格的任意一侧缩进单元格内容,取决于“水平对齐”和“垂直对齐”中的选择。【缩进】框中的增量为一个字符的宽度。

(4) 方向:可更改所选单元格中文本的方向。

(5) 度:设置所选文本旋转的度数。

(6) 自动换行:当文本长度超过列宽时,会自动将文本切换为多行,而列宽不变。

(7) 缩小字体填充:用减小字符的外观尺寸,以适应列宽的方式,显示所选单元格中的全部数据。

(8) 从右到左:在【文字方向】下拉列表框中选择一项,以指定阅读顺序和对齐方式。

Excel 默认的文本对齐方式是左对齐,而数值、日期和时间对齐方式是右对齐,更改对齐方式并不会改变数据类型。

3. 设置字体

选择【开始】|【字体】组,在其中可以设置文本的字体、字号、下划线、颜色、特殊效果等。设置方法与 Word 中的设置方法基本相同,不再赘述。

任务 2 设置行高和列宽

本任务的主要内容是掌握电子表格软件中单元格行高和列宽的设置方法。

1. 用鼠标设置行高和列宽

将鼠标移动到行号|列号之间,当鼠标指针变为带有上下|左右箭头的十字时,拖动鼠标以改变行高|列宽。

2. 精确设置行高和列宽

(1) 设置行高

用鼠标右键单击需要设置行高的行号,在弹出的快捷菜单中选择【行高】命令,弹出【行高】对话框。如图 3-19 所示,输入需要的行高,单击【确定】按钮。

(2) 设置列宽

用鼠标右键单击需要设置列宽的列号,在弹出的快捷菜单中选择【列宽】命令,弹出【列宽】对话框。如图 3-20 所示,输入需要的列宽,单击【确定】按钮。

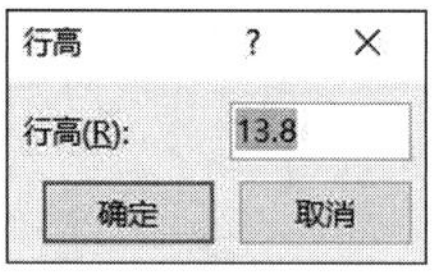

图 3-19 【行高】对话框

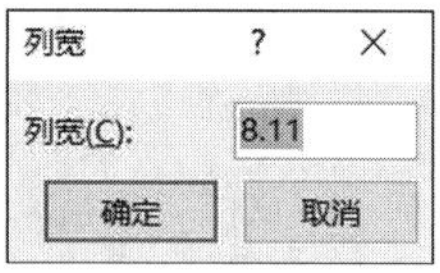

图 3-20 【列宽】对话框

任务 3 设置条件格式

本任务的主要内容是掌握电子表格软件中条件格式的设置方法。

条件格式是指对满足条件的单元格进行格式化的一种方法,可以突出显示某些数据,起到强调与醒目的作用。设置条件格式的操作步骤如下:

(1) 选中需要设置条件格式的单元格或单元格区域。

(2) 在【开始】功能区的【样式】组中单击【条件格式】按钮,在弹出的菜单中选择【管理规则】命令，打开【条件格式规则管理器】对话框，如图 3-21 所示。

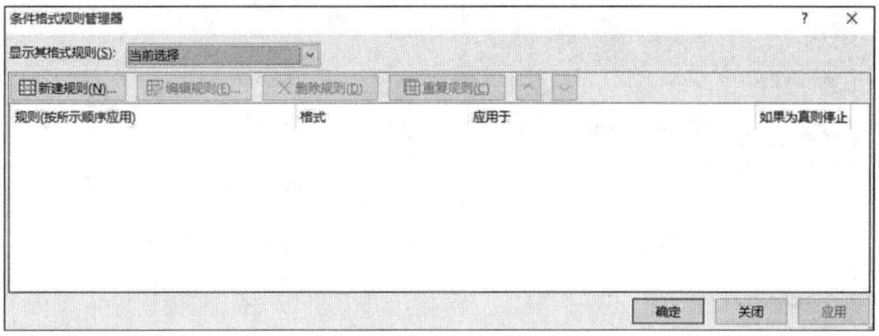

图 3-21 【条件格式规则管理器】对话框

(3) 在【条件格式规则管理器】对话框中单击【新建规则】按钮，打开如图 3-22 所示的对话框。在该对话框的【选择规则类型】列表中选择“只为包含以下内容的单元格设置格式”，在【编辑规则说明】中进行相应的设置。

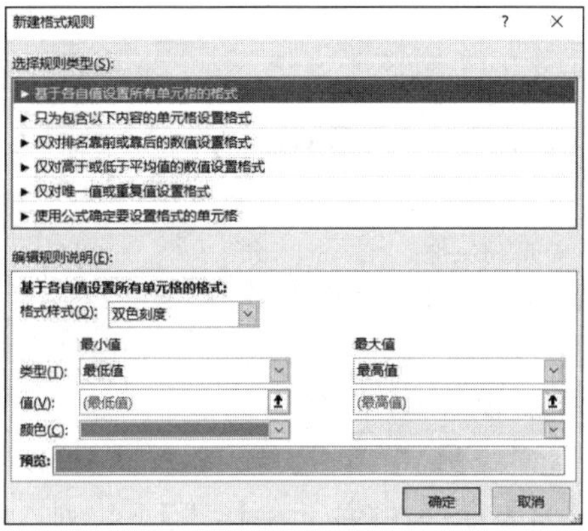

图 3-22 【新建格式规则】对话框

任务 4　使用样式

本任务的主要内容是掌握电子表格软件中样式的用法。

单元格样式是指一组特定单元格格式的组合(集合)。使用单元格样式可以快速对应用相同样式的单元格或单元格区域进行格式化，从而提高工作效率并使工作表格式规范统一。

1. 内置样式

Excel 预置了一些典型的样式，用户可以直接套用这些样式来快速设置单元格格式。具体操作步骤如下：

(1) 选中目标单元格或单元格区域，在【开始】功能区的【样式】组中单击【单元格样式】按钮，弹出【单元格样式】下拉列表库，如图 3-23 所示。

(2) 将鼠标移至下拉列表库中的某项样式，目标单元格会立即显示应用此样式的效果，单击所需的样式即可确认应用此样式。如果用户希望修改某个内置样式，可以对其单击鼠标右键，在弹出的快捷菜单中单击【修改】命令，弹出如图 3-24 所示的【样式】对话框；在打开的【样式】对话框中，根据需要对相应样式的“数字”“对齐”“字体”“边框”“填充”“保护”等单元格格式进行修改，修改后单击【确定】按钮即可。

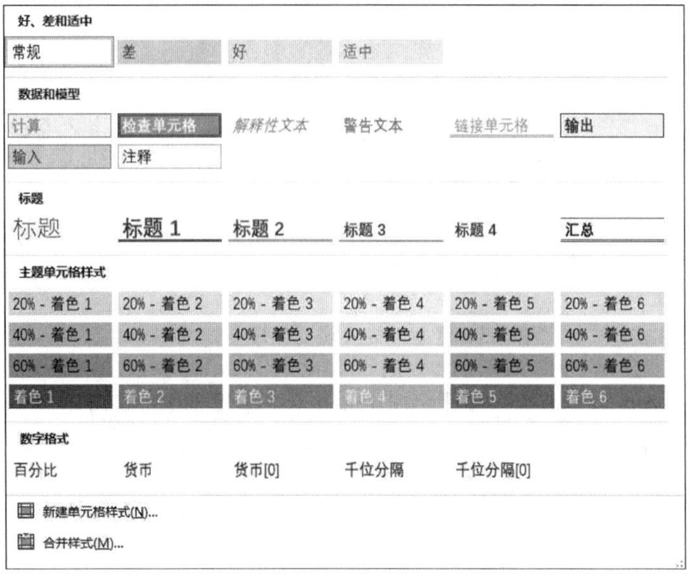

图 3-23 【单元格样式】下拉列表库

2. 用户自定义样式

当内置样式不能满足需要时，用户可以新建自定义单元格的样式。

假设当前工作簿名为“自定义样式 1”。

(1) 在【开始】功能区的【样式】组中单击【单元格样式】按钮，打开【单元格样式】下拉列表库。在【单元格样式】下拉列表库中，单击【新建单元格样式】命令，打开【样式】对话框(见图 3-24)。

(2) 在【样式】对话框的【样式名】框中输入样式的名称，如“中文日期”；单击【格式】按钮，打开【设置单元格格式】对话框，按规范要求进行单元格格式设置。

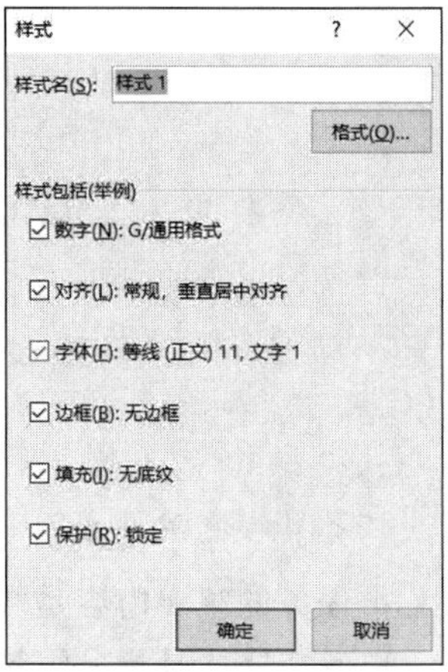

图 3-24 【样式】对话框

(3) 保存当前工作簿“自定义样式 1”到“E:\例题”文件夹中。

新建自定义样式后，在【单元格样式】下拉列表库上方会出现【自定义】样式区，其中包括新建的自定义样式的名称。

3. 合并样式

新创建的自定义样式，只会保存在当前工作簿中(如前面已建立的“E:\例题”文件夹中的“自定义样式 1”工作簿)，不会影响其他工作簿的样式。如果需要在其他工作簿中使用当前新创建的自定义样式，可以使用合并样式来实现。

具体步骤如下：

(1) 先打开样式模板工作簿“自定义样式 1.xlsx”，如图 3-25 所示；然后打开需要合并样式的工作簿。

(2) 在【开始】功能区的【样式】组中单击【单元格样式】命令，打开【单元格样式】下拉列表库，单击【合并样式】按钮，出现如图 3-26 所示的对话框。

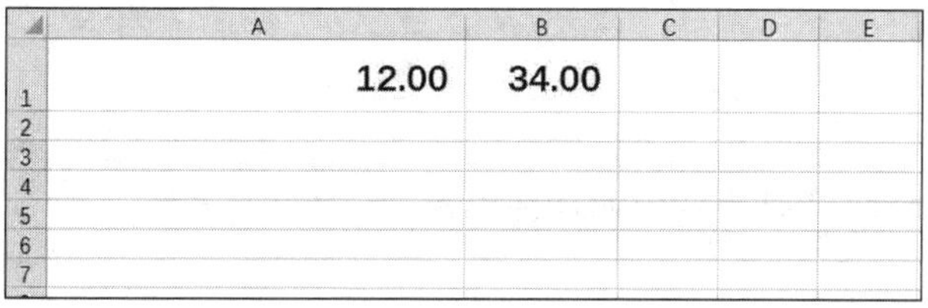

图 3-25　样式模板工作簿

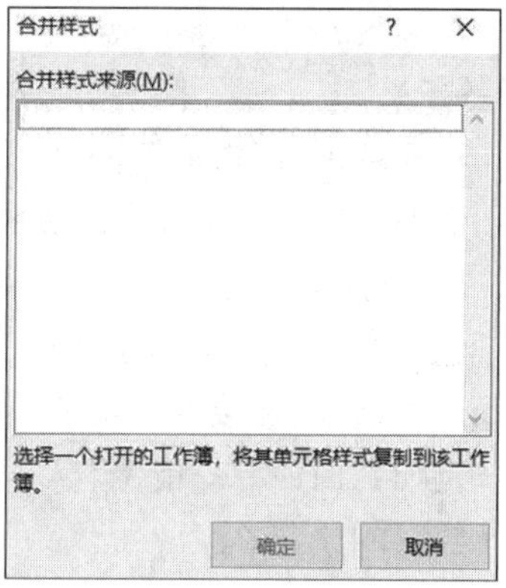

图 3-26　【合并样式】对话框

(3) 在【合并样式】对话框中选中包含自定义样式的工作簿名，如“自定义样式 1. xlsx”，单击【确定】按钮。之后就会看到包含用户自定义样式的【单元格样式】下拉列表库，此时，即可使用其中的用户自定义样式“中文日期”了。

项目三　函数和公式的使用

第三章-项目三

项目描述

公式是对工作表中的数据进行分析和计算的式子。函数是预先定义好的公式。公式和函数既可以引用同一工作表中的单元格，也可以引用不同工作表中的单元格，甚至可以引用不同工作簿的工作表中的单元格。因此，公式是 Excel 的重要组成部分。公式通常由算术表达式和函数组成。Excel 提供了财务、逻辑、文本、日期和时间、查找与引用、数学和三角函数、统计等 11 类 300 多种函数，支持对工作表中的数据进行求和、求平均值、汇总以及其他一些复杂的运算。

实验主要内容

任务 1　运算符

在 Excel 的工作表中，有些单元格的数据通过表达式计算之后才能确定，因此，在计算的过程中，经常与公式和函数打交道。

Excel 中的公式，是由运算符将数据常量(如数值、文本等)、单元格引用、函数等运算对象连接起来的符合语法规则的式子。

Excel 中的运算符包括算术运算符、关系运算符、连接运算符、引用运算符。

1. 算术运算符

包含内容：+(加)、-(减)、*(乘)、/(除)、∧(乘方)、%(百分比)。

运算结果：数值型。

例如：10＋5 的计算结果为 15，2＋50％的计算结果为 250％。

2. 关系运算符

包含内容：＝（等于）、＜（小于）、＞（大于）、＜＝（小于或等于）、＞＝（大于或等于）、＜＞（不等于）。

运算结果：逻辑值 TRUE、FALSE。

例如：100＞200 的计算结果为 FALSE。

3. 连接运算符

包含内容：&（文本连接）。

运算结果：连接的文本值。

例如："山西"&"能源"&"学院"的计算结果为："山西能源学院"。

4. 引用运算符

包含内容：，（逗号）和 ：（冒号）。

运算结果：单元格区域、分散的单元格或区域。

例如：B1：B4 表示由 B1，B2，B3，B4 四个单元格组成的区域。B1：B3，A1：A3，C2，C5 表示由 B1，B2，B3，A1，A2，A3，C2，C5 八个单元格构成的运算对象。

5. 运算符的优先级

这四类运算符的优先级从高到低依次为：引用运算符、算术运算符、连接运算符、关系运算符。

每类运算符按优先级计算；当优先级相同时，按照自左向右的规则计算。

任务 2　输入公式

在 Excel 中，输入公式均以"＝"开头，公式中所有的符号都是英文半角符号。

1. 创建公式

创建公式的步骤如下：

(1) 选择需要输入公式的单元格。

(2) 输入等号"＝"。

(3) 在单元格或编辑栏中输入公式的具体内容。

(4) 按【Enter】键，完成公式的创建。

2. 编辑公式

公式和普通数据一样也可以进行编辑，编辑的方法同普通数据一样，可以进行复制和粘贴，也可以进行移动、删除。

任务 3　复制公式

为了提高输入效率，减少不必要的重复操作，可以对单元格中输入的公式进行自动复制和自动填充。在自动复制和自动填充公式时，如果单元格中有单元格的引用，则自动填充的公式会根据单元格引用的情况产生不同的变化。Excel 之所以有这样的功能，是单元格的相对引用地址和绝对引用地址所导致的。

1. 相对引用地址

相对引用地址是指单元格名称中除行号、列号外，再无其余内容。

例如，A1，B2，C3，A，B，12，20，A：B，12：15。

在使用相对引用地址对公式进行自动复制和自动填充时，目的单元格的公式会发生相应变化。

例如，在 A1 单元格中输入“＝B1”，自动填充至 A2 和 B1 单元格后，A2 单元格中公式为“＝B2”，B1 单元格中公式为“＝C1”。自动复制至 B2 单元格后，B2 单元格中公式为“＝C2”。

2. 绝对引用地址

绝对引用地址指单元格名称中行号与列号之前均有一个 $ 符号。

例如，$A$1，$B$2，$C$3，$A，$B，$12，$20，$A：$B，$12：$15。

在使用绝对引用地址对公式进行自动复制和自动填充时，目的单元格的公式不会发生变化。

例如，在 A1 单元格中输入“＝ $C$1”，自动填充至 A2 和 B1 单元格后，A2 单元格中公式为“＝ $C$1”，B1 单元格中公式为“＝ $C$1”。自动复制至 B2 单元格后，B2 单元格中公式为“＝ $C$1”。

3. 混合引用地址

混合引用地址指单元格名称中行号与列号之前有且仅有一个 $ 符号。

在使用混合引用地址对公式进行自动复制和自动填充时，目的单元格的公式会发生部分变化。

例如，$A1，B$2。

三种引用输入时随时可以互相转换：在公式中用鼠标或键盘选定引用单元格的部分，反复按 F4 键可进行引用间的转换。转换规律如下：

B3→ $B$3→B$3→ $B3→B3

任务 4　函数应用

函数是 Excel 自带的一些预先定义好的公式。函数是非常重要的计算工具，使用函数可为解决复杂的计算问题提供十分有力的帮助。使用函数不但能减少计算的工作量，而且还可以减小计算出错的概率。

1. 函数的格式

函数的基本格式：函数名([参数 1，参数 2，…])。

(1) 函数名代表该函数的功能。例如，常用的 SUM() 函数能实现数值相加功能，MAX()函数用于计算最大值。

(2) 不同类型的函数需要不同类型的参数，可以是常量、单元格、区域、区域名、公式或其他函数。

(3) [参数 1，参数 2，…]表示可选项。

2. 函数的输入

函数的输入有三种方法：使用【自动求和】按钮输入函数法、插入函数输入法、直接输入法。

(1) 使用【自动求和】按钮输入函数法

① 选择要输入函数的单元格。

② 单击【开始】功能区【编辑】组中的【自动求和】按钮，弹出【自动求和】下拉列表，如图 3-27 所示，在其中选择所需函数。

③ 选择参数所在的单元格(或区域)。

④ 按【Enter】键或单击编辑栏上的确定按钮✓。

(2) 插入函数输入法

① 选择要输入函数的单元格。

② 单击【公式】功能区【函数库】组中的【fx】按钮,弹出如图 3-28 所示的对话框。

③ 在【或选择类别】下拉列表中选择函数的类型,如“常用函数”;之后在【选择函数】列表中选择函数,如 MAX,单击【确定】按钮,弹出【函数参数】对话框。

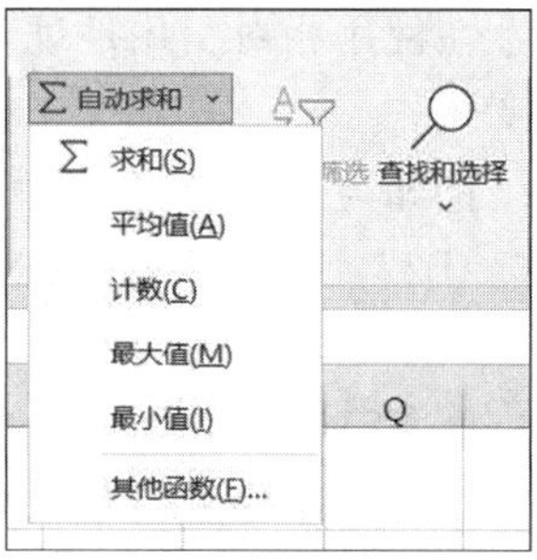

图 3-27 【自动求和】下拉列表

④ 在【Number1】参数框中输入参数;也可单击【Number1】参数框右侧的折叠按钮来收缩【函数参数】对话框,通过拖动鼠标的方式在工作表中选择参数,然后单击【确定】按钮。

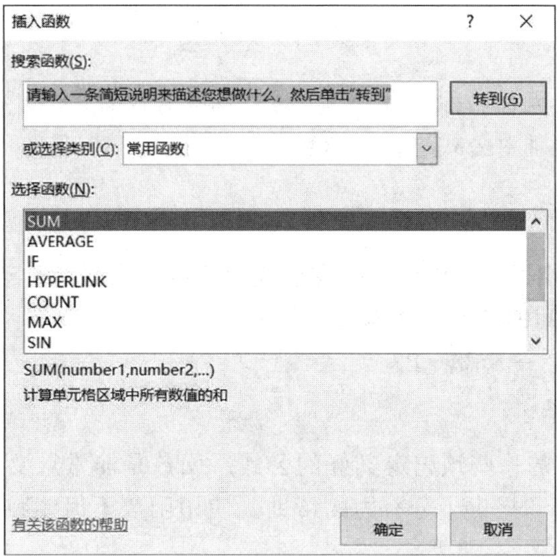

图 3-28 【插入函数】对话框

(3) 直接输入法

选择要输入函数的单元格,在编辑栏中直接输入。

3. 常用函数

使用频率较高的函数如表 3-1 所示。

表 3-1 常用函数

函数名称	语法形式	函数功能	应用举例	函数说明
SUM	SUM(参数 1, 参数 2, …)	计算参数的总和	SUM(A1,B2,C3)	计算 A1、B2、C3 单元格的总和
AVERAGE	AVERAGE(参数 1, 参数 2,…)	计算参数的平均值	AVERAGE(A1,B2,C3)	计算 A1、B2、C3 单元格的平均值

表 3-1(续)

函数名称	语法形式	函数功能	应用举例	函数说明
COUNT	COUNT(参数 1，参数 2,…)	计算参数中数值的个数。参数中含有的文字、空格、逻辑值将不计算个数	COUNT(A1:A20)	计算 A1:A20 区域中数值的个数
COUNTA	COUNTA(参数 1，参数 2,…)	计算参数中非空值的单元格个数	COUNTA(A1:A20)	计算 A1:A20 区域中非空值的单元格个数
COUNTIF	COUNTIF(计数区域，条件)	计算区域中符合条件的非空单元格的个数	COUNTIF(A1:A20,"女")	计算 A1:A20 区域中"女"的非空单元格个数
MAX	MAX(参数 1，参数 2,…)	计算参数中数值的最大值	MAX(A1:A20)	计算 A1:A20 区域中数值的最大值
MIN	MIN(参数 1，参数 2,…)	计算参数中数值的最小值	MIN(A1:A20)	计算 A1:A20 区域中数值的最小值
RANK	RANK(查找值，查找范围)	计算查找值在查找范围内相对其他值的大小排位	RANK(A3,A1:A20)	计算 A3 在 A1:A20 区域中的排位
RAND	RAND( )	返回一个[0,1)区间内的随机小数	RAND( )	返回一个[0,1)区间内的随机小数
INT	INT(参数)	返回一个不大于参数的最大整数	INT(−8.43) INT(8.43)	结果为−9 结果为 8
MOD	MOD(参数 1，参数 2)	返回参数 1、参数 2 相除的余数	MOD(7，3) MOD(7，−3) MOD(−7，3) MOD(−7，−3)	结果为 1 结果为−2 结果为 2 结果为−1
ROUND	ROUND(参数,n)	对参数四舍五入 n 位小数	ROUND(3.1415,3)	结果为 3.142
SUMIF	SUMIF(测试区域，条件,求和区域)	返回满足条件的单元格数值之和	SUMIF(H3:H7,"女",E3:E7)	计算 H3:H7 区域中"女"的 E3:E7 区域的数据总和
AND	AND(表达式 1,表达式 2,…,表达式 n)	只有所有表达式值为真,结果才为真,否则均为假	AND(1>2，3<5)	结果为 FALSE
OR	OR(表达式 1，表达式 2,…，表达式 n)	只有所有表达式值为假,结果才为假,否则均为真	OR(1>2，3<5)	结果为 TRUE
IF	IF(条件,表达式 1，表达式 2)	条件为真,取表达式 1 的值,否则取表达式 2 的值	IF(d3>60,"及格","不及格")	如果 d3 > 60，结果为"及格"；否则,结果为"不及格"
LEFT	LEFT(字符串,n)	从字符串左边取 n 个字符	LEFT("ABCDE",2)	结果为"AB"

表 3-1(续)

函数名称	语法形式	函数功能	应用举例	函数说明
RIGHT	RIGHT(字符串,n)	从字符串右边取 n 个字符	RIGHT("ABCDE",2)	结果为"DE"
MID	MID(字符串,x,n)	从字符串第 x 位开始取 n 个字符	MID("ABCDE",2,2)	结果为"BC"

4. 常用函数应用举例

【例 4-1】 在如图 3-29 所示的编辑前的成绩表中,求解:

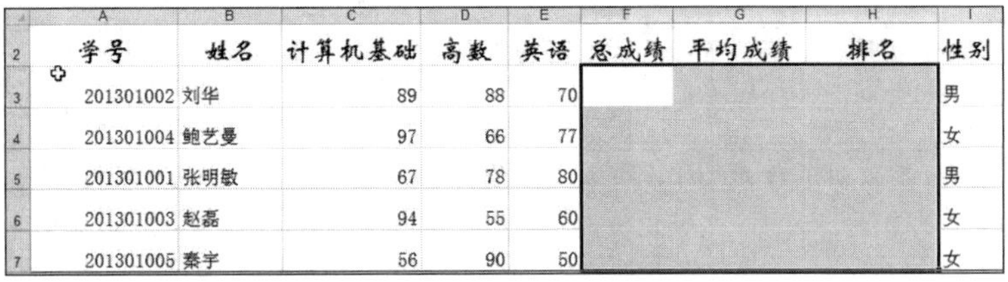

	A	B	C	D	E	F	G	H	I
2	学号	姓名	计算机基础	高数	英语	总成绩	平均成绩	排名	性别
3	201301002	刘华	89	88	70				男
4	201301004	鲍艺曼	97	66	77				女
5	201301001	张明敏	67	78	80				男
6	201301003	赵磊	94	55	60				女
7	201301005	秦宇	56	90	50				女

图 3-29 编辑前的成绩表

(1) 每个人的总成绩。

(2) 每个人的平均成绩。

(3) 按总成绩进行排名。

(4) 求各门功课的最高成绩和最低成绩。

(5) 分别统计成绩表中男生和女生的人数以及总人数。

(6) 分别统计成绩表中男生和女生各门功课的总成绩。

(7) 在一个空单元格中,将"计算机基础"课程的最高成绩和最低成绩分别显示为"及格"与"不及格"

具体操作步骤:

(1) 在 F3 单元格中输入公式:=SUM(C3:E3),按【Enter】键,再往下自动填充至 F7 单元格。

(2) 在 G3 单元格中输入公式:=AVERAGE(C3:E3),按【Enter】键,再往下自动填充至 G7 单元格。

(3) 在 H3 单元格中输入公式:= RANK(F3,F$3:F$7) ,按【Enter】键,再往下自动填充至 H7 单元格。

(4) 在 C8 单元格中输入公式:=MAX(C3:C7),按【Enter】键,再往右自动填充至 E8 单元格。在 C9 单元格中输入公式:=MIN(C3:C8),按【Enter】键,再往右自动填充至 E9 单元格。

(5) 在 C10 单元格中输入公式:=COUNTIF($I$3:$I$7,"男"),按【Enter】键;在 C11 单元格中输入公式: =COUNTIF($I$3:$I$7,"女"),按【Enter】键。在 C12 单元格中输入公式:=COUNTA($I$3:$I$7),按【Enter】键。

(6) 在 C13 单元格中输入公式:= SUMIF($I$3:$I$7,"男",C3:C7),按【Enter】键,再往右自动填充至 E13 单元格;在 C14 单元格中输入公式:=SUMIF($I$3:$I$7,

"女",C3:C7),按【Enter】键,再往右自动填充至 E14 单元格。

(7) 在 F8 单元格中输入公式:=IF(C8>=60,"及格","不及格"),再往下自动填充至 F9 单元格。

得到如图 3-30 所示编辑后的成绩表。

	A	B	C	D	E	F	G	H	I
2	学号	姓名	计算机基础	高数	英语	总成绩	平均成绩	排名	性别
3	201301002	刘华	89	88	70	247	82	1	男
4	201301004	鲍艺曼	97	66	77	240	80	2	女
5	201301001	张明敏	67	78	80	225	75	3	男
6	201301003	赵磊	94	55	60	209	70	4	女
7	201301005	秦宇	56	90	50	196	65	5	女
8	最高成绩		97	90	80	及格			
9	最低成绩		56	55	50	不及格			
10	男生人数		2						
11	女生人数		3						
12	总人数		5						
13	男生各门功课的总成绩		156	166	150				
14	女生各门功课的总成绩		247	211	187				

图 3-30　编辑后的成绩表

项目四　数据管理与分析

第三章-项目四

项目描述

在 Excel 2016 中,数据管理主要通过【数据】功能区的各项功能来实现。本项目主要介绍 Excel 2016 中数据的排序、筛选、合并计算和分类汇总等功能。

实验主要内容

任务 1　建立数据清单

本任务的主要内容是掌握电子表格软件中数据清单的建立方法。

操作步骤:

确定数据清单的大小和位置,即在工作表中选择需要设置的单元格区域,如图 3-31 所示。

成绩表								
学号	姓名	计算机基础	高数	英语	总成绩	平均成绩	排名	性别
201301005	秦宇	56	90	50	196	65	5	女
201301003	赵磊	94	55	60	209	70	4	女
201301001	张明敏	67	78	80	225	75	3	男
201301004	鲍艺曼	97	66	77	240	80	2	女
201301002	刘华	89	88	70	247	82	1	男

图 3-31　已选择的单元格区域

在确定数据清单大小及定义数据清单位置时，应遵循以下规则：应避免在一个工作表上建立多个数据清单。这是因为数据清单的某些处理功能（如筛选等）一次只能在同一个工作表的一个数据清单中使用。

任务 2　数据排序

本任务的主要内容是掌握电子表格软件中数据的排序方法。

数据排序是指按一定规则对数据进行重新整理、排列，这样可以为进一步处理数据做好准备。

1. 快速排序

(1) 在工作表中，选中某列中的任意单元格，如“排名”列中的任意单元格。

(2) 在【数据】功能区的【排序和筛选】组中单击【升序】按钮或【降序】按钮。例如，在图 3-31 中，单击 H6 单元格，再单击【降序】按钮，即出现图 3-32 所示的结果。

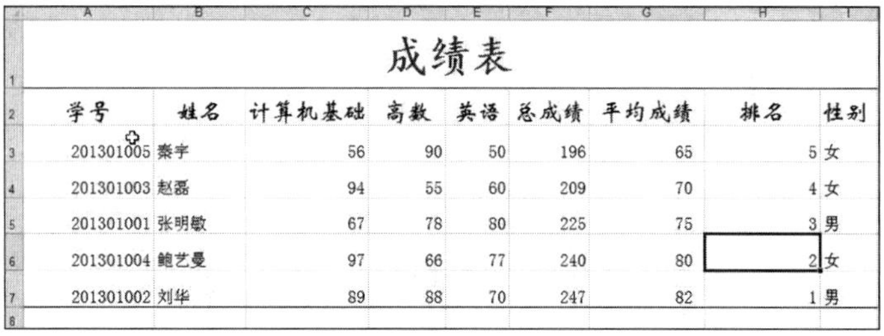

成绩表

学号	姓名	计算机基础	高数	英语	总成绩	平均成绩	排名	性别
201301005	秦宇	56	90	50	196	65	5	女
201301003	赵磊	94	55	60	209	70	4	女
201301001	张明敏	67	78	80	225	75	3	男
201301004	鲍艺曼	97	66	77	240	80	2	女
201301002	刘华	89	88	70	247	82	1	男

图 3-32　【降序】排序结果

2. 多条件排序

在实际使用过程中，对关键字排序后，排序结果中可能会出现并列记录，此时可使用多条件排序方式进行排序。操作步骤如下：

(1) 在【数据】功能区的【排序和筛选】组中单击【排序】按钮，弹出【排序】对话框，如图 3-33 所示。

图 3-33　【排序】对话框

(2) 在【排序】对话框中【列】下的“主要关键字”右侧的下拉列表中选择一个列名，如“性别”；在【次序】下方的下拉列表中选择排序方式【升序】或【降序】。如图 3-34 所示。

(3) 单击【添加条件】按钮，在“主要关键字”下方出现“次要关键字”，用同样的方法选择次要关键字（如“排名”）和排序方式后，单击【确定】按钮即可完成多条件排序，多条件排序的结果如图 3-35 所示。

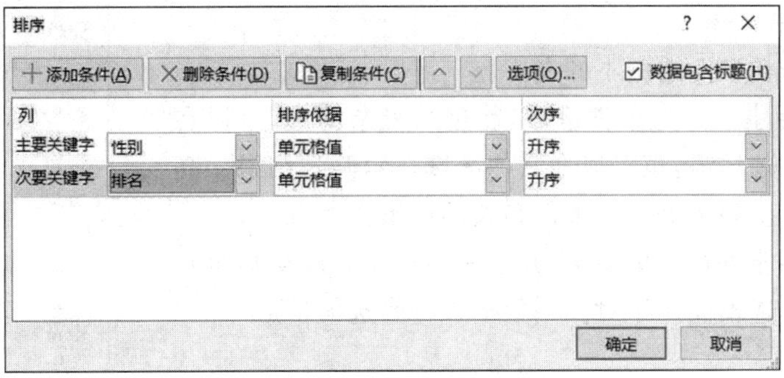

图 3-34　多条件的添加

成绩表

学号	姓名	计算机基础	高数	英语	总成绩	平均成绩	排名	性别
201301002	刘华	89	88	70	247	82	1	男
201301001	张明敏	67	78	80	225	75	3	男
201301004	鲍艺曼	97	66	77	240	80	2	女
201301003	赵磊	94	55	60	209	70	4	女
201301005	秦宇	56	90	50	196	65	5	女

图 3-35　多条件排序结果

任务 3　数据筛选

本任务的主要内容是掌握电子表格软件中数据的筛选方法。

对于一个数据量比较大的工作表，要从中快速找到自己所需的数据并不太容易，此时采用排序或多条件排序方法显示数据往往不能达到理想的效果。而通过筛选数据表，可以只显示满足指定条件的数据行。Excel 2016 中，数据的筛选方式分为【自动筛选】和【高级筛选】两种。

1. 自动筛选

操作步骤：

(1) 单击工作表，在【数据】功能区的【排序和筛选】组中单击【筛选】按钮，出现的界面如图 3-36 所示。

成绩表

学号	姓名	计算机基础	高数	英语	总成绩	平均成绩	排名	性别
201301002	刘华	89	88	70	247	82	1	男
201301001	张明敏	67	78	80	225	75	3	男
201301004	鲍艺曼	97	66	77	240	80	2	女
201301003	赵磊	94	55	60	209	70	4	女
201301005	秦宇	56	90	50	196	65	5	女

图 3-36　【筛选】命令工作界面

(2) 单击列(字段)名右侧的【筛选】按钮，如单击“总成绩”右侧的【筛选】按钮，出现如图 3-37 所示的下拉菜单。

(3) 在图 3-37 所示【筛选】下拉菜单中，选择【数字筛选】，出现【数字筛选】列表。

(4) 在【数字筛选】列表中选择【自定义筛选...】方式，会出现【自定义自动筛选方式】对话框。在其中设置自定义自动筛选方式，单击【确定】按钮即可。

2. 高级筛选

高级筛选和自动筛选的不同在于：

高级筛选要建立筛选条件区域，能进行复杂筛选，可以在原有区域显示筛选结果，也可以在其他区域显示筛选结果。高级筛选多用于对多列数据设置条件筛选的情形。

自动筛选只能进行简单筛选，并且只能在原有区域显示筛选结果。高级筛选不能用于对多列数据进行筛选的情形。

操作步骤：

(1) 单击工作表，在非数据区设置筛选条件，如图 3-38 所示。

(2) 在【数据】功能区的【排序和筛选】组中单击【高级】按钮，出现的界面如图 3-39 所示。

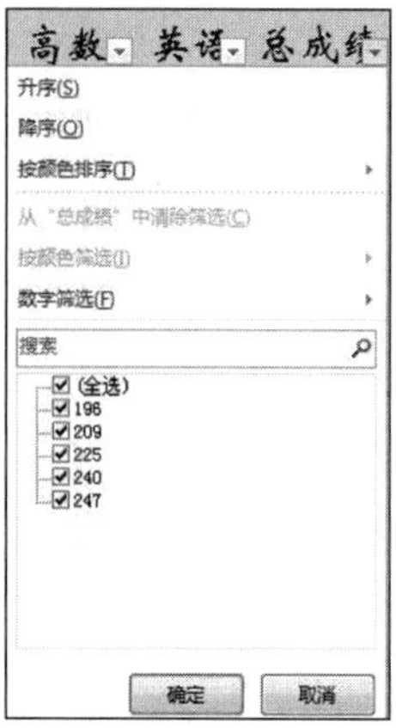

图 3-37 【筛选】下拉菜单

(3) 在【高级筛选】对话框中，使用折叠按钮在工作表中选择条件区域(如图 3-38 所示的条件区域)，单击【确定】按钮。

说明：如图 3-38 所示的条件区域表示高数和英语成绩同时大于 70 分者。如果要表示高数成绩大于 70 分或英语成绩大于 70 分者，则可以使用如图 3-40 所示的条件区域。

高数	英语
>70	>70

图 3-38 筛选条件设置

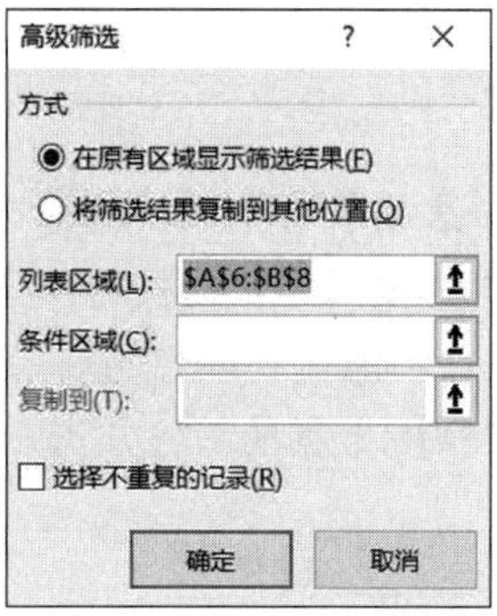

图 3-39 【高级筛选】对话框

高数	英语
>70	
	>70

图 3-40 或者条件

任务 4 数据分类汇总

本任务的主要内容是掌握电子表格软件中数据的分类汇总方法。

数据排序是指按一定规则对数据进行重新整理、排列，这样可以为进一步处理数据做好准备。数据分类汇总是工作表中快速汇总数据的方法。使用【分类汇总】命令，不需要创建公式，Excel 将自动创建公式、插入自动分类汇总结果，并且可以对分类汇总后不同类别的明细数据进行分析。在进行分类汇总操作前，用以汇总的分类字段应已分类或排序。

操作步骤：

(1) 在工作表中，对准备用以汇总的分类字段(如"性别")进行分类或排序。

(2) 在【数据】功能区的【分级显示】组中单击【分类汇总】按钮，弹出【分类汇总】对话框，如图 3-41 所示。

(3) 在【分类汇总】对话框中分别设置【分类字段】、【汇总方式】、【选定汇总项】，单击【确定】按钮即可。对应的分类汇总结果见图 3-42。

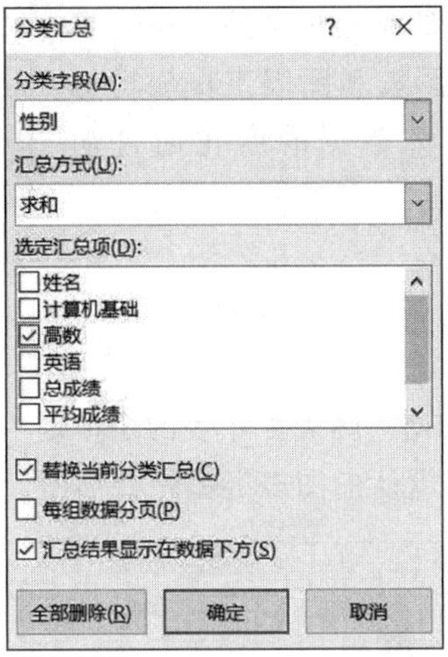

图 3-41　【分类汇总】对话框

成绩表

学号	姓名	计算机基础	高数	英语	总成绩	平均成绩	排名	性别
201301002	刘华	89	88	70	247	82	1	男
201301001	张明敏	67	78	80	225	75	3	男
			166					男 汇总
201301004	鲍艺曼	97	66	77	240	80	2	女
201301003	赵磊	94	55	60	209	70	4	女
201301005	秦宇	56	90	50	196	65	5	女
			211					女 汇总
			377					总计

图 3-42　分类汇总结果

若要取消分类汇总，则只需要在弹出的【分类汇总】对话框中单击【全部删除】按钮即可。

项目五　图表的使用

第三章-项目五

项目描述

图表是信息的图形化表示，由数字显示变为图表显示是 Excel 的主要特点之一。Excel 提供的图表功能，是用图形的方式来表现工作表中数据与数据之间的关系，从而使数据分析更加直观、形象，让用户能更好地了解数据的关系以及变化趋势等。

Excel 提供的图表有柱形图、折线图、饼图、条形图、面积图、散点图等。

实验主要内容

任务 1　创建图表

本任务的主要内容是掌握电子表格软件中图表的创建方法。在 Excel 中，图表可以放在工作表中，也可以放在图表工作表中。直接放在工作表中的图表称为嵌入式图表。图表工作表是工作簿中只包含图表的工作表。嵌入式图表和图表工作表均与工作表数据相链接，并随工作表数据的变化而自动更新。

姓名	计算机基础	高数	英语
张明敏	67	78	80
刘华	89	88	70
赵磊	94	55	60
鲍艺曼	97	66	77
秦宇	56	90	88

图 3-43　创建图表的数据区

1. 创建图表工作表

(1) 在工作表中选择用于创建图表的数据区，如图 3-43 所示。

(2) 按【F11】键(【F11】键为创建图表工作表的快捷键)，即可得到如图 3-44 所示的名为"Chart1"的图表工作表。Excel 默认的图表类型是柱形图。

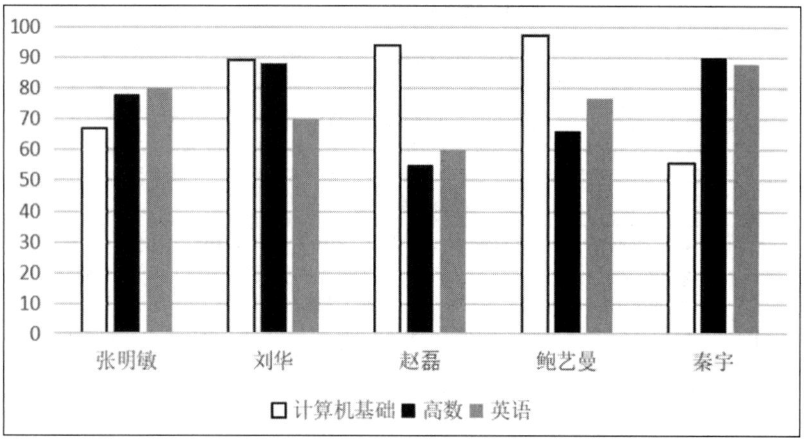

图 3-44　图表工作表

2. 插入图表

(1) 在工作表中选择用于创建图表的数据区。

(2) 在【插入】功能区的【图表】组中选择图表的类型和样式，如柱形图，即可在数据所在的工作表中插入一个相应的图表，如图 3-45 所示。

成绩表

学号	姓名	计算机基础	高数	英语
201301001	张明敏	67	78	80
201301002	刘华	89	88	70
201301003	赵磊	94	55	60
201301004	鲍艺曼	97	66	77
201301005	秦宇	56	90	88

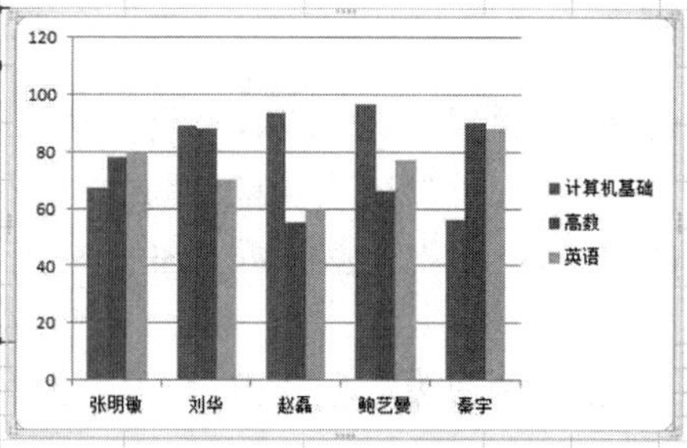

图 3-45　嵌入式图表

若需要将用上述方式插入的图表与数据区分离，以单独的图表工作表存放，则可在上述图表的空白区域单击鼠标右键，在弹出的快捷菜单中选择【移动图表】命令。

任务 2　编辑和修改图表

本任务的主要内容是掌握电子表格软件中图表的编辑和修改方法。

1. 改变图表类型

创建好图表之后，可以方便地改变其类型，以最具表现力的图形进行表示。

操作步骤如下：

(1) 选择需要改变类型的图表。

(2) 在【图表工具】|【设计】功能区的【类型】组中单击【更改图表类型】按钮，出现如图 3-46 所示的【更改图表类型】对话框。

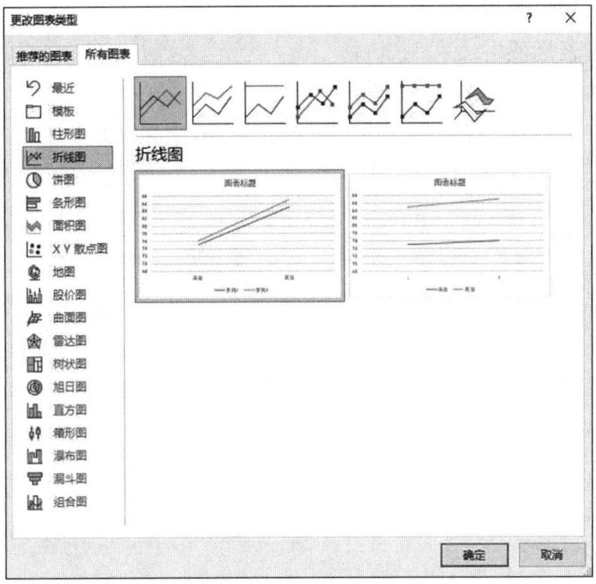

图 3-46　【更改图表类型】对话框

(3) 在【更改图表类型】对话框中选择图表和子图表类型，如选择“饼图”中的第五个子图“分离型三维饼图”，单击【确定】按钮，即可完成图表类型的更改。更改后结果如图 3-47 所示。

2. 修改图表

(1) 更新图表

如果添加、修改、删除工作表中与图表有关的行、列内容，那么图表会自动更新。还可以用以下方法进行图表的更新：

① 右击图表的绘图区，在弹出的快捷菜单中选中【选择数据】命令，出现的界面如图 3-48 所示。

② 在【图表数据区域】右侧的编辑框中输入新的数据区域。

③ 在【图例项(系列)】下方选择需要的操作按钮，如【添加】按钮。

④ 在【水平(分类)轴标签】下选择【编辑】按钮，可以对轴标签区域进行编辑。

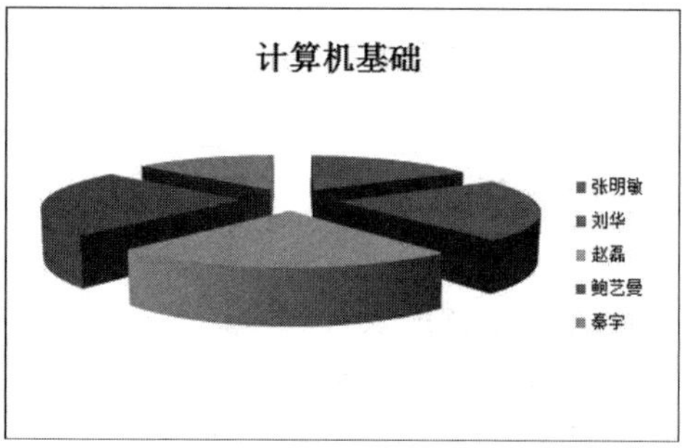

图 3-47　更改后的饼图

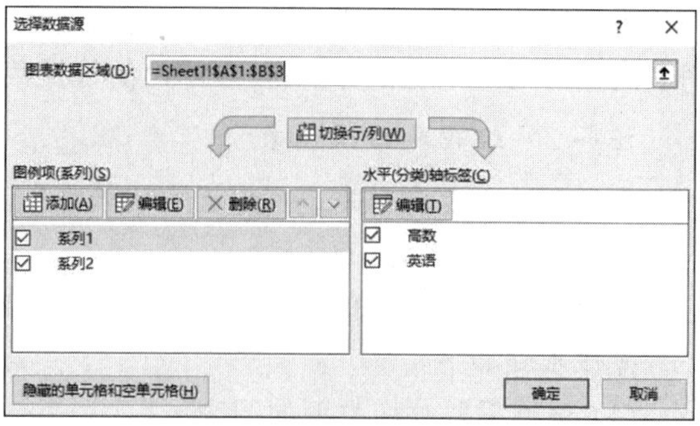

图 3-48　【选择数据源】对话框

(2) 添加、删除、修改图表标签

① 添加、删除图表标签

a. 选择需要添加、删除标签的图表。

b. 在【图表工具】|【设计】功能区的【图表布局】组中单击【添加图表元素】按钮，出现的界面如图 3-49 所示，可以添加或删除图表标题、坐标轴标题、数据标签等。

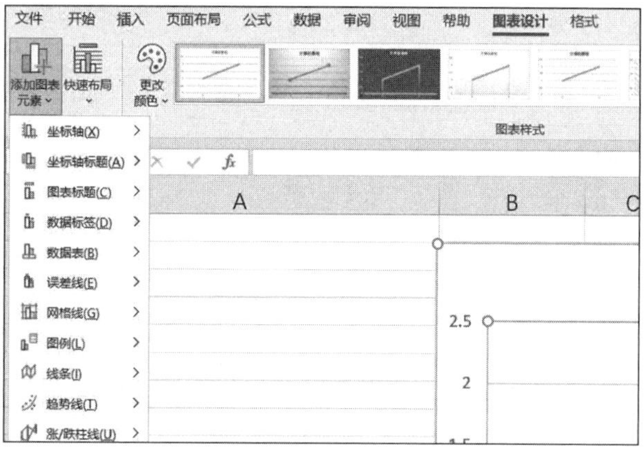

图 3-49　【添加图表元素】列表

图 3-50 为添加图表标题、坐标轴标题、数据标签之后的结果。

② 修改图表标签

选择要修改的图表标签，单击鼠标右键，在弹出的快捷菜单中选择相应的命令即可，如选择其中的第一条命令【删除】，结果如图 3-51 所示。

任务 3　修饰图表

本任务的主要内容是掌握电子表格软件中图表的修饰方法。

为了让图表更加美观，可以对图表进行格式化处理，即修饰图表。例如，对图表标题、类别名称、纵横坐标标题、数据标签等项进行位置、字体等多方面的修改。

选择要修饰的对象，单击鼠标右键，在弹出的快捷菜单中选择相应的命令即可。如修改标题内容与字体等，结果如图 3-52 所示。

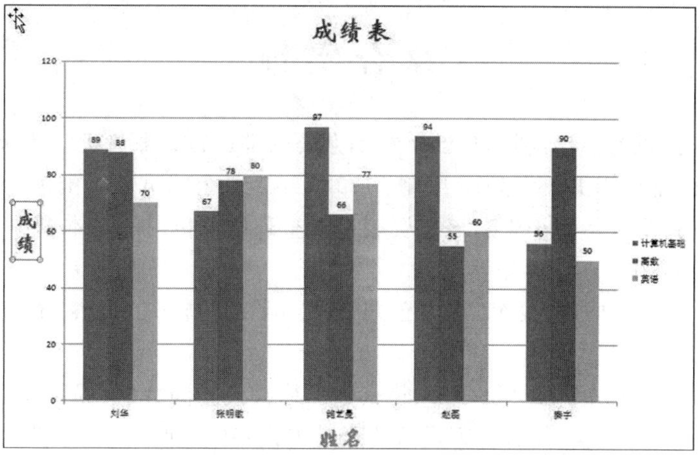

图 3-50　添加图表标题、坐标轴标题、数据标签后的结果

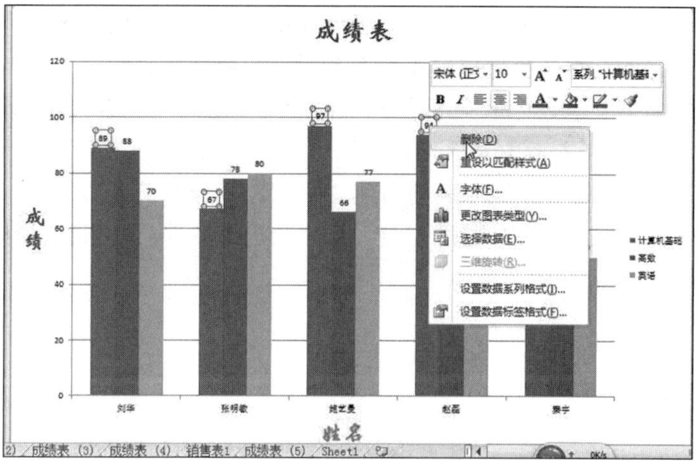

图 3-51　修改图表标签快捷菜单

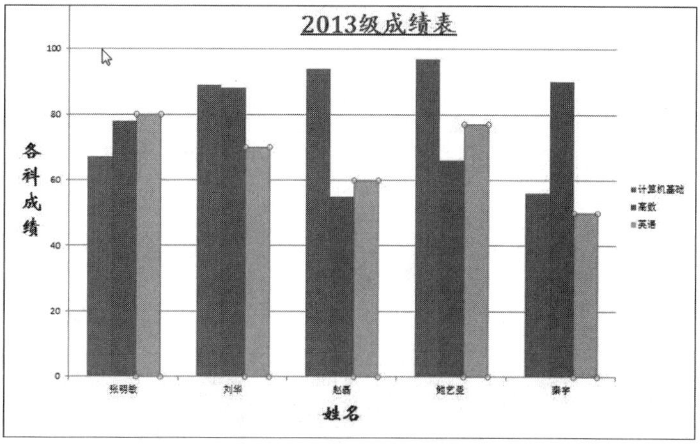

图 3-52　修饰图表结果

综合实训

小李是东方公司的会计,利用自己所学的办公软件进行记账管理。为节省时间,同时确保记账的准确性,她使用 Excel 2016 编制了 2020 年 3 月公司员工工资表“Excel7. xlsx”。

请你根据下列要求帮助小李对该工资表进行整理和分析(提示:本题中若出现排序问题则采用升序方式):

(1) 通过合并单元格,将表名“东方公司 2020 年 3 月员工工资表”放于整个表的上端、居中,并调整字体、字号。

(2) 在“序号”列中分别填入 1～15,将其数据格式设置为数值、保留 0 位小数、居中。

(3) 将“基础工资”(含)往右各列设置为会计专用格式、保留 2 位小数、无货币符号。

(4) 调整表格各列宽度、对齐方式,使表格显示更加美观。并设置纸张为 A4、横向,需要将整个工作表调整在 1 个打印页内。

(5) 参考“考生”文件夹下的“工资薪金所得税率. xlsx”,利用 IF 函数计算“应交个人所得税”。(提示:应交个人所得税＝应纳税所得额 * 对应税率－对应速算扣除数)

(6) 利用公式计算“实发工资”,公式为:实发工资＝应付工资合计－扣除社保－应交个人所得税。(为简化计算,未考虑其他税费)

(7) 复制工作表,将副本放至原表的右侧,并命名为“分类汇总”。

(8) 在“分类汇总”工作表中,通过分类汇总功能求出各部门“应付工资合计”“实发工资的和”,每组数据不分页。

第四章　演示文稿软件的使用

内容与要求

本章主要介绍了 PowerPoint 2016 的工作环境、PowerPoint 2016 的基本功能、演示文稿的基本操作、幻灯片的基本制作方法、演示文稿主题选用与幻灯片背景设置、演示文稿的放映设计、演示文稿的打包和打印。

通过本章的学习，学生应熟悉 PowerPoint 2016 的工作环境和掌握演示文稿的基本操作；掌握在幻灯片中插入文本、图片、艺术字、表格、音频、视频等元素的方法；掌握演示文稿主题选用与幻灯片背景设置方法；掌握幻灯片母版、页眉页脚、日期时间和幻灯片编号的设置方法；掌握在演示文稿中设计动画、更换放映方式、切换效果的方法；掌握在 PowerPoint 2016 中输出与打印演示文稿的方法。

本章的思维导图

- 演示文稿软件的使用
  - 项目一　PowerPoint 2016 基本操作
    - 任务 1　PowerPoint 2016 启动和退出
    - 任务 2　PowerPoint 2016 工作界面
    - 任务 3　PowerPoint 2016 基本操作
    - 任务 4　PowerPoint 2016 文本输入
    - 任务 5　PowerPoint 2016 文本和段落格式化
  - 项目二　演示文稿的美化
    - 任务 1　插入图形图像
    - 任务 2　插入表格
    - 任务 3　插入文本和符号
    - 任务 4　插入多媒体信息
  - 项目三　主题、背景与幻灯片母版的设置
    - 任务 1　使用主题设置演示文稿
    - 任务 2　设置幻灯片背景
    - 任务 3　使用幻灯片母版
    - 任务 4　设置页眉页脚、日期时间和幻灯片编号
  - 项目四　演示文稿动画的设置
    - 任务 1　创建自定义动画
    - 任务 2　设置幻灯片切换效果
    - 任务 3　创建互动式演示文稿
  - 项目五　演示文稿的放映与输出
    - 任务 1　放映演示文稿
    - 任务 2　输出演示文稿

项目一　PowerPoint 2016 基本操作

第四章-
项目一

项目描述

本项目的学习目标是以 PowerPoint 2016 为例，熟悉 PowerPoint 2016 的界面组成。通过本项目的学习，学生应能够掌握 PowerPoint 2016 启动和退出方法，熟悉 PowerPoint 2016 工作界面，掌握幻灯片的基本操作，掌握 PowerPoint 2016 文本输入方法，掌握 PowerPoint 2016 文本和段落格式化的方法。

项目相关知识介绍

演示文稿可由 WPS、Office 等软件实现，本书以使用比较广泛的 Office 为例。Microsoft Office PowerPoint 是微软公司推出的专门制作演示文稿的软件，可以制作出包括文字、图片、声音、影片、表格甚至是图表的动态演示文稿，广泛应用于产品宣传、课件制作和公益宣传等领域。由 Microsoft Office PowerPoint 做出来的文件称为演示文稿，其格式后缀名为 ppt、pptx；也可以保存为 PDF、图片格式等。

一套完整的 PPT 文件一般包含片头动画、封面、前言、目录、过渡页、图表页、图片页、文字页、封底、片尾动画等；所采用的素材有文字、图片、图表、动画、声音、影片等。用户可以在投影仪或者计算机上进行演示，也可以将演示文稿打印出来，制作成胶片，以便应用到更广泛的领域。

1. 演示文稿

在 PowerPoint 中，一个完整的演示文件称为演示文稿，是由一组幻灯片组成的。

2. 幻灯片

幻灯片是演示文稿的组成部分，内容包括文字、图片、表格以及特效动态显示效果等。如果把演示文稿比喻成一本书，那么幻灯片就是组成这本书的每一页。

实验主要内容

使用 PowerPoint 2016 创建名为“北京冬奥会”的演示文稿，如图 4-1 所示。具体要求如下。

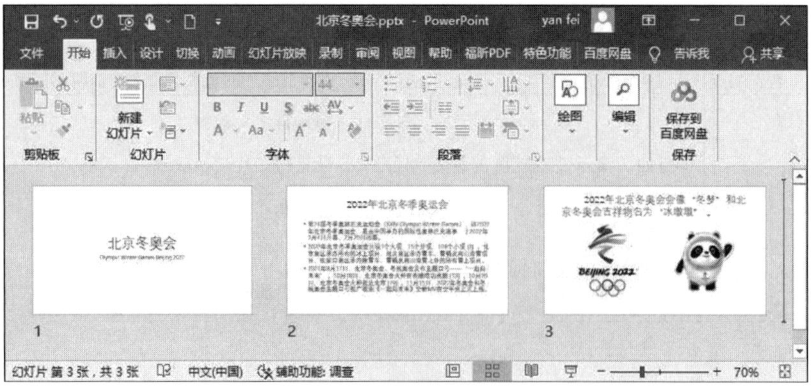

图 4-1　“北京冬奥会”演示文稿

(1) 启动 PowerPoint 2016，创建空白演示文稿。

(2) 为“北京冬奥会”演示文稿插入新幻灯片，使其由 3 张幻灯片组成。

(3) 设置 3 张幻灯片，版式分别为标题版式、标题与内容版式、两栏内容版式。

(4) 结合文字素材，为幻灯片添加文字。

(5) 将其保存在 D 盘，文件名为“北京冬奥会. pptx”。

任务 1　PowerPoint 2016 启动和退出

本任务的主要内容是掌握 PowerPoint 2016 的基本使用方法，包括了解 PowerPoint 2016 的启动及退出方法。

1. PowerPoint 2016 的启动

在系统中成功安装 PowerPoint 2016 后，可以通过以下几种方法启动程序。

(1) 启动【开始】菜单。选择【开始】|【所有程序】|【Microsoft PowerPoint 2016】。

(2) 利用已有演示文稿文件打开。如已保存 PowerPoint 2016 演示文稿(扩展名为 pptx)，双击该文件后，计算机在启动 PowerPoint 2016 程序的同时打开该文件。

(3) 利用快捷方式启动。如果在桌面上已经建立了 PowerPoint 2016 的快捷方式，可以直接启动 PowerPoint 2016。

(4) 以创建演示文稿方式启动。在桌面的空白处右击，在弹出的快捷菜单中选择【新建】选项，在【新建】的下级菜单中选择【Microsoft PowerPoint 演示文稿】选项。在启动 PowerPoint 2016 后，选择【空白演示文稿】，如图 4-2 所示。

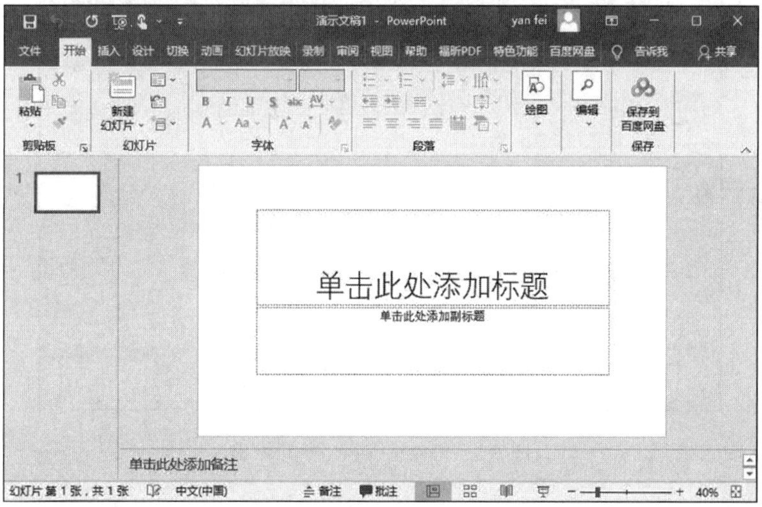

图 4-2　空白演示文稿创建

(5) 根据需要可以使用 PowerPoint 2016 自带的已设置好背景、版式、配色方案等元素的模板创建演示文稿。

启动 PowerPoint 2016 后，单击【文件】|【新建】按钮，在【搜索联机模板和主题】中选择需要的模板，如图 4-3 所示。

2. PowerPoint 2016 的退出与保存

单击 PowerPoint 2016 窗口中的【关闭】按钮或者使用组合键 Alt＋F4，即可退出 PowerPoint 2016，如图 4-4 所示。

图 4-3　搜索联机模板和主题

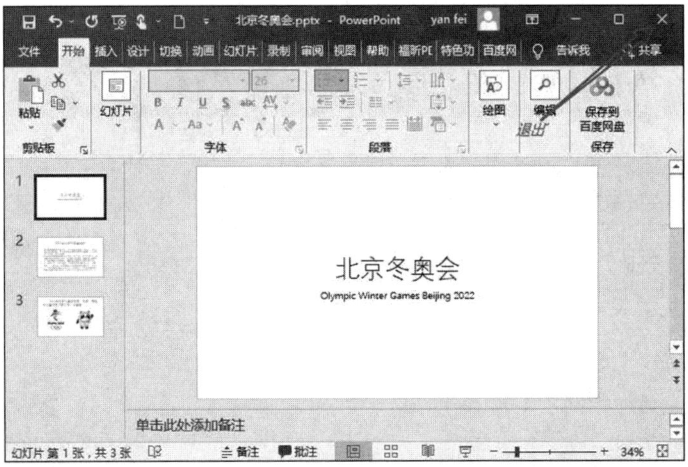

图 4-4　PowerPoint 2016 退出

创建并编辑演示文稿后，就要将演示文稿保存起来以备日后使用，保存方法与保存 Word 文档的方法相同，在此不再赘述。

任务 2　PowerPoint 2016 工作界面

本任务的主要内容是熟悉 PowerPoint 2016 的工作界面。

PowerPoint 2016 工作界面的组成如图 4-5 所示。

1. 快速访问工具栏

该工具栏显示常用工具图标，单击图标即可执行相应命令。

2. 标题栏

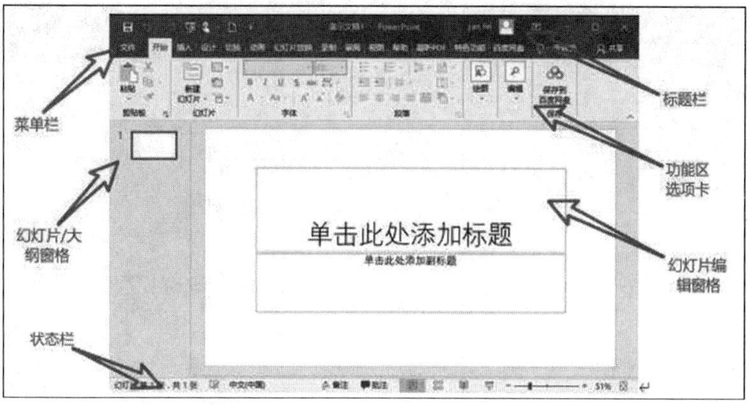

图 4-5　PowerPoint 2016 工作界面

标题栏位于窗口的顶部，左边是快速访问工具栏；中间显示当前的演示文稿名和应用软件名，如果还没有保存演示文稿且未命名，标题栏显示的是通用的默认名(如“演示文稿1”)；右边是【功能区显示选项】按钮、【最小化】按钮、【还原/最大化】按钮和【关闭】按钮。

3. 【文件】菜单

【文件】菜单包含一些基本选项，如【新建】、【打开】、【另存为】和【关闭】等。

4. 功能区选项卡

选择某个功能区选项卡，可切换到相应的功能区。

5. 功能区组

功能区选项卡以组的形式管理命令，每组由一组相关的命令组成。例如，【插入】选项卡包括【表格】、【图像】、【插图】、【链接】组等。

6. 幻灯片编辑窗格

在普通视图模式下，窗口中间部分是幻灯片编辑窗格，用于查看每张幻灯片的整体效果，可以进行输入文本、编辑文本、插入各种媒体和编辑各种效果等操作。幻灯片编辑窗格是进行幻灯片处理和操作的主要窗口。

7. 备注窗格

每张幻灯片都有备注页，用于保存幻灯片的备注信息，以便在展示演示文稿时参考，或者输入不显示给观众看的内容。

8. 幻灯片/大纲窗格

PowerPoint 2016 启动后默认切换到普通视图，该视图左侧是幻灯片窗格，在窗格中显示当前演示文稿所有的幻灯片编号和缩略图；选择【视图】|【大纲视图】，将显示当前演示文稿的大纲内容。如图 4-6 和图 4-7 所示。

9. 状态栏

PowerPoint 2016 的状态栏位于窗口的最底部，显示当前演示文稿的基本信息，包括当前幻灯片的编号、幻灯片总张数、切换按钮、显示比例调整滑块等。

10. 视图切换按钮

分别单击状态栏中的 4 个切换按钮，可以切换到相应的模式，分别是普通视图、幻灯片浏览视图、阅读视图和幻灯片放映视图。视图切换也可使用【视图】选项卡的【演示文稿视

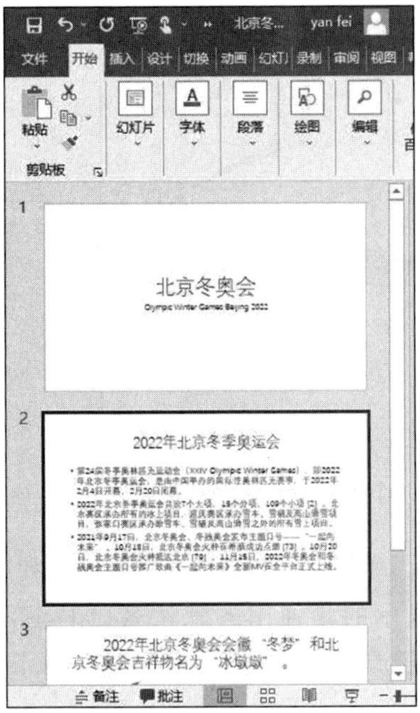

图 4-6　幻灯片窗格

图 4-7　大纲窗格

图】组中相关的命令来实现。

(1) 普通视图。普通视图可用于撰写或设计演示文稿。该视图有三个工作区域:演示文稿左侧是幻灯片/大纲窗格,右侧上部为幻灯片窗格,右侧下部是备注窗格。

(2) 幻灯片浏览视图。单击【幻灯片浏览】按钮,演示文稿将以缩略图形式显示幻灯片,如图 4-8 所示。在该视图中可以直观地查看所有幻灯片,幻灯片之间颜色结构搭配是否协调等;但不能直接对幻灯片内容进行编辑或修改。如果要对幻灯片进行编辑,可双击某一张幻灯片,系统会自动切换到幻灯片编辑窗格。

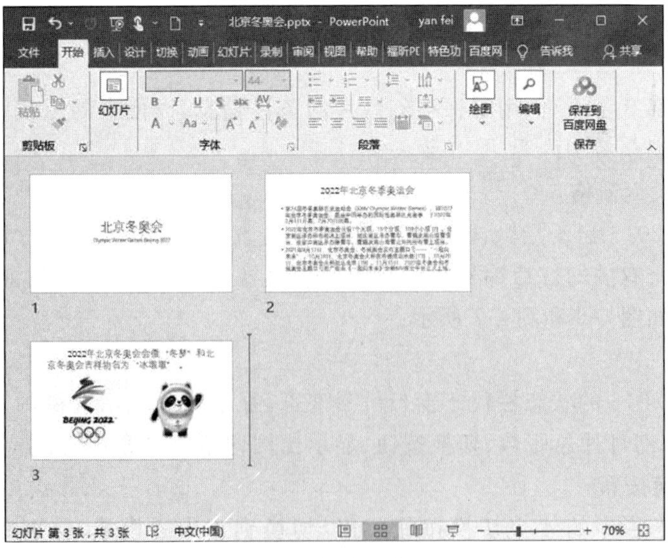

图 4-8　幻灯片浏览视图

(3) 阅读视图。单击【阅读视图】按钮，打开阅读视图，幻灯片在阅读视图中只显示标题栏、状态栏和幻灯片放映效果。该视图一般用于幻灯片的简单预览，如图 4-9 所示。

图 4-9　幻灯片阅读视图

(4) 幻灯片放映视图。单击【幻灯片放映】按钮，将从当前幻灯片开始放映。该视图可以动态显示幻灯片，包括文字显示、动画、声音效果、切换效果等。按【Esc】键，可以退出幻灯片放映。

任务 3　PowerPoint 2016 基本操作

演示文稿是由一张张幻灯片组成的，幻灯片的数量并不是固定的。可以在普通视图和浏览视图方式下，根据需要对幻灯片进行增加和删除等操作。下面介绍有关幻灯片的基本操作。

1. 新建幻灯片

通常新创建的一个演示文稿中只有一张幻灯片，经常需要在普通视图中插入新幻灯片。

(1) 添加空白幻灯片

将光标定位在需要插入新幻灯片的位置，选择【开始】|【幻灯片】选项，如图 4-10 所示，单击【新建幻灯片】按钮，完成幻灯片插入操作。

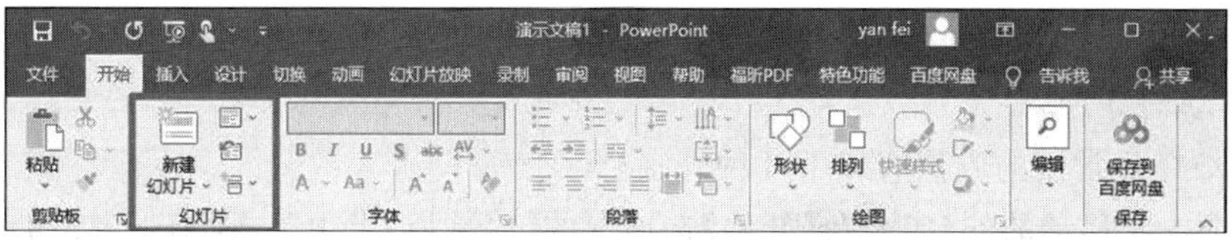

图 4-10　【开始】|【幻灯片】选项

(2) 重用已有幻灯片

除了添加空白幻灯片外，还可以通过【重用幻灯片】命令将已经制作好的幻灯片插入当前演示文稿中，操作方法如下所述。

① 在【开始】选项卡的【幻灯片】组中单击【新建幻灯片】按钮的下拉按钮，选择【重用幻灯片】选项。

② 在【重用幻灯片】窗格中选择【浏览】选项，打开【浏览】对话框。

③ 在【浏览】对话框中找到要插入的演示文稿，单击【打开】按钮，即可将所有的幻灯片导入【重用幻灯片】窗格中。

④ 在【重用幻灯片】窗格中单击所需的幻灯片，即可将其插入当前演示文稿中。在插入幻灯片时，如果需要保留源格式，可以先选中【保留源格式】复选框，再插入幻灯片。

2. 选择幻灯片

关于幻灯片的操作，经常在普通视图的【幻灯片窗格】中或【幻灯片浏览】视图中进行。

(1) 选择单张幻灯片。在普通视图中可以单击幻灯片窗格右侧滚动条区域的【上一张】、【下一张】按钮，选择幻灯片。

(2) 选择多张不连续幻灯片。按住 Ctrl 键的同时，分别单击要选择的幻灯片缩略图，即可实现不连续选择。再次单击已选中幻灯片缩略图可取消对其的选择。

(3) 选择多张连续幻灯片。单击要选的第一张幻灯片，按住 Shift 键，再单击最后一张幻灯片，即可实现连续选择。

(4) 选择全部幻灯片。按组合键 Ctrl＋A。

3. 复制幻灯片

可以在同一个演示文稿中或不同的演示文稿间复制幻灯片。复制幻灯片常用的方法有以下几种。

(1) 选中要复制的幻灯片，在【开始】选项卡的【剪贴板】组中单击【复制】按钮，再将光标定位在目标位置，单击【粘贴】按钮即可，如图 4-11 所示。

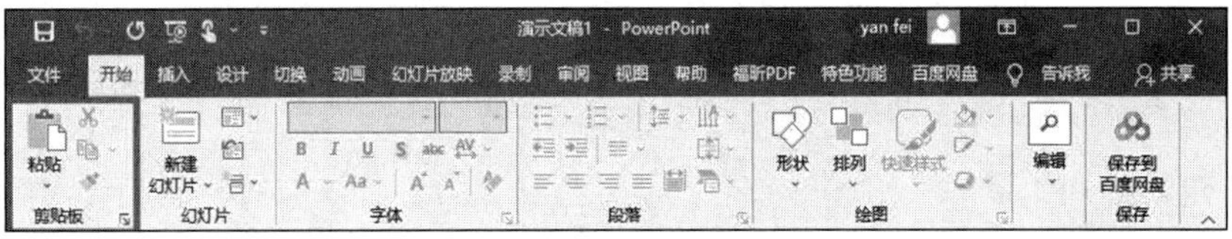

图 4-11 【开始】|【剪贴板】组

(2) 选中要复制的幻灯片，按住 Ctrl 键直接拖动到目标位置，可实现复制。

(3) 选中要复制的幻灯片，右击，在弹出的快捷菜单中选择【复制】选项，再将光标定位在目标位置，右击，在弹出的快捷菜单中选择【粘贴选项】选项，完成幻灯片的粘贴。

4. 移动幻灯片

移动幻灯片常用的方法有以下几种。

(1) 选中要移动的幻灯片，在【开始】选项卡的【剪贴板】组中单击【剪切】按钮，再将光标定位在目标位置，单击【粘贴】按钮。

(2) 用鼠标将幻灯片拖到目标位置，可实现幻灯片的移动。

(3) 选中要移动的幻灯片，右击，在弹出的快捷菜单中选择【剪切】选项，再将光标定位在目标位置，右击，在弹出的快捷菜单中选择【粘贴选项】选项，完成幻灯片的粘贴。

5. 删除幻灯片

删除幻灯片的方法有以下两种。

(1) 选择要删除的幻灯片，按 Delete 键。

(2) 选择要删除的幻灯片，右击，在弹出的快捷菜单中选择【删除幻灯片】选项。

6. 修改幻灯片版式

幻灯片版式是 PowerPoint 的一种常规排版格式，它通过放置占位符的方式对幻灯片中的标题正文、图表等对象进行布局。常见幻灯片版式有标题幻灯片、标题和内容、节标题等 11 种，每种版式占位符的位置和格式有所不同。

7. 更改显示比例

当发现幻灯片在屏幕上的大小不适合编辑时，可以更改显示比例，常用方法如下所述。

(1) 在【视图】选项卡中找到【缩放】组，其中有【缩放】、【适应窗口大小】选项，如图 4-12 所示。选择【缩放】选项，会弹出如图 4-13 所示的对话框，用户可以根据需要选择显示比例。

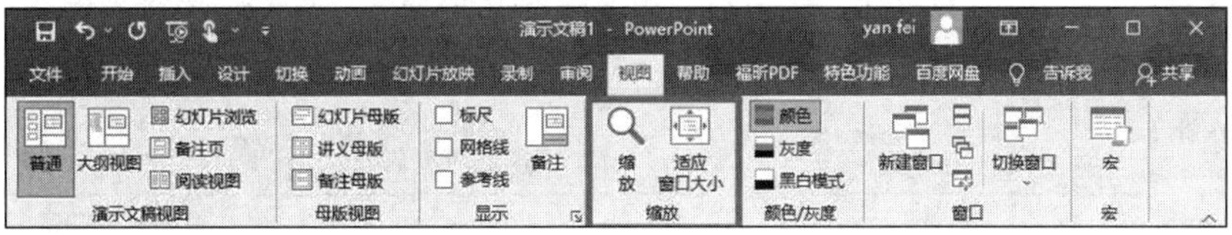

图 4-12　【视图】|【缩放】组

(2) 在窗口右下角找到缩放级别按钮，这个百分数就是幻灯片的显示比例，单击此按钮会弹出如图 4-13 所示的对话框，用户可选择所需要的显示比例。

(3) 在窗口右下角拖动显示比例滑块，根据需要改变幻灯片的显示比例。

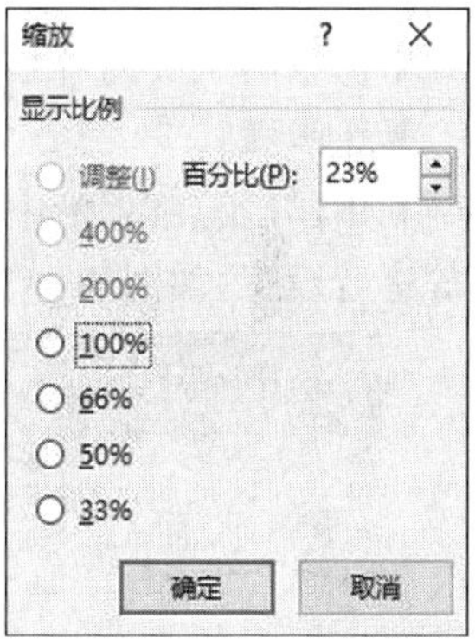

图 4-13　【缩放】对话框

任务 4　PowerPoint 2016 文本输入

本任务的主要内容是掌握 PowerPoint 2016 文本输入的方法。文本是组成幻灯片的基本元素。

1. 占位符

以标题幻灯片为例，其中包括两个文本占位符：一个为标题占位符，另一个是副标题占位符，如图 4-14(a)所示。用户可以根据实际需要用自己的文本代替占位符中的文本。在幻灯片中，要选择文本占位符，单击占位符中的任意位置，占位符的原始示例文本将消失，占位符内出现一个闪烁的插入点，就可以输入文本了，如图 4-14(b)所示。

2. 文本框

当需要在幻灯片中的其他位置添加文本时，可以单击【插入】选项卡的【文本】组中的【文本框】按钮来完成，如图 4-15 所示。文本框的类型有两种：横排与竖排，用户可以根据需要进行选择。

(a) 文本占位符

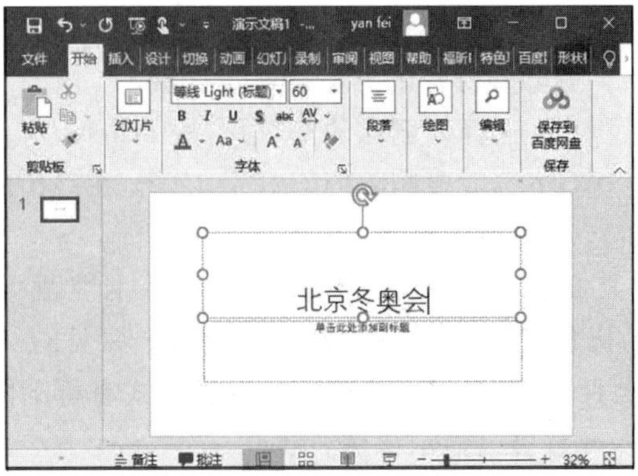

(b) 在占位符中输入文本

图 4-14　占位符的使用

图 4-15　【插入】|【文本】组

任务 5　PowerPoint 2016 文本和段落格式化

本任务的主要内容是掌握 PowerPoint 2016 中的文本和段落格式化方法。

操作步骤：

利用【开始】选项卡中的【字体】和【段落】组可以对文本的字体、字号、字形、颜色、段落格式等进行设置，如图 4-16 所示。

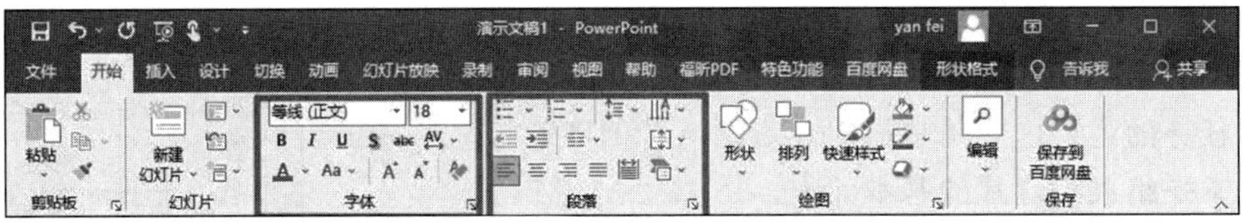

图 4-16　【开始】选项卡中的【字体】和【段落】组

1. 修改字体格式

选中要修改的文本，选择【开始】|【字体】选项，单击其中的字体、字号、字形等按钮进行设置；或单击【字体】组右下角的按钮，在弹出的【字体】对话框中进行设置。

2. 修改段落格式

选中要修改的段落，选择【开始】|【段落】选项，单击其中的项目符号、编号、行距、文字方向、对齐方式、分栏等按钮进行设置；或单击【段落】组右下角的按钮，在弹出的【段落】对话框中进行设置。

3. 智能查找

在选择某个字词或短语时，右击，在弹出的快捷菜单中选择新增加的【智能查找】选项；

执行此功能后，PowerPoint 2016 会打开选中字词或短语的定义，定义来源于网络上搜索的结果，从而带来了很多方便。

项目二　演示文稿的美化

第四章-项目二

项目描述

在项目一中，创建了一个带有 3 张幻灯片的演示文稿并完成了文字的输入；在本项目中，对演示文稿进一步美化，使其图文并茂、美观大方。通过本项目的学习，学生应能够掌握插入和编辑图片、联机图片、屏幕截图、相册、形状、SmartArt 图形、图表等的操作，掌握设置幻灯片背景格式的方法，掌握插入和编辑音频、视频的操作。

项目相关知识介绍

PowerPoint 2016 可插入图片文件格式有：GIF、JPEG、PNG、TIFF、位图格式文件；PowerPoint 2016 可插入音频文件格式有：MP3、WMA 等多种格式文件；PowerPoint 2016 可插入视频文件格式有：AVI、MPEG、MPG4、WMV 等多种格式文件。

实验主要内容

使用 PowerPoint 2016 美化“北京冬奥会”幻灯片，美化完成后的演示文稿效果如图 4-17 所示。具体要求如下。

图 4-17　美化后的演示文稿

(1) 为标题幻灯片设置艺术字。

(2) 插入一张新幻灯片作为演示文稿的第 2 页，为演示文稿做目录。

(3) 增加第 5 张幻灯片，并在其中插入图片。

(4) 增加第 9 张幻灯片，插入素材中的视频。

(5) 在第 1 张幻灯片中插入音频文件并设置播放。

任务 1　插入图形图像

本任务的主要内容是掌握在幻灯片中插入图形图像的方法,使幻灯片图文并茂、画面生动。

在制作幻灯片时,可以插入图片、联机图片、屏幕截图、相册、形状、SmartArt 图形、图表等,使幻灯片图文并茂、画面生动。下面介绍通过【插入】选项卡中的相关工具组插入的方法,如图 4-18 所示。

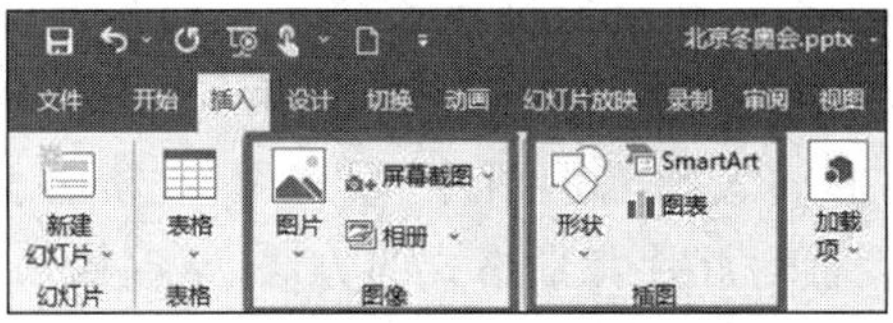

图 4-18　【插入】选项卡中的【图像】与【插图】组

1. 插入图片

插入图片的常用方法是:选中要插入图片的幻灯片,在【插入】选项卡的【图像】组中单击【图片】按钮,弹出【插入图片】对话框,选择所需的图片,单击【插入】按钮即可。

2. 插入联机图片

在【插入】选项卡的【图像】组中单击【联机图片】按钮,进入联机图片选项后,会提供两种方式:第一种是【必应图像搜索】;第二种是【OneDrive-个人】。【OneDrive-个人】指的是个人的网络存储。

3. 插入屏幕截图

制作演示文稿时,有时需要截取某个程序窗口、电影画面等图片,PowerPoint 2016 提供的屏幕截图工具,使截取和导入此类图片变得更加容易。

选择【插入】|【图像】|【屏幕截图】选项可以看到【可用视窗】和【屏幕剪辑】。图片、联机图片或屏幕截图插入幻灯片后,会显示【格式】选项卡,可在该选项卡中设置图片的格式,比如颜色、艺术效果、图片样式、边框、大小等,与 Word 处理图片格式相同。

4. 插入相册

相册是指包含图片的若干幻灯片构成的演示文稿。可以快速创建相册,从而避免在每张幻灯片中手工逐一插入图片的麻烦。在【插入】选项卡的【图像】组中单击【相册】按钮,打开其下拉菜单,选择【新建相册】,弹出【相册】对话框;在该对话框中设置文件来源、图片版式等,单击【创建】按钮,自动生成相册文件。

5. 插入形状

在 PowerPoint 2016 中可插入线条、矩形、箭头、流程图、标注等形状。在【插入】选项卡的【插图】组中单击【形状】按钮,在其下拉列表中选择所需的形状,然后将鼠标移动到正在编辑的幻灯片上,当鼠标变成“+”时,即可在幻灯片中绘制形状。绘制完成后,可在【格式】选项卡中设置形状的样式。如图 4-19 所示。

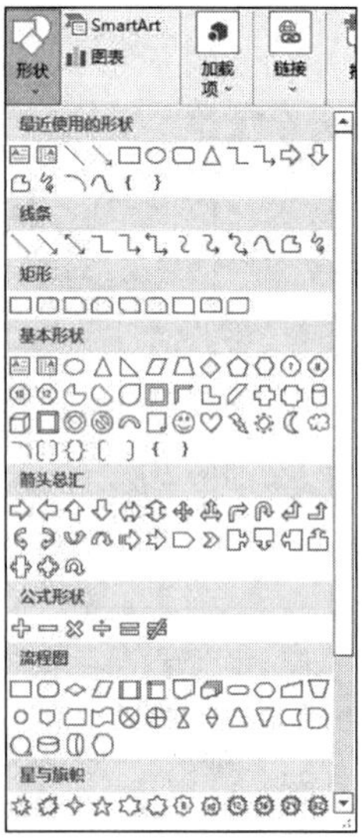

图 4-19　【形状】下拉列表

6. 插入 SmartArt 图形

组织结构图以图形方式表示组织的层次关系，如教学内容的章节关系、公司内部上下级关系等。PowerPoint 2016 的 SmartArt 图形是制作组织结构图的工具。

选择【插入】|【插图】|【SmartArt】选项，弹出【选择 SmartArt 图形】对话框，如图 4-20 所示。

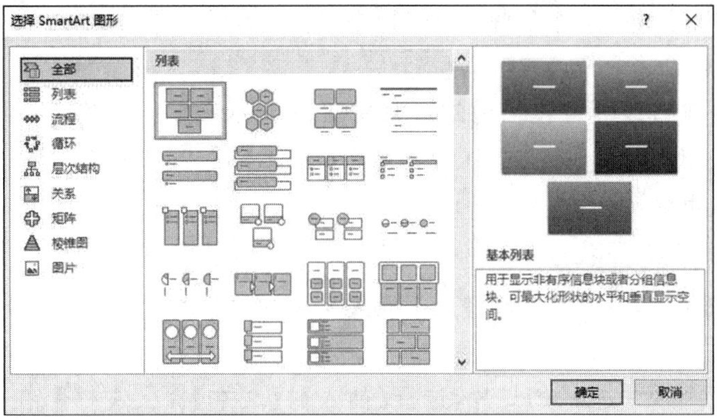

图 4-20　【选择 SmartArt 图形】对话框

7. 插入图表

在 PowerPoint 2016 中插入图表的具体操作如下：选择【插入】|【插图】|【图表】选项，弹出【插入图表】对话框，如图 4-21 所示；在该对话框中选择需要的图表类型，单击【确定】按钮，即可启动 Excel，修改 Excel 中的数据并关闭 Excel 程序，即可完成图表插入操作。

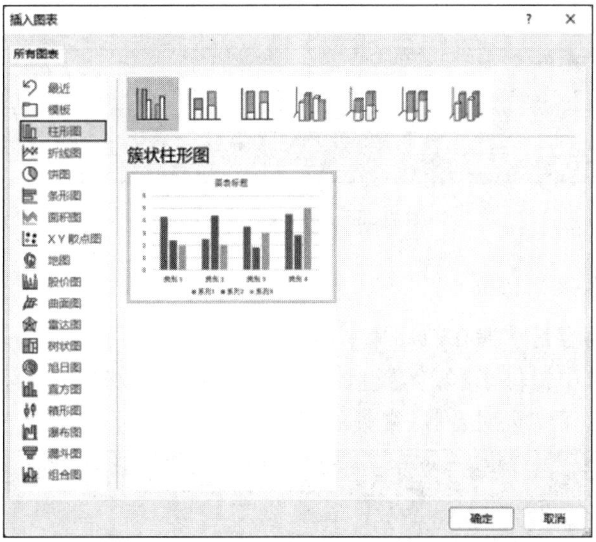

图 4-21　【插入图表】对话框

任务 2　插入表格

本任务的主要内容是掌握在幻灯片中插入表格的方法。

在 PowerPoint 2016 中可以独立制作表格，单击【插入】选项卡中【表格】组的【表格】按钮,在下拉菜单中可进行如下操作。如图 4-22 所示。

1. 拖动选择

当表格行列数不多时,可拖动鼠标创建表格。

2. 【插入表格】命令

选择【插入表格】选项,弹出【插入表格】对话框,输入所需的列数和行数,单击【确定】按钮,即可在当前幻灯片中插入表格。

3. 【绘制表格】命令

选择【绘制表格】选项,可在当前幻灯片中手动绘制表格。表格绘制完成后,PowerPoint 2016 功能区会出现【表格工具】,其中包含【设计】选项卡和【布局】选项卡。

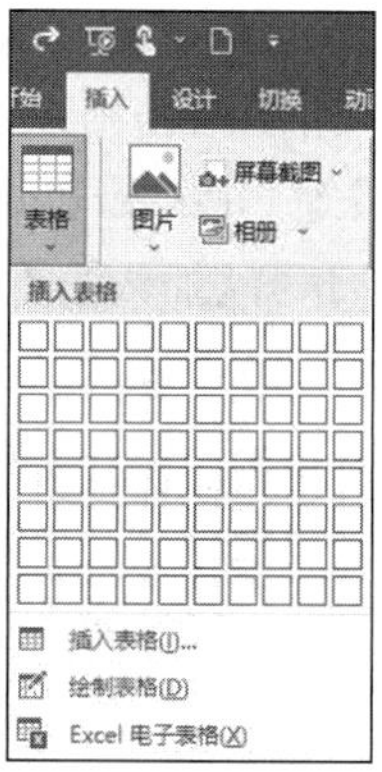

图 4-22　表格的插入

任务 3　插入文本和符号

本任务的主要内容是掌握在幻灯片中插入文本和符号的方法。

操作步骤:

(1) 选择要添加文本框的幻灯片,选择【插入】|【文本】|【文本框】,在如图 4-23 所示的下拉列表中选择【绘制横排文本框】。

(2) 在幻灯片的空白处拖动鼠标,可以绘制出一个文本框。

(3) 在该文本框中键入相应的文字。

(4) 在文本框中单击要插入符号的位置,选择【插入】|【符号】|【符号】,在打开的【符号】对话框中选择要插入的符号即可。

注意:如果在幻灯片中插入文本框后没有键入文字而进行其他操作,该文本框会自动取消。

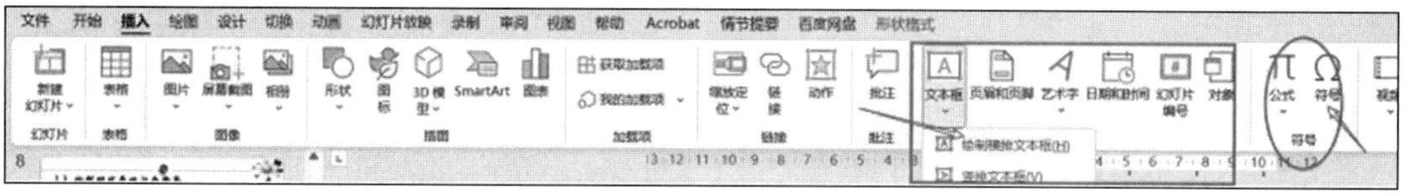

图 4-23　插入文本和符号

任务 4　插入多媒体信息

本任务的主要内容是掌握在幻灯片中插入音频、视频的方法。

在【插入】选项卡中提供了【媒体】组,包括【音频】、【视频】等功能,如图 4-24 所示。同时,PowerPoint 2016 可实现对音频、视频的简单编辑。

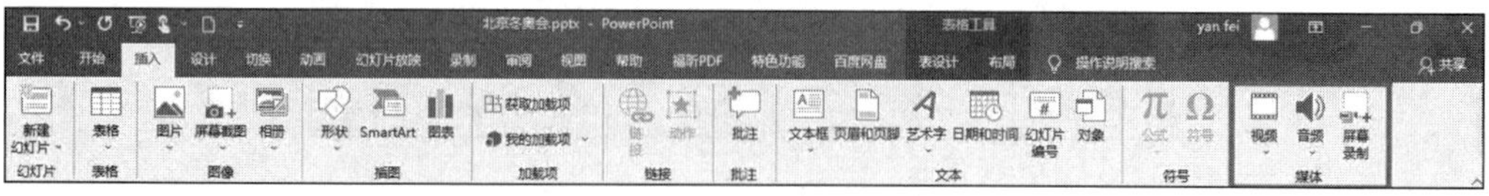

图 4-24　【插入】|【媒体】组

幻灯片中可插入来自计算机的音频或录制的音频文件,音频文件类型主要有 MP3、WAV、MID、WMA 等;插入的视频可来自联机视频或计算机的视频,视频文件类型为 MP4、AVI、WMV、SWF、MPEG 等。

1. 插入音频和视频

选中要添加音频或视频的幻灯片，选择【插入】|【媒体】|【音频】或【视频】选项，弹出如图 4-25 所示的下拉列表，根据要插入的音频、视频的类型进行选择。

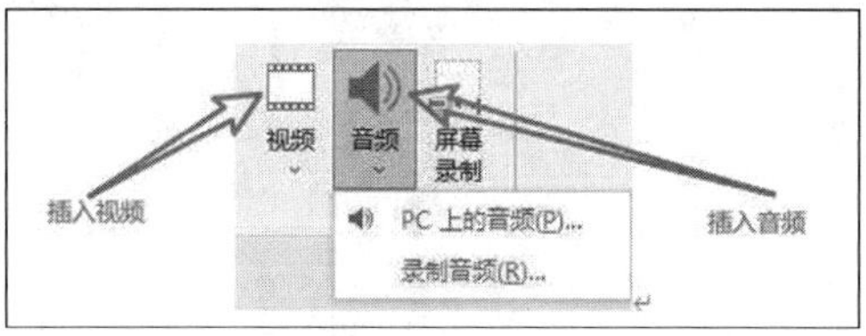

图 4-25　音频和视频插入

(1) 增加第 9 张幻灯片，在内容占位符中，选择【插入】|【媒体】|【视频】|【PC 上的视频】选项，在弹出的【插入视频文件】对话框中选择插入素材中的“中国梦. mp4”视频。幻灯片效果如图 4-26 所示。

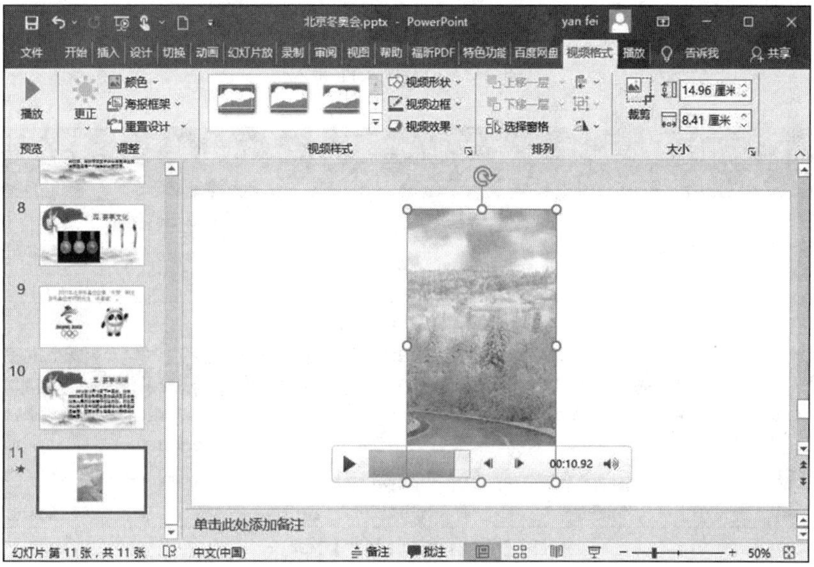

图 4-26　视频文件插入

(2) 选中标题幻灯片，选择【插入】|【媒体】|【音频】|【PC 上的音频】选项，在弹出的【选择音频】对话框中选择“我和我的祖国. mp3”音频，点击【插入】按钮，效果如图 4-27 所示。

2. 编辑音频和视频

选中要编辑的音频或视频，PowerPoint 2016 将在功能区中显示【格式】和【播放】选项卡，编辑操作主要在【播放】选项卡中进行，如图 4-28 所示。

(1) 添加和删除书签

PowerPoint 2016 在编辑音频、视频文件时借助【书签】来标识某个时刻，可在音频、视频中设置多个书签，以便编辑中能快速准确地跳转到该时刻。

(2) 编辑视频

选中要编辑的视频，在【播放】|【编辑】中可进行简单的视频截取、切换效果设置。

① 剪裁视频。选择【剪裁视频】选项，弹出【剪裁视频】对话框，通过设置【开始时间】和

图 4-27 音频文件插入

(a)【视频工具】|【播放】选项卡

(b)【音频工具】|【播放】选项卡

图 4-28 音频和视频编辑

【结束时间】来截取视频。

② 淡化持续时间。以秒为单位，输入“淡入”“淡出”时间。

项目三　主题、背景与幻灯片母版的设置

第四章-项目三

项目描述

在项目二创建的演示文稿基础上，使用“主题”“设置背景格式”“母版”等操作使演示文稿更加美观。通过本项目的学习，学生应能够对演示文稿添加和编辑主题，掌握设置幻灯片背景，使用幻灯片母版，添加页眉页脚、日期时间和幻灯片编号

等的方法。

项目相关知识介绍

PowerPoint 2016 为用户提供了更丰富的主题，使幻灯片具有统一美观的显示效果。主题包括对颜色、字体、背景、风格等方面的设计。

1. 母版

母版规定了演示文稿(幻灯片、讲义、备注)的文本、背景、日期及页码格式。母版体现了演示文稿的外观，包含了演示文稿中的共有信息。每个演示文稿提供了一个母版集合，包括幻灯片母版、讲义母版、备注母版等。

2. 模板

模板指演示文稿中的特殊一类，扩展名为.pot。模板用于提供样式文稿的格式、配色方案、母版样式及产生具有特效的字体样式等。应用设计模板可以快速生成风格统一的演示文稿。

实验主要内容

使用 PowerPoint 2016 的“主题”“设置背景格式”“母版”等操作使“北京冬奥会.pptx”演示文稿更加美观，效果如图 4-29 所示。具体要求如下。

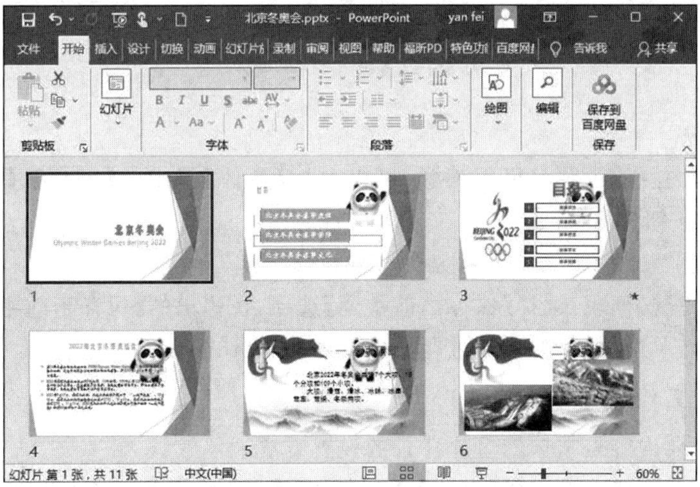

图 4-29　演示文稿效果

(1) 为演示文稿设置“丝状”主题，并为此主题选择合适的颜色和字体。

(2) 使用幻灯片母版功能，在每张幻灯片右下角添加同一图片。

(3) 在每张幻灯片中插入幻灯片的编号(标题幻灯片除外)。

任务 1　使用主题设置演示文稿

本任务的主要内容是掌握用主题设置演示文稿的方法。

用户可以直接使用 PowerPoint 2016 提供的主题库，也可以自定义主题。

1. 应用主题

【设计】|【主题】组显示了 PowerPoint 2016 提供的所有内置主题效果，如图 4-30 所示。单击某一个主题，该主题会应用到整个演示文稿。如果需要某一张幻灯片应用主题，则需要选中当前幻灯片，在对应的主题上右击，在弹出的快捷菜单中选择【应用于选定幻灯片】选项。

图 4-30 【设计】|【主题】组

2. 修改主题

如果用户对内置的主题效果不满意，可以通过【变体】组中的【颜色】、【字体】、【效果】、【背景样式】4 个按钮进行修改。

3. 保存主题

展开【所有主题】列表，选择【保存当前主题】选项，在弹出的【保存当前主题】对话框中输入新主题的名称，单击【保存】按钮，主题文件扩展名为. thmx。

任务 2 设置幻灯片背景

本任务的主要内容是掌握幻灯片背景的设置方法。

设置幻灯片背景格式可通过【设计】|【自定义】|【设置背景格式】选项进行，如图 4-31 所示。在幻灯片非占位符区域右击，在弹出的快捷菜单中选择【设置背景格式】选项，也可打开【设置背景格式】窗格。

在【设计】选项卡中找到【主题】组，选择“丝状”主题，适当修改主题颜色和主题字体。通过选择【纯色填充】、【渐变填充】、【图片或纹理填充】、【图案填充】、【隐藏背景图形】等模式设置背景格式。

任务 3 使用幻灯片母版

本任务的主要内容是掌握幻灯片母版的使用方法。

母版是一种特殊的幻灯片，它由标题、文本、页脚、日期和时间等对象的占位符组成，并设置了幻灯片的字体、字号、颜色、项目符号等格式。如果修改母版格式，将改变所有基于该

图 4-31　设置背景格式

母版建立的幻灯片的格式。

PowerPoint 2016 提供了三种母版视图，分别是幻灯片母版、讲义母版和备注母版，如图 4-32 所示。

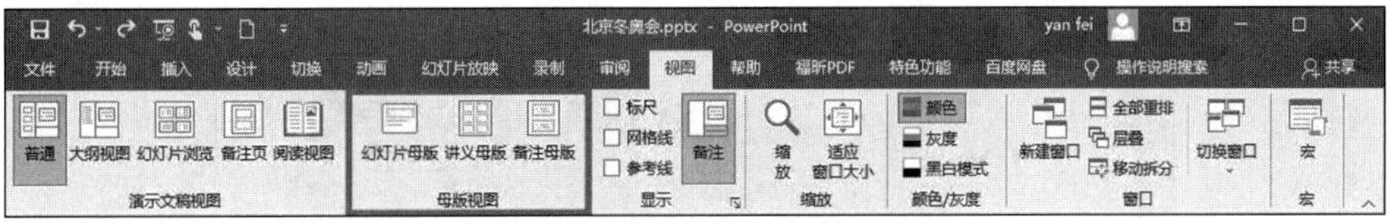

图 4-32　【视图】|【母版视图】组

1. 幻灯片母版

幻灯片母版通常用来设置整套幻灯片的格式，它控制了所有幻灯片组成对象的属性，包括文本、字号、颜色、项目符号样式等。

选择【视图】|【母版视图】|【幻灯片母版】选项，即可切换到幻灯片母版视图。

使用幻灯片母版功能，在所有幻灯片的右下角添加同一图片。

(1) 选择【视图】|【母版视图】|【幻灯片母版】选项。

(2) 在左侧【幻灯片母版】窗格中，选择第 1 张母版，适用于当前演示文稿的所有幻灯片。

(3) 在此母版上选择【插入】|【图像】|【图片】选项，找到适合的图片，插入母版，并将其拖动到母版的右上角。如图 4-33 所示。

(4) 关闭【幻灯片母版】，结果如图 4-34 所示。

2. 讲义母版

演示文稿可以以讲义的形式打印输出，讲义母版主要用于设置讲义的格式。选择【视图】|【母版视图】|【讲义母版】选项，即可切换到讲义母版视图。

选择【文件】|【打印】|【设置】|【讲义】选项，可以用讲义方式打印演示文稿。

3. 备注母版

图 4-33　为母版插入图片

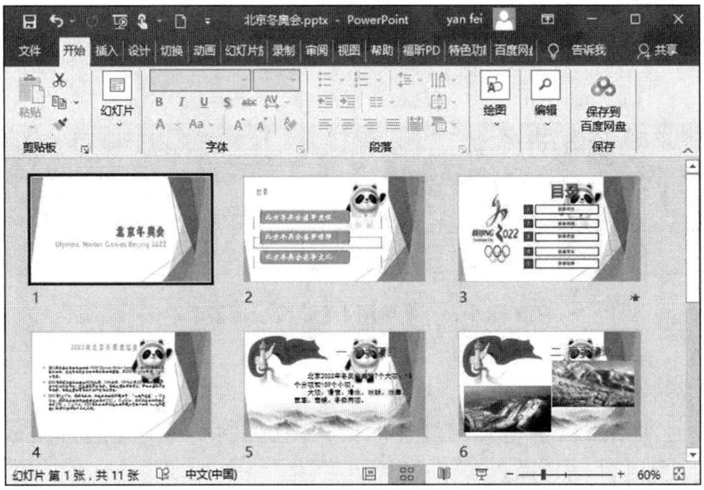

图 4-34　使用母版为所有幻灯片插入图片

在放映幻灯片时，备注信息不显示在幻灯片中，但是可以将备注信息打印出来。选择【视图】|【母版视图】|【备注母版】选项，即可切换到备注母版视图。备注母版主要用于设置备注页的格式。

任务 4　设置页眉页脚、日期时间和幻灯片编号

本任务的主要内容是掌握页眉页脚、日期时间和幻灯片编号的设置方法。

幻灯片中经常使用页眉页脚、日期时间、幻灯片编号等对象，母版为这些对象预留了占位符，但默认情况下在幻灯片中并不显示它们。

如要显示页眉页脚、日期时间和幻灯片编号等信息，如图 4-35 所示，可选择【插入】|【文本】|【页眉和页脚】、【日期和时间】、【幻灯片编号】选项，在弹出的【页眉和页脚】、【日期和时间】、【幻灯片编号】对话框中勾选相应选项即可。设置完毕后，如果想向当前幻灯片或所选的幻灯片添加信息，单击【应用】按钮；如果要向演示文稿中的每个幻灯片添加信息，则单击

【全部应用】按钮。

图 4-35 【插入】|【文本】组

项目四 演示文稿动画的设置

第四章-项目四

项目描述

以上项目中的“北京冬奥会.pptx”演示文稿虽然已经图文并茂，但略显呆板，如果能为演示文稿中的对象加入一定的动画效果，幻灯片的放映就会更加生动精彩，不仅可以增加演示文稿的趣味性，还可以吸引观众的眼球。

通过本项目的学习，学生应能够掌握幻灯片的动画设置方法，掌握幻灯片的切换方式，掌握利用超链接和动作设置改变幻灯片播放顺序的方法。

项目相关知识介绍

为演示文稿中的文本或其他对象添加的特殊视觉效果称为动画效果。PowerPoint 中的动画效果主要有两种类型：一种是自定义动画，是指为幻灯片内部各个对象设置的动画，如文本的段落、图形、表格、图示等；另一种是幻灯片切换动画，又称翻页动画，是指在放映时更换幻灯片的动画效果。

【高级动画】组中主要包括添加动画、动画窗格、触发器、动画刷等功能。为对象设置好动画效果后，用户可以在【高级动画】组中根据需求为对象设置这些参数。

【动画窗格】功能，可以对已创建自定义动画的对象设置更多的参数。【动画窗格】以下拉列表的形式，显示当前幻灯片中所有对象的动画效果，包括动画类型、对象名称、先后顺序等。默认情况下，动画窗格处于隐藏状态；在【动画】选项卡的【高级动画】组中单击【动画窗格】按钮，则在幻灯片编辑窗格的右侧显示该窗格。

在【动画窗格】中可以对所选定动画的运行方式进行更改，可重新设置动画的开始方式、效果选项、计时等。

实验主要内容

为演示文稿增加动画效果，幻灯片的放映就会更加生动精彩，不仅可以增加演示文稿的趣味性，还可以吸引观众的眼球。具体要求如下。

（1）为幻灯片添加动画，在幻灯片放映时，按顺序自动播放。

（2）为幻灯片设置切换效果。

（3）为幻灯片设置自定义动画。

(4) 为幻灯片加入【超链接】和【动作】按钮，加强与用户的互动。制作结果如图 4-36 所示。

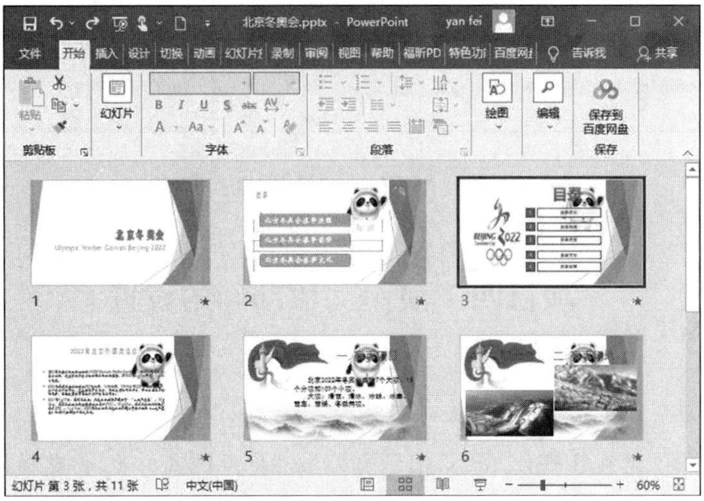

图 4-36　演示文稿效果

任务 1　创建自定义动画

PowerPoint 2016 为幻灯片中的对象提供了丰富的动画效果，增强了幻灯片放映的趣味性。

PowerPoint 2016 的动画效果设置主要在【动画】选项卡中进行，如图 4-37 所示。

图 4-37　【动画】选项卡

1. 动画效果添加

(1) 为某个对象添加单个动画效果

选中要添加动画效果的对象，在【动画】选项卡的【动画】组中单击【动画效果】按钮，出现如图 4-38 所示的动画效果列表。动画效果分为“进入”“强调”“退出”和“动作路径”四类，选择所需的动画效果，即可完成动画效果的添加。如要取消动画效果，可再次选中对象，选择动画效果为“无”。

如需要更加丰富的动画效果，可参考如下操作：以“进入”效果为例，选择【动画效果】|【更多进入效果】选项，弹出【更多进入效果】对话框，如图 4-39 所示，在该对话框中选择更多的进入效果。此操作还可通过单击【高级动画】组中的【添加动画】按钮完成。

(2) 为某个对象添加多个动画效果

在幻灯片中不仅可以为某个对象添加单个动画效果，还可以为某个对象添加多个动画效果。在为对象添加了单个动画效果后，选择【动画】|【高级动画】|【添加动画】选项，打开动

图 4-38　动画效果列表

图 4-39　【更多进入效果】对话框

画样式列表框,从中选择一种动画样式,为对象添加另一种动画效果。

添加动画效果后,在该对象的左上方会显示对应的多个数字序号。在【动画】|【高级动画】|【动画窗格】中显示了添加的动画效果列表,其中的选项按照为对象设置动画效果的先后顺序排列,并用数字序号进行标识,其中音频文件的相关属性也可以在【动画窗格】中设置。如果动画效果设置为自动播放,那么它的数字序号为 0。

2. 动画效果属性设置

动画效果属性可以修改,如"飞入"效果可修改方向,"轮子"效果可修改"轮辐图案"和"序列"等。如要修改动画效果,可在添加动画效果后,单击【效果选项】按钮,选择所需的其他动画效果即可。也可使用【动画窗格】,找到对应的动画效果后,右击,在弹出的快捷菜单中选择【效果选项】选项来完成。

3. 高级动画设置

(1) 动画刷功能。该功能类似 Word、Excel 中的格式刷,可直接将某个对象的动画效果照搬到目标对象上,而不需要重复设置,从而使动画制作更加方便、高效。动画刷的操作非常方便:选中某个已设置完动画效果的对象,选择【动画】|【高级动画】|【动画刷】选项,再将鼠标移动到目标对象上单击一下,动画效果就被运用到目标对象上了。

(2) 触发器功能。使用 PowerPoint 2016 制作演示文稿时,可以通过触发器来灵活地控制演示文稿中的动画效果,从而实现人机交互。例如,利用触发器可以实现单击某一图片出现该图片的文字介绍这样的动画效果。首先设置文字介绍的动画效果,然后选中文字介绍,选择【动画】|【高级动画】|【触发】选项,在下拉列表中选择需要发出触发动作的图片名字即可。也可在【动画窗格】中,打开该动画的【计时】对话框,进行触发器的编辑。

4. 动画计时

(1) 动画窗格显示

【动画窗格】能够以列表的形式显示当前幻灯片中所有对象的动画效果,包括动画类型、

对象名称、先后顺序等，默认情况下，【动画窗格】处于隐藏状态。选择【动画】|【高级动画】|【动画窗格】选项，可以显示或隐藏该窗格。

选择【动画窗格】中的任意一项，右击，在弹出的快捷菜单中可重新设置动画的开始方式、效果选项、计时、删除等操作。

(2) 计时设置

设置动画效果之后，可进行计时设置。PowerPoint 2016 中动画效果的计时设置包括开始方式、持续和延迟时间、动画排序等，如图 4-40(a)所示，其选项说明分别如下。

①【开始】选项用于设置动画效果的开始方式。其中，【单击时】指单击幻灯片时开始播放动画，【与上一动画同时】表示【动画窗格】列表中的上一个动画开始时也开始本动画，【上一动画之后】表示【动画窗格】列表中的上一个动画播放完成后才开始本动画。

②【持续时间】选项用于设置动画的持续时间。

③【延迟】选项用于设置上一个动画结束与下一个动画开始之间的时间值。

④【对动画重新排序】选项。已设置动画效果的对象默认在左上角显示一个数字，用来表示该对象在整张幻灯片中的动画播放顺序，如幻灯片中有多个动画效果，可通过单击【向前移动】或【向后移动】重新调整动画播放顺序，也可以使用【动画窗格】中的两个按钮完成。

如要设置更加复杂的动画效果，可在【动画窗格】中选中对象，右击，在弹出的快捷菜单中选择【效果选项】或【计时】进行设置，如图 4-40(b)和图 4-40(c)所示。

(a)【动画】|【计时】组

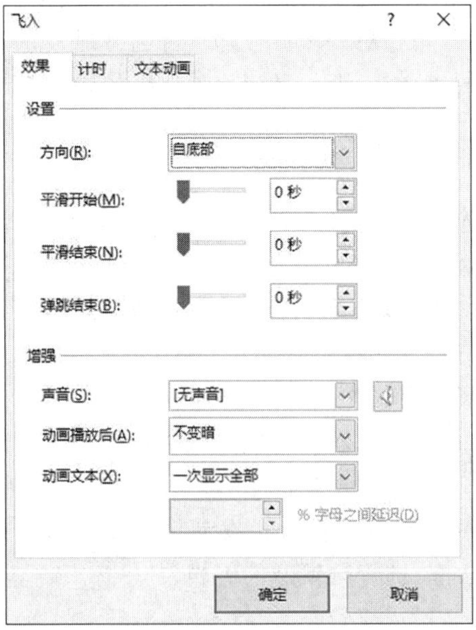

(b)【飞入】动画设置效果选项对话框

(c)【飞入】动画设置计时选项对话框

图 4-40　动画的效果与计时设置

任务 2　设置幻灯片切换效果

幻灯片切换方式是指放映时幻灯片进入和离开屏幕时的方式，既可以为一组幻灯片设置同一种切换方式，也可以为每张幻灯片设置不同的切换方式。

PowerPoint 2016 提供了丰富炫目的幻灯片切换效果，设置步骤简单，演示文稿的画面表现力强大。

幻灯片切换效果主要在【切换】选项卡中设置，如图 4-41 所示。

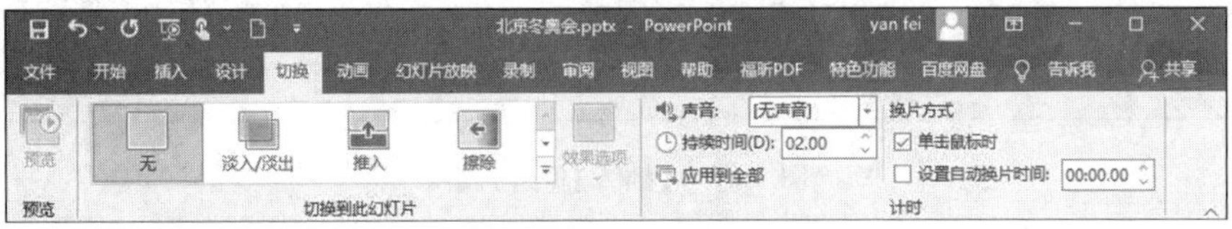

图 4-41　【切换】选项卡

1. 设置切换效果

选中要设置切换方式的幻灯片，选择【切换】|【切换到此幻灯片】|【切换效果】选项，单击下拉列表箭头，从“细微型”“华丽型”或“动态内容”三类切换效果中选择所需切换效果，该效果将应用到当前幻灯片。如要为每张幻灯片设置不同的切换方式，只需要在其他幻灯片上重复上述步骤便可。选择【效果选项】选项，在弹出的下拉菜单中可进行切换的方向、形状等设置。

如要使所有幻灯片应用统一的切换效果，可在选中【切换效果】后，单击【计时】组的【应用到全部】按钮。

2. 设置切换计时

在【切换】|【计时】组可为幻灯片切换设置声音、持续时间、换片方式等，如图 4-42 所示。

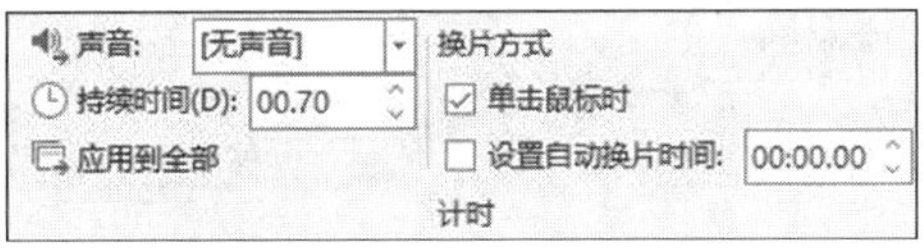

图 4-42　【切换】|【计时】组

(1)【声音】选项可设置幻灯片切换时的声音播放方式。选中【声音】选项，在此可选择 PowerPoint 2016 默认提供的十余种音效，还可将声音设定为【播放下一段声音之前一直循环】、【停止前一声音】或【无声音】。

(2)【持续时间】选项以秒为单位设置幻灯片切换的持续时间。

(3)【换片方式】选项用于设置幻灯片的切换方式，即手工切换或自动切换。如果选中【单击鼠标时】，则在播放幻灯片时，每单击一次鼠标，就切换一张幻灯片；如果选择【设置自动换片时间】，则需要在增量框中输入一个间隔时间，经过该时间后自动切换到下一张幻灯片。

3. 删除/取消切换动画效果

如果要删除应用的切换动画效果，可在选择应用了切换效果的幻灯片后，选择【切换】|【切换到此幻灯片】选项，在幻灯片【切换效果】列表中选择“无”即可。

任务 3　创建互动式演示文稿

在演示文稿中可通过加入【超链接】和【动作】按钮加强与用户的互动。

在演示文稿中可选择【超链接】实现幻灯片跳转，选择【动作】运行程序等。以下将介绍在 PowerPoint 2016 中如何设置【超链接】和【动作】选项，本操作主要在【插入】|【链接】组中进行，如图 4-43 所示。

图 4-43　【插入】|【链接】组

1. 设置超链接

(1) 添加、编辑和取消超链接

选中要添加超链接的对象，可以是文字、图片、图形等，选择【插入】|【链接】|【超链接】选项，或选中要添加超链接的对象直接右击，在快捷菜单中选择【超链接】选项，在弹出的【插入超链接】对话框中选择要跳转的目标位置，如图 4-44 所示。

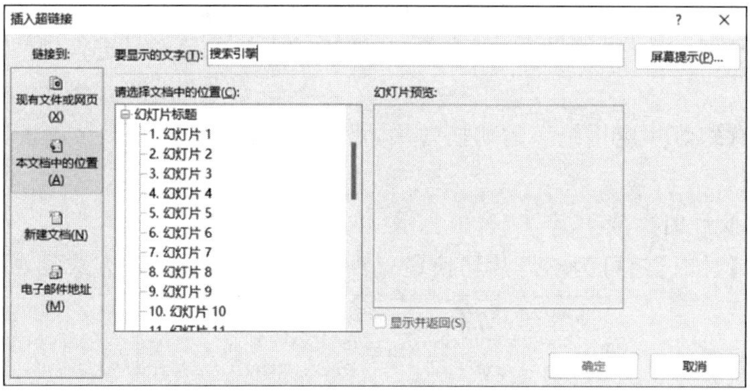

图 4-44　【插入超链接】对话框

①【现有文件或网页】，选择现有文件的存放位置或直接输入网址，当单击超链接对象时，可打开文档或网页。

②【本文档中的位置】，选择目标幻灯片的位置，可实现幻灯片的跳转。

③【新建文档】，设置新文档的名称和存储位置，当单击超链接对象时，可在存储位置新建文档。

单击【确定】按钮，完成超链接设置。切换到幻灯片放映视图，单击添加过超链接的对象，可实现跳转。

如要再次编辑超链接，可选中超链接对象右击并选择【编辑超链接】，在弹出的对话框中进行编辑。如要取消超链接，可选中超链接对象右击并选择【取消超链接】。

(2) 设置超链接颜色

选择【设计】|【主题】|【颜色】选项，找到并选择【新建主题颜色】，弹出【新建主题颜色】对话框，在该对话框中重新定义【超链接】和【已访问的超链接】的颜色。

2. 设置动作

PowerPoint 2016 能为文本、图片、图形、绘制的动作按钮等对象添加动作，可以实现幻灯片跳转、程序和宏的运行、声音播放、突出显示等，以下以【动作按钮】为例介绍动作设置的方法。

（1）添加动作按钮

【动作按钮】是 PowerPoint 2016 预先定义好的一组按钮，可实现“开始”“结束”“上一张”“下一张”等操作。选择【插入】|【插图】|【形状】选项，在下拉菜单的【动作按钮】类中单击所需的按钮类型，在幻灯片上直接绘制即可。

（2）动作的有关操作

绘制完【动作按钮】，将自动弹出【操作设置】对话框，如图 4-45 所示，在此可设置【单击鼠标】和【鼠标悬停】的动作。除了动作按钮，文本、图片、图形等对象也可添加动作，选中对象，选择【插入】|【链接】|【动作】选项，在弹出的【操作设置】对话框中设置动作，其选项说明如下。

① 【无动作】：鼠标单击或经过对象时无动作。

② 【超链接到】：鼠标单击或经过对象时可跳转到其他幻灯片。

③ 【运行宏】：鼠标单击或经过对象时运行宏。

④ 【对象动作】：当插入对象是 Word、PowerPoint、Excel 等类型的文档时，可将其【对象动作】设置为“编辑”或“打开”。

⑤ 【鼠标悬停】：其实也是完成一种超链接，当鼠标在此对象上悬停时，完成链接动作。

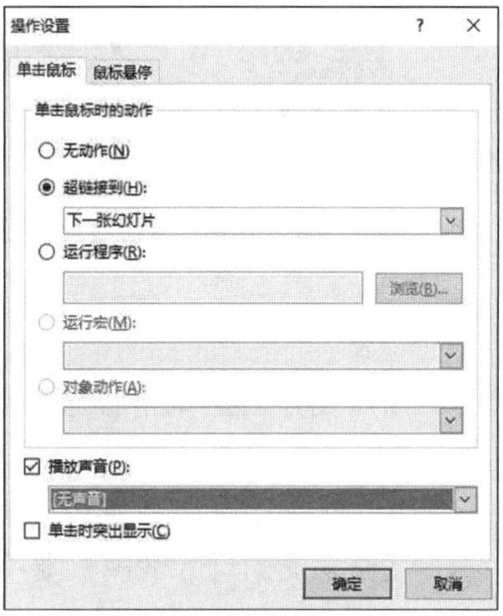

图 4-45　【操作设置】对话框

项目五　演示文稿的放映与输出

第四章-项目五

项目描述

“北京冬奥会. pptx”演示文稿的内容、布局、动画等都已制作完成，可以放映了。此时，可以通过幻灯片放映来观看幻灯片的总体效果。通过本项目的学习，学生应能够设置幻灯片的放映方式，设置排练计时，自定义放映幻灯片。

项目相关知识介绍

“北京冬奥会. pptx”演示文稿的内容、布局、动画等都已制作完成，可以通过幻灯片放映来观看幻灯片的总体效果。任务要求如下所述。

（1）通过【排练计时】为每张幻灯片设置放映时间。

（2）将“北京冬奥会. pptx”演示文稿打包成 CD。

实验主要内容

任务1　放映演示文稿

在演示文稿制作完成后，通过放映幻灯片可以将精心制作的演示文稿展示给观众或客户。

以下介绍设置幻灯片放映的操作方法，该操作主要在【幻灯片放映】选项卡中进行。

1.【开始放映幻灯片】组

在【幻灯片放映】|【开始放映幻灯片】组中可以设置幻灯片的放映方式，幻灯片的放映方式有【从头开始】、【从当前幻灯片开始】和【自定义幻灯片放映】等用种，如图 4-46 所示。

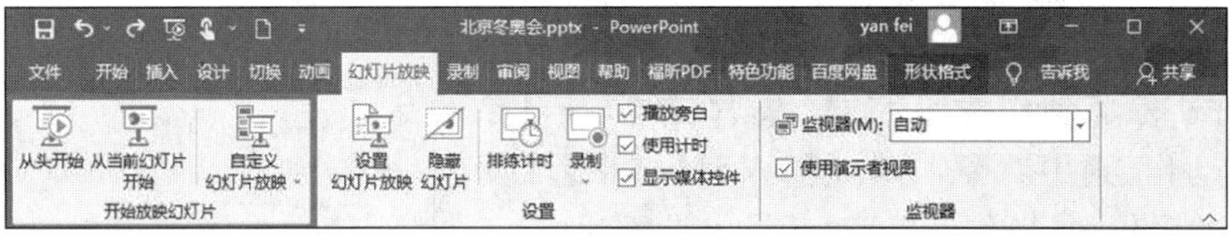

图 4-46　【开始放映幻灯片】组

(1)【从头开始】：单击该按钮，演示文稿从第 1 张幻灯片开始放映，该功能的快捷键是 F5。

(2)【从当前幻灯片开始】：放映从当前幻灯片页面开始，也可使用组合键 Shift＋F5。

(3)【自定义幻灯片放映】：是一种很灵活的放映方式，它只用于显示选择的幻灯片，因此，可以对一个演示文稿进行多种放映。设置如下：单击【自定义幻灯片放映】按钮，弹出【自定义放映】对话框，单击【新建】按钮，弹出【定义自定义放映】对话框，在此对话框的【在演示文稿中的幻灯片】列表框中选择合适的幻灯片，单击【添加】按钮将其添加至【在自定义放映中的幻灯片】列表中。单击【确定】按钮返回至【自定义放映】对话框后，单击【放映】按钮即可开始放映自定义的幻灯片。

2.【设置】组

在【幻灯片放映】|【设置】组中可设置【设置幻灯片放映】、【隐藏幻灯片】、【排练计时】、【录制幻灯片演示】等多种操作。

(1)【设置幻灯片放映】

单击【设置幻灯片放映】按钮，弹出【设置放映方式】对话框，在该对话框中可以设置【放映类型】、【放映选项】、【放映幻灯片】、【推进幻灯片】、【多监视器】等选项，如图 4-47 所示。

①【放映类型】包括【演讲者放映(全屏幕)】、【观众自行浏览(窗口)】和【在展台浏览(全屏幕)】等选项。【演讲者放映(全屏幕)】是系统默认的放映类型。采用此种放映方式可全屏幕显示演示文稿中的每张幻灯片，演讲者具有完全的控制权，可以采用人工换片方式，若对【排练计时】作了设置，也可不用人工换片方式。如果选择【观众自行浏览(窗口)】放映方式，将以窗口形式显示幻灯片，通过状态栏中的【菜单】命令进行翻页、编辑、复制和打印等。选择【在展台浏览(全屏幕)】放映方式，PowerPoint 会自动选定【循环放映，按 ESC 键终止】复选框。此时换片方式可选择【如果存在排练时间，则使用它】，放映时会自动循环放映。

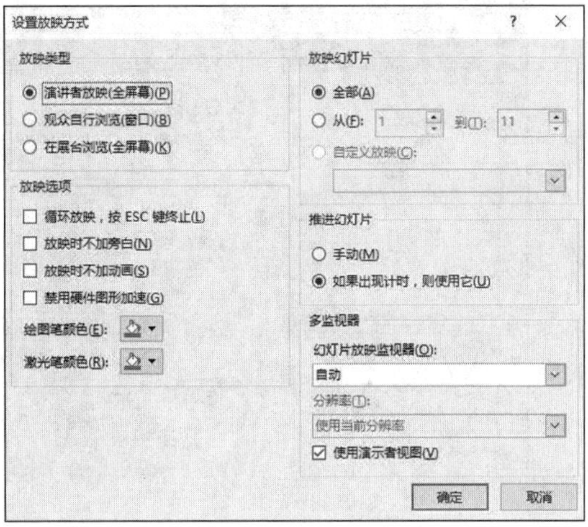

图 4-47　【设置放映方式】对话框

②【放映选项】包括【循环放映，按 ESC 键终止】、【放映时不加旁白】、【放映时不加动画】等选项。【循环放映，按 ESC 键终止】指循环放映幻灯片，按下 Esc 键可终止幻灯片放映，如果选定【在展台浏览(全屏幕)】复选框，则只能放映当前幻灯片。【放映时不加旁白】指观看放映时，不播放任何声音旁白。【放映时不加动画】指显示幻灯片时不带动画，如项目符号不会变暗，飞入的对象直接出现在最后的位置。

③【放映幻灯片】包括【全部】、【从……到……】和【自定义放映】选项。【全部】选项表示播放所有幻灯片，选定此单选按钮时，将从当前幻灯片开始放映。【从……到……】选项表示在幻灯片放映时，只播放【从】和【到】数值框中输入的幻灯片范围，而且按数字从小到大播放该范围内的所有幻灯片。如从 2 到 6，则播放时从第 2 张幻灯片开始播放，一直到第 6 张结束。【自定义放映】选项表示运行在列表中选定的自定义放映。

④【推进幻灯片】包括【手动】和【如果出现计时，则使用它】选项。若选择【手动】，则放映时换片的条件是，单击鼠标或每隔数秒自动播放；或者右击，在弹出的快捷菜单中选择【前一张】、【下一张】或【定位至幻灯片】选项。此时，PowerPoint 会忽略默认的排练时间，但不会删除。若选择【如果出现计时，则使用它】，则使用预设的排练时间自动放映。如果幻灯片没有预设的排练时间，则必须人工换片。

(2)【隐藏幻灯片】

如在放映时有的幻灯片不需要播放，可利用【隐藏幻灯片】功能将它隐藏。

(3)【排练计时】

幻灯片放映时，PowerPoint 会弹出计时器记录幻灯片的播放时间。当幻灯片自动放映时，该时间可用于控制幻灯片的播放和动画效果显示。

(4)【录制幻灯片演示】

【录制幻灯片演示】是【排练计时】功能的扩展。选择【录制幻灯片演示】，从菜单中选择【从头开始录制】或【从当前幻灯片开始录制】，弹出【录制幻灯片演示】对话框，如图 4-48 所示，在该对话框中选择录制内容，单击【开始录制】按钮即可录制。录制结束后，切换到幻灯片浏览视图，可显示每张幻灯片的演示时间，如图 4-49 所示。

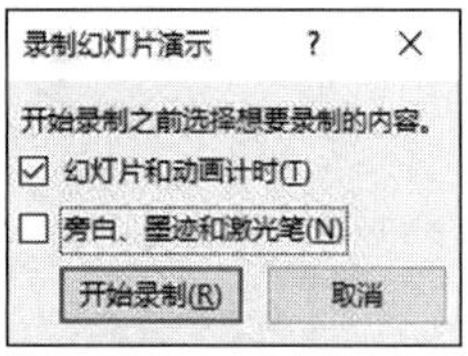

图 4-48 【录制幻灯片演示】对话框

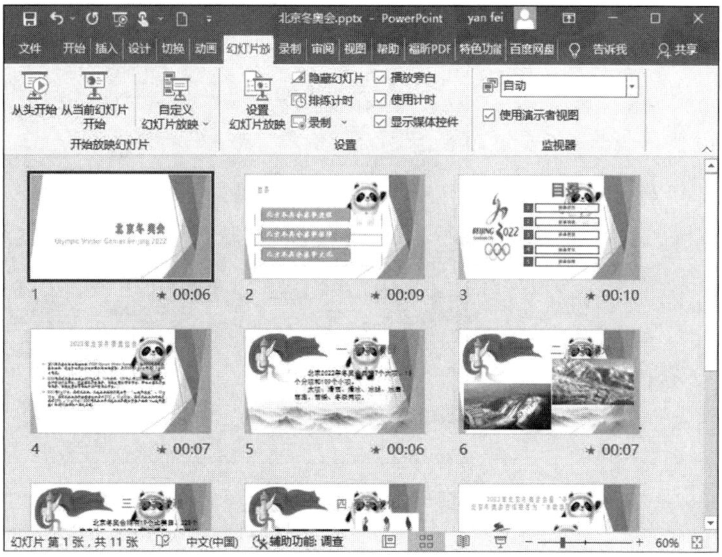

图 4-49 浏览视图显示的每张幻灯片演示时间

任务 2 输出演示文稿

1. 导出

在 PowerPoint 2016 中，通过【文件】|【导出】命令，可创建 PDF/XPS 文档、创建视频、将演示文稿打包成 CD、创建讲义、更改文件类型，如图 4-50 所示。

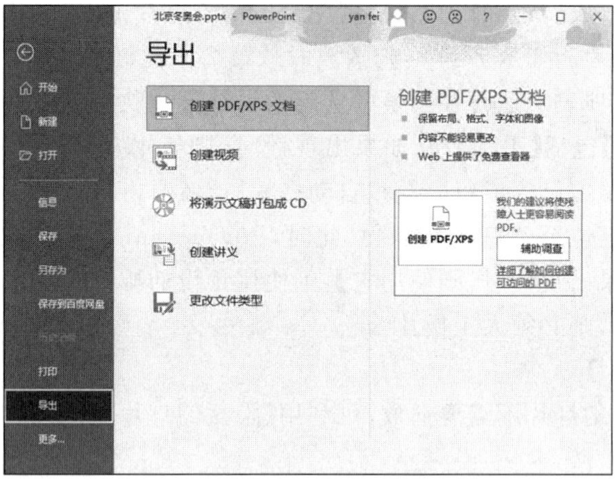

图 4-50 【文件】|【导出】命令

(1) 创建 PDF/XPS 文档

此命令可以把演示文稿保存成 PDF 或 XPS 格式的文档。

(2) 创建视频

将演示文稿转换为视频格式主要是为了在未安装 PowerPoint 的计算机中能够正常放映的一种操作。在工作区显示创建视频说明，根据播放要求设置“演示文稿质量”“计时和旁白”“放映每张幻灯片的秒数”，之后单击【创建视频】按钮，演示文稿将导出为视频，视频格式为.MP4 或.WMV，如图 4-51 所示。

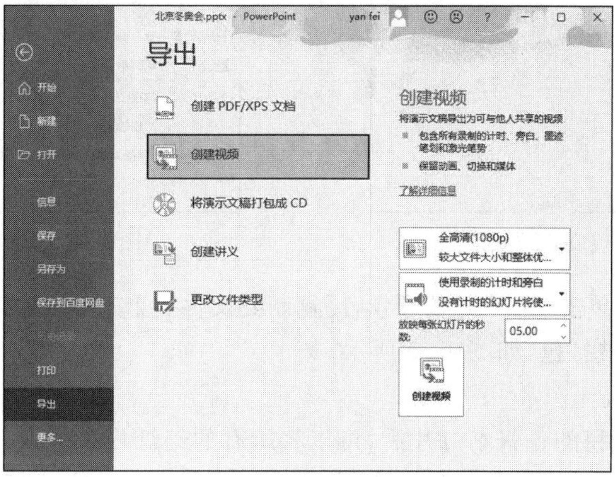

图 4-51　【导出】|【创建视频】命令

(3) 打包成 CD

PowerPoint 2016 中的【将演示文稿打包成 CD】功能，同样可以实现在没有安装 PowerPoint 的计算机上放映演示文稿。此功能可将一个或多个演示文稿随同支持文件复制到 CD 中，方便那些没有安装 PowerPoint 2016 的用户放映演示文稿。默认情况下，PowerPoint 使用的播放器、链接文件、声音、视频和其他设置会打包在其中，这样就可以在其他计算机上运行打包的演示文稿。

① 选择【文件】|【导出】|【将演示文稿打包成 CD】选项，在工作区单击【打包成 CD】按钮，如图 4-52 所示。

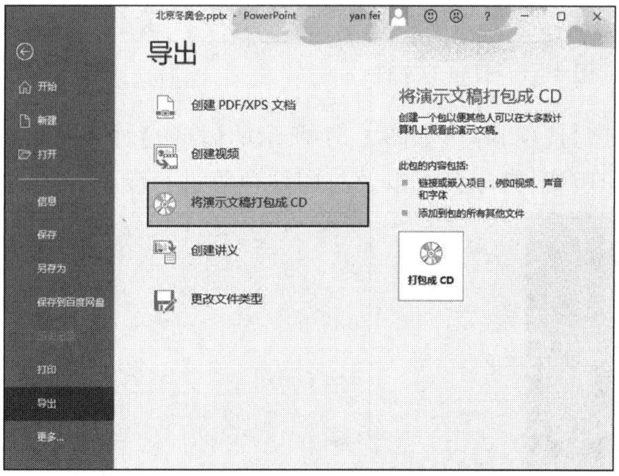

图 4-52　【导出】|【将演示文稿打包成 CD】命令

② 在弹出的【打包成 CD】对话框(见图 4-53)中添加要打包的演示文稿文件，并进行【选项】设置。例如，将链接的文件、嵌入的 TrueType 字体打包到 CD 中，或者为演示文稿设置打开和修改密码，并检查是否含有不适宜的信息或者个人信息，如图 4-54 所示。

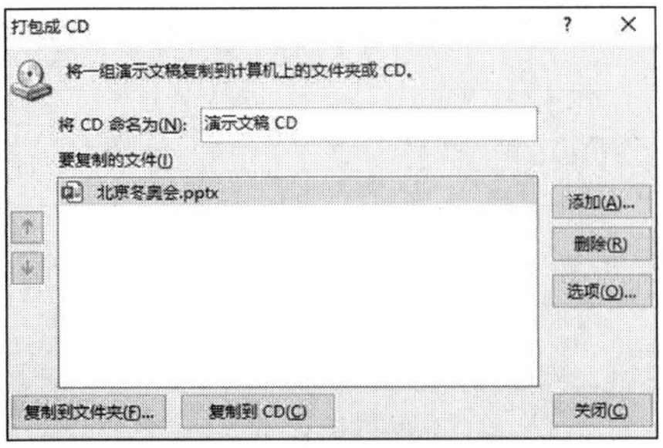

图 4-53 【打包成 CD】对话框

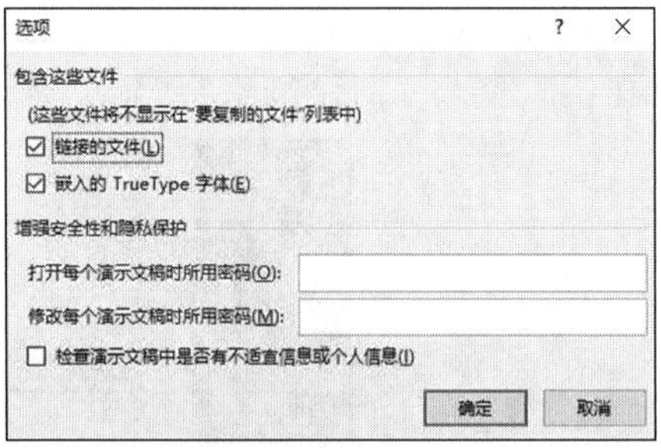

图 4-54 【选项】对话框

③ 设置完成后，单击【复制到 CD】或者【复制到文件夹】按钮。复制完成之后，打开相应的文件夹，文件已经被打包，如图 4-55 所示。

2. 打印演示文稿

在制作好演示文稿的各张幻灯片后，可以将所有的幻灯片以一页一张的方式打印，或者以一页多张的方式打印，或者只打印备注页，或者以大纲视图的方式打印。

打印前，选择【设计】|【自定义】|【幻灯片大小】选项，如图 4-56 所示，可设置幻灯片大小，可以选择【标准】、【宽屏】或【自定义幻灯片大小】等类型。

图 4-55 打包的文件

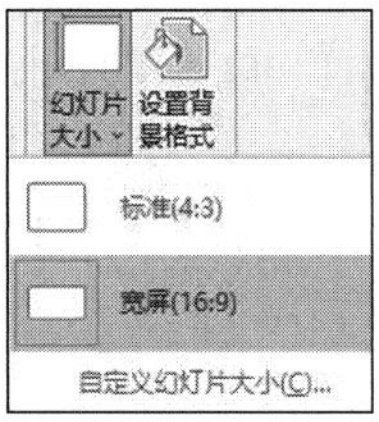

图 4-56 幻灯片大小设置

选择【文件】|【打印】选项，弹出如图 4-57 所示的【打印】对话框。在该对话框中，可对幻灯片的打印份数、打印版式、打印模式以及打印颜色等进行设置。

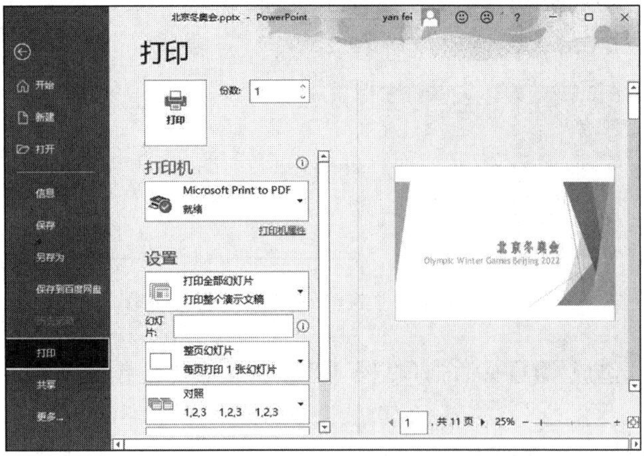

图 4-57 【打印】对话框

综合实训

实训一 利用 PowerPoint 2016 制作演示文稿，要求如下。

(1) 为当前演示文稿套用设计主题“极目远眺”。

(2) 第 2 张幻灯片采用“两栏内容”版式，添加图片“XXX.jpg”，在右侧图表位置插入表格，将表格文字字号设置为 29。

(3) 第 3 张幻灯片采用“标题和内容”版式，背景设置为浅蓝色。

(4) 在第 4 张幻灯片中插入艺术字“微博的影响”，并设置艺术字效果；在其右下角插入按钮，在放映过程中单击该按钮可以跳转到第 2 张幻灯片。

实训二 打开演示文稿后新建一张标题幻灯片，然后完成以下操作。

(1) 插入一张新幻灯片，版式为“标题幻灯片”，并完成如下设置：

设置主标题为“图片浏览”，字形为“倾斜”，字号为 72；设置副标题为“图片一”；超链接为【下一张幻灯片】。

(2) 插入一张新幻灯片，版式为“空白”，并完成如下设置：

插入图片“XXX.gif”，设置图片的高度为 10.48 厘米，宽度为 20.96 厘米；插入一个横排文本框，设置文本内容为“图片二”；超链接为【下一张幻灯片】。

(3) 插入一张新幻灯片，版式为“空白”，并完成如下设置：

插入图片“XXX.gif”，设置图片的高度为 11.83 厘米，宽度为 15.77 厘米。

实训三 启动 PowerPoint 2016，打开实训一创建的演示文稿，新建一个标题幻灯片，然后完成以下操作。

(1) 删除最后一张幻灯片，并将第 2 张幻灯片与第 3 张幻灯片互换位置。

(2) 为所有幻灯片应用“丝状”主题。

(3) 为第 2 张幻灯片文本区中的文字建立超链接，分别指向具有相应标题的幻灯片。

(4) 在第 1 张幻灯片的副标题位置输入日期“202X 年 XX 月 XX 日”，并设置该日期的动画效果为百叶窗，单击时开始播放。

实训四 打开实训二创建的演示文稿，然后完成以下操作。

(1) 将所有幻灯片背景填充效果预设为“绿色”。

(2) 除标题幻灯片外，在其他幻灯片中添加幻灯片编号。

(3) 为第 2 张幻灯片文本区中的各行文字建立超链接，分别指向具有相应标题的幻灯片。

(4) 在最后一张幻灯片的右下角添加“第一张”动作按钮，超链接指向第 1 张幻灯片。

实训五 打开实训一创建的演示文稿，然后完成以下操作。

(1) 为所有幻灯片添加主题，主题为“顶峰”。

(2) 设置所有幻灯片切换方式为“揭开”，每隔 10 秒自动换页。

(3) 为最后一张幻灯片设置自定义动画，标题效果为单击时自右侧飞入，正文内容效果为单击时每个段落分批出现。

(4) 将第 1 张幻灯片中的图片超链接到“http://www.baidu.com”。

实训六 创建“西藏风光”演示文稿，收集文字素材及图片，完成以下操作。

(1) 使用“暗香扑面”主题。

(2) 在【页眉和页脚】中设置:页脚为“西藏风光”,显示幻灯片编号,以上内容在标题幻灯片中不显示。

(3) 在第 2 张幻灯片中,给文字“西藏最美风格”添加超链接,使之链接到第 4 张幻灯片。

(4) 在第 2 张幻灯片中插入图片“林芝.jpg”,添加动画效果,使之在单击时从左侧飞入。

(5) 将第 2 张幻灯片的版式设置为“标题和竖排文字”。

(6) 将第 3 张幻灯片的切换方式设置为“百叶窗”。

(7) 在第 4 张幻灯片中添加一个自定义按钮,使之能返回到第 2 张幻灯片,并在按钮上添加文字“返回”。

实训七　打开实训二创建的演示文稿,然后完成以下操作。

(1) 所有幻灯片应用设计模板“波形”。

(2) 设置第 1 张幻灯片标题的动画效果为盒状,方向缩小。

(3) 设置所有幻灯片显示固定的日期“2012 年 10 月 19 日”及幻灯片编号(注:先插入日期,后插入编号)。

(4) 在最后一张幻灯片的右下角插入一个“第一张”动作按钮,超链接指向首张幻灯片。

实训八　使用 PowerPoint 2016 制作“工作汇报”演示文稿,完成以下操作。

(1) 创建“工作汇报”演示文稿,并为所有的幻灯片设置统一背景。

(2) 在幻灯片母版中调整并删除多余的标题页,然后插入一个自定义内容页。

(3) 通过应用版式,在多个幻灯片中同时插入相同的图标。

(4) 利用占位符在演示文稿的不同幻灯片页面中插入相同尺寸的图片。

(5) 在演示文稿中插入一个横排文本框,并设置文本字符间距。

(6) 在演示文稿中插入一个横排文本框,并设置文本的行距。

(7) 在演示文稿中使用图像修饰幻灯片页面。

(8) 裁剪演示文稿中插入的图片。

(9) 删除演示文稿中图片的背景。

(10) 调整演示文稿中图片的图层位置。

(11) 在演示文稿中通过插入形状绘制一个矩形和两个圆形形状。

(12) 设置幻灯片中插入形状的填充与线条格式。

(13) 在演示文稿中使用蒙版修饰幻灯片页面效果。

(14) 为演示文稿的所有幻灯片统一设置“棋盘”切换效果。

(15) 为演示文稿的目录页文本框添加超链接。

(16) 在演示文稿中设置动作按钮。

实训九　使用 PowerPoint 2016 制作“宣传文稿”演示文稿,完成以下操作。

(1) 在 PowerPoint 2016 中创建一个空白演示文稿,并将其以名称“宣传文稿”保存。

(2) 为演示文稿的所有幻灯片设置统一背景。

(3) 在幻灯片母版中调整并删除多余的标题页,然后插入一个自定义内容页。

(4) 通过应用版式,在多个幻灯片中同时插入相同的图标。

(5) 将演示文稿的母版尺寸设置为 16∶9。

(6) 在演示文稿的第一张幻灯片中插入图片,并裁剪该图片。

(7) 删除演示文稿中插入的图片的背景。

(8) 在幻灯片页面中绘制【直线】形状,设置幻灯片中插入形状的线形与线条颜色。

(9) 在演示文稿中插入一个横排文本框,并设置文本字符间距。

(10) 在演示文稿中插入一个横排文本框,并设置文本的行距。

(11) 在演示文稿中利用智能网格线对齐页面中的元素。

(12) 在演示文稿中设置文本框纵向分布、靠右对齐。

(13) 在演示文稿的第 3 张幻灯片中插入 4 张图片,并横向分布、对齐。

(14) 为插入幻灯片母版中的图片设置内部链接。

(15) 在演示文稿中为图片设置电子邮件链接。

第五章 计算机网络应用

内容与要求

本章主要介绍了信息检索、电子邮件的使用和常用网络命令的使用这三部分内容。在信息检索部分介绍了浏览器的使用方法和配置、搜索引擎的使用方法以及中国知网数据库的使用方法；在电子邮件的使用部分介绍了电子邮箱的申请和配置方法、邮件客户端Outlook的使用方法；在常用网络命令的使用部分介绍了ipconfig、ping、tracert、netstat等网络命令的使用方法。

通过本章的学习，学生应能够综合运用各类信息检索工具解决学习和工作中的各类问题，具备信息获取、信息分析和利用的综合能力；能够掌握电子邮箱的申请方法，掌握邮件客户端Outlook的使用方法，具备使用电子邮件的基本能力；能够掌握一些常用网络命令的功能、语法格式、参数含义，能够根据网络命令执行的结果分析网络状态，具备网络维护的基本能力。

本章的思维导图

- 计算机网络应用
  - 项目一　信息检索
    - 任务1　浏览器的基本操作和设置
    - 任务2　谷歌浏览器扩展程序的安装
    - 任务3　搜索引擎的使用
    - 任务4　中国知网数据库的使用
  - 项目二　电子邮件的使用
    - 任务1　申请邮箱
    - 任务2　邮件客户端Outlook的配置
    - 任务3　使用Outlook发送和接收邮件
    - 任务4　设置电子邮件的自动应答
    - 任务5　新建和管理联系人
  - 项目三　常用网络命令的使用
    - 任务1　ipconfig命令的使用
    - 任务2　ping命令的使用
    - 任务3　tracert命令的使用
    - 任务4　netstat命令的使用

项目一　信息检索

项目描述

本项目的学习目标是掌握常用浏览器的使用方法和基本配置，掌握利用搜索引擎检索信息的方法，掌握中国知网数据库的使用方法。

通过本项目的学习，学生应能够综合运用信息检索的基本工具。在实际的学习和工作中，学生应能够根据实际需求，选择最合适的检索工具和检索系统，使用最准确的检索方法与检索策略，从而花费最少的时间和费用检索出与之匹配的信息，并对信息进行有效利用，提高信息获取、信息分析和利用的综合能力，为其他课程的学习和进一步的科学研究奠定基础。

项目相关知识介绍

1. 浏览器的基础知识

浏览器是用来检索、展示以及传递 Web 信息资源的应用程序，在计算机软件中占有极其重要的地位。

世界上第一款浏览器 World Wide Web(后改名为 Nexus)由蒂姆·伯纳斯·李(万维网发明者，获 2016 年度图灵奖)于 1989 年创建。

1993 年，互联网历史上第一款图形界面的浏览器 Mosaic 面世，Mosaic 的面世是互联网历史的一次巨大的变革。

1994 年 12 月，网景公司推出了第一款商业化浏览器 Netscape，该浏览器一上市就受到了用户的欢迎。

1995 年 8 月 24 日，微软公司发布了 Internet Explorer 1.0(简称 IE 1.0)，作为 Windows 95 的插件形式出现，开启了浏览器大战。经过几年的竞争，微软公司的 IE 浏览器完胜 Netscape 浏览器，在浏览器市场中处于统治地位。

随着互联网技术的发展，互联网巨头纷纷推出自己的浏览器，微软公司 IE 浏览器的霸主地位动摇，浏览器市场呈现百家争鸣现象。2003 年 1 月，苹果公司发布了 Safari 公开测试版；2004 年 11 月，Mozilla 组织发布 Firefox 1.0(火狐浏览器)；2008 年 9 月，谷歌公司发布 Google Chrome 测试版。目前，浏览器向移动端、跨平台、社交化等方向发展。

经过多年的发展，目前主流的浏览器有以下几款。

(1) IE 浏览器

IE 浏览器是微软公司推出的 Windows 系统自带的浏览器，它的内核是由微软公司独立开发的，简称 IE 内核。该浏览器只支持 Windows 平台。Internet Explorer 桌面应用程序于 2022 年 6 月 15 日停止维护更新，取代它的是 Microsoft Edge。国内大部分的浏览器，都是在 IE 内核基础上提供了一些插件，如 360 浏览器、搜狗浏览器等。

(2) Chrome 浏览器

Chrome 浏览器又称为谷歌浏览器，是由谷歌公司在开源项目的基础上独立开发的一款浏览器。Chrome 浏览器提供了很多方便开发者使用的扩展程序，是现在很受欢迎的一款浏览器。Chrome 浏览器不仅支持 Windows 平台，还支持 Linux、Mac 平台，同时提供了移动端的应用(Android 和 iOS 平台)。

(3) Firefox 浏览器

Firefox 浏览器又称为火狐浏览器，是开源组织提供的一款开源的浏览器。Firefox 浏览器开源了浏览器的源码，同时提供了很多插件，方便了用户的使用，支持 Windows 平台、Linux 平台和 Mac 平台。

(4) Safari 浏览器

Safari 浏览器是苹果公司为 Mac 平台量身打造的一款浏览器，主要应用于 Mac 和 iOS 平台。

(5) Microsoft Edge 浏览器

Microsoft Edge 浏览器(简称 ME 浏览器)是由微软公司开发的基于 Chromium 开源项目及其他开源软件的网页浏览器。2015 年,微软公司将推出的全新浏览器命名为 Microsoft Edge,内置于 Windows 10 中,用于取代 IE 浏览器。ME 浏览器支持桌面平台和移动平台。

2. 搜索引擎

搜索引擎是一种帮助用户在因特网上查询信息的系统。搜索引擎按工作方式主要可分为三种:全文搜索引擎、目录索引类搜索引擎和元搜索引擎。其中,全文搜索引擎使用率最高,常用的有百度、搜狗、谷歌等。

百度是全球最大的中文搜索引擎,可以通过搜索关键词,快速找到相关的搜索结果。除网页搜索外,百度还提供图片、文库、地图、视频、知道等多样化的搜索服务,提供以百度贴吧、百度知道、百度百科为代表的搜索社区服务。百度搜索非常简单,只需要在搜索框内输入需要查询的内容,就可以得到最符合查询需求的网页内容。搜索引擎的智能化,使得用户不需要经过专业的培训就能够完成一次检索。不过要提高检索效率,还是需要掌握一些技巧的。

(1) 选择合适的查询词

最基本最有效的搜索技巧就是选择合适的查询词。百度严格按照每一个用户提交的查询词进行搜索。因此,准确的查询词是获得良好搜索结果的必要前提。目前的搜索引擎还不能很好地处理自然语言,因此在提交搜索请求时,最好先把自己的想法提炼成简单而且与信息内容主题关联的查询词。

(2) 搜索论文

通过百度找论文通常有两种途径:一种途径是网上有很多收集论文的网站,先通过搜索引擎找到这些网站,然后在这些网站上查找自己需要的资料;另一种途径是直接搜索某个专题的论文。

一般的论文都有一定的格式,如标题、正文、附录、论文关键词和论文摘要等。其中,关键词和摘要是论文的特征词汇,而论文主题通常会出现在网页标题中。我们可以将论文的主题作为关键词,利用搜索引擎来搜索论文。

(3) 搜索特定格式的文档

利用某个关键词来搜索,有时搜索结果会很多。如果要从中筛选出更权威、信息量更大的搜索结果,需要限定特殊格式的文档。例如,一些专业性的文档通常使用 PDF 格式,如果限定 PDF 格式,结果可能会精确一些。

(4) 百度快照

如果无法打开某个搜索结果或者打开速度特别慢,可以使用百度快照。每个被收录的网页,百度都存有一个纯文本的备份,称为百度快照。打开百度快照速度较快,可以通过“快照”快速浏览页面内容。不过百度快照只保留网页的文本内容,所以对于图片、音乐等非文本信息,快照页面需要调用原网页。

(5) 相关搜索

搜索结果不佳可能是因为选择的查询词不妥当。此时,我们可以参考别人是怎么搜索的。百度的相关搜索列出了和用户的查询词很相似的一系列词组。

3. 专业数据库

利用搜索引擎检索信息,很容易被海量的冗余信息所包围,难以辨别和取舍。此时需要使用各类专业数据库。专业数据库作为面向学术服务的数字化资源，能确保所提供知识的专业性、准确性、可借鉴性和实用性，可帮助用户进行知识鉴别和精选，用户可以直接将专业数据库中的知识拿过来参考，这也是专业数据库和目前网络中大量免费资源以及大部分搜索引擎所提供知识的最大区别。

专业数据库包括期刊全文数据库、图书数据库、会议论文数据库、学位论文数据库及相应的文摘库等。我们经常用的中文数据库有 CNKI 中国期刊全文数据库、维普中文科技期刊数据库、万方的中国数字化期刊群、超星数字图书馆等，外文数据库有 EI、SCI、IEEE、Elsevier 等。

知网又称为中国知网，是综合性的大型数据库，由清华大学、清华同方于 1999 年 6 月发起，网址为 https://www.cnki.net/。知网包含中国期刊全文数据库、中国优秀博硕士学位论文全文数据库、中国重要会议论文全文数据库、中国重要报纸全文数据库、中国统计年鉴数据库、中国精品文艺作品期刊文献库、中国法律知识资源总库等多个数据库，是全球最大的知识资源全文数据库集群。知网覆盖的学科范围包括自然科学、工程技术、人文与社会科学等，全面集中反映了中国科技、经济、政治、社会、文化各方面的研究成果与发展动态。该平台利用知识管理与知识挖掘技术，将文献资源组织成内容关联的知识网络，支持群体互动的数字化学习与数字化研究，支持知识管理与知识服务。

实验主要内容

任务 1 浏览器的基本操作和设置

本任务的主要内容是掌握浏览器的基本使用方法，包括了解浏览器的工作界面、网页浏览、网页保存以及浏览器的外观、隐私设置和安全性、搜索引擎等各项设置。

第五章-项目一-任务 1、2

操作步骤：

(1) 启动谷歌浏览器，在地址栏里输入网址 www.sxie.edu.cn，就可以打开如图 5-1 所示的山西能源学院主页。

图 5-1 网站打开

(2) 打开需要保存的网页后，单击右上角【自定义及控制】菜单项，在弹出的菜单中选择【更多工具】中的【网页另存为】选项，然后在弹出的对话框中选择存储位置、文件名、保存类型，单击【确定】按钮，完成文件的保存。保存网页的操作如图 5-2 所示。

图 5-2 网页保存

(3) 打开右上角【自定义及控制】菜单中的【设置】选项，如图 5-3 所示。在打开的如图 5-4 所示的窗口中可以完成浏览器包括外观、主页、开始界面、扩展程序等各种设置。

图 5-3 【设置】选项

图 5-4 【设置】窗口

(4) 在【设置】窗口中单击左侧的【隐私设置和安全性】选项，打开如图 5-5 所示的窗口，在该窗口中能够完成浏览网页时有关隐私和安全的设置。在【清除浏览数据】选项中，可以设置无痕浏览、清除历史记录、清除缓存图片和文件等功能；在【Cookie 及其他网站数据】选项中，可以设置是否允许或者阻止第三方的 Cookie；在【安全】选项中，可以设置安全保护的级别，包括增强型保护、标准保护和不保护；在【网站设置】选项中，可以控制网站使用和显示哪些信息（如位置信息、摄像头、弹出式窗口及其他）。

图 5-5　隐私设置和安全性

（5）在【设置】窗口中单击左侧的【外观】选项，打开如图 5-6 所示的窗口，在该窗口中能够完成主题背景、主页、字体、字号、网页缩放等有关外观的设置。

图 5-6　外观设置

（6）在【设置】窗口中单击左侧的【搜索引擎】选项，打开如图 5-7 所示的窗口，在该窗口中能够完成默认搜索引擎的设置。

（7）在【设置】窗口中单击左侧的【启动时】选项，打开如图 5-8 所示的窗口，在该窗口中设置启动浏览器程序后显示的开始页面。

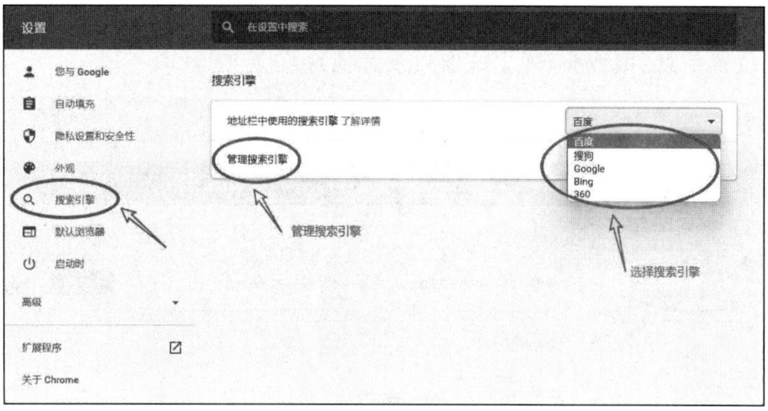

图 5-7　搜索引擎设置

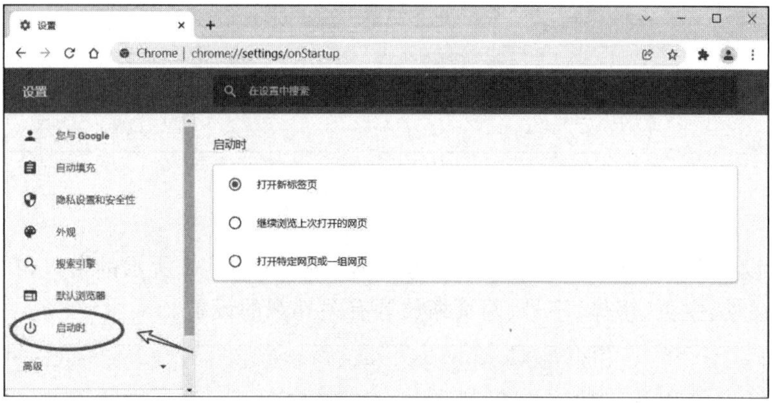

图 5-8　启动时设置

（8）在【设置】窗口中单击左侧的【高级】选项，打开如图 5-9 所示的窗口，在该窗口中设置语言、下载时文件保存的位置、一些无障碍功能（实时字幕、使用文本光标浏览网页）、硬件加速、还原默认设置等。

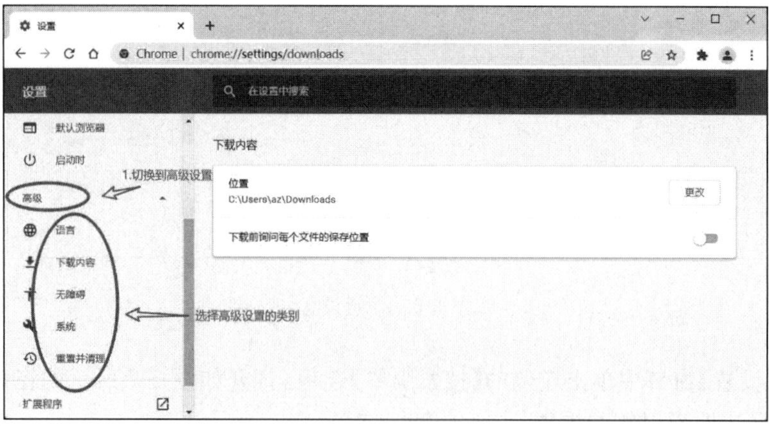

图 5-9　高级设置

任务 2　谷歌浏览器扩展程序的安装

扩展程序是一个可以修改和增强谷歌浏览器功能的小型软件程序，扩展程序几乎没有用户界面(只有一个小图标)。Chrome 扩展程序被打包成一个单一的文件(后缀名为.crx)。

本任务的主要内容是掌握谷歌浏览器扩展程序的安装与使用方法。扩展程序可以采用离线安装方式或者使用应用商城在线安装方式，本任务采用离线安装方式。

操作步骤：

(1) 下载好需要安装的扩展程序，一般是.crx 格式或者.zip 格式文件。常用的扩展程序非常多，如捕捉网页截图插件 FireShot、油猴脚本插件 Tampermonkey 等。

(2) 单击网页右上角【自定义及控制】菜单项，在弹出的菜单中选择【更多工具】中的【扩展程序】选项，如图 5-10 所示，即可启动 Chrome 浏览器的扩展程序界面。

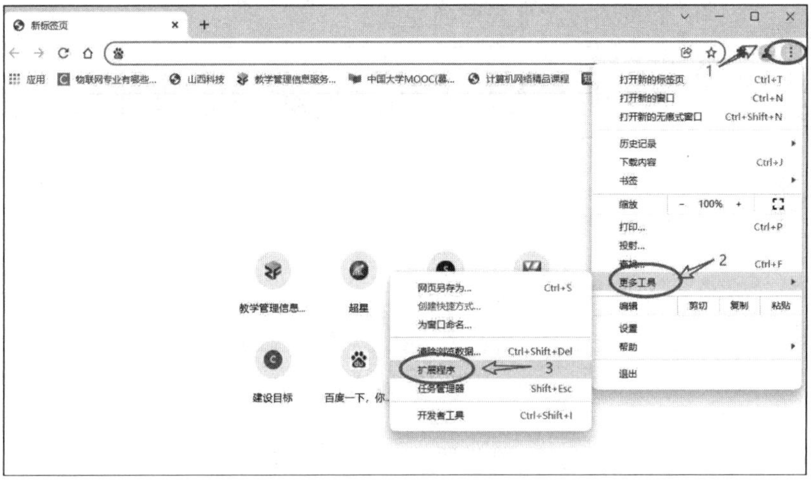

图 5-10　扩展程序管理器

(3) 在如图 5-11 所示的扩展程序页面中，开启“开发者模式”。

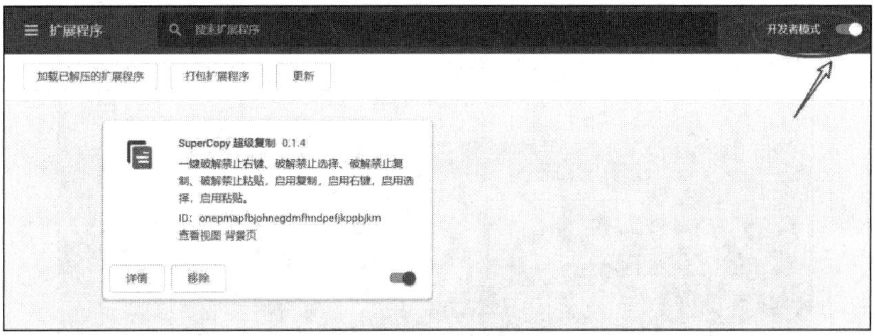

图 5-11　开发者模式

(4) 将已经下载好的 Chrome 扩展程序离线安装文件(本任务以 Infinity 新标签页扩展程序的安装为例)，从资源管理器中拖动到 Chrome 浏览器的扩展程序界面中。此时在如图 5-12 所示的扩展程序界面的中央部分会多出一个【拖放以安装】的插件按钮，点击继续。

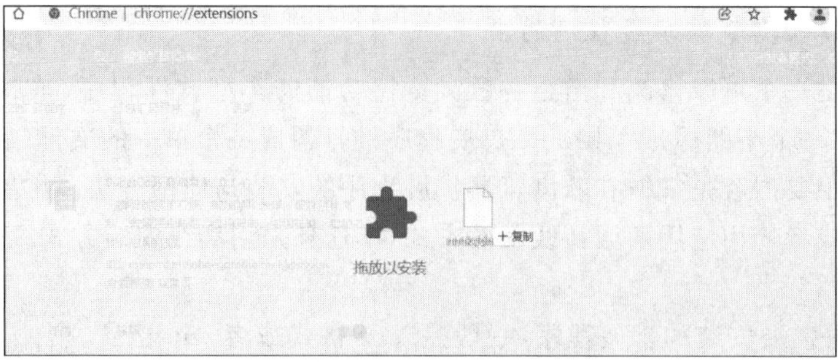

图 5-12　拖放安装扩展程序

(5) 在弹出的如图 5-13 所示的【要添加“Infinity 新标签页(Pro)”吗?】对话框中,单击【添加扩展程序】按钮,即可完成扩展程序的安装。

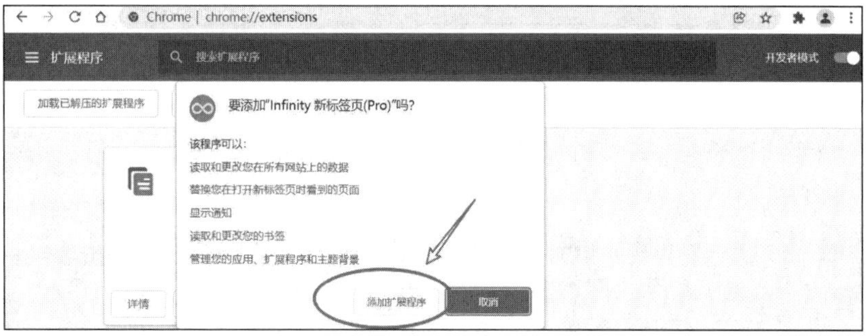

图 5-13　添加扩展程序

(6) 重新启动 Chrome 浏览器,浏览器的初始页已经变成如图 5-14 所示的新标签页。在浏览器地址栏的右侧单击【扩展程序】图标,即可打开已经安装的扩展程序列表,可以显示用户安装的扩展程序。

图 5-14　查看安装的扩展程序

任务 3　搜索引擎的使用

百度是全球最大的中文搜索引擎,用户可以在其中通过搜索关键词快速找到相关的搜索结果。本任务的主要内容是掌握百度搜索引擎检索信息的方法，主要内容包括一般查询的使用方法和高级查询的使用方法。

第五章-项目一-任务3

操作步骤：

（1）打开某个浏览器，在地址栏里输入网址 https://www.baidu.com/，即可打开如图 5-15 所示的百度搜索引擎主页。

图 5-15　百度主页

（2）在文本框里输入要检索的关键词，如输入"智慧校园 5G 技术"，单击【百度一下】按钮，就搜索出关键词是"智慧校园 5G 技术"的网页。搜索结果如图 5-16 所示。

图 5-16　关键词检索结果

（3）单击搜索框右侧的【设置】，在弹出的菜单中选择【高级搜索】，就可以打开【高级搜索】选项。具体方法如图 5-17 所示。

（4）在如图 5-18 所示的【高级搜索】选项中，可以设置精确查询、模糊查询、包含完整关键词、不包括关键词、搜索网页格式、时间、关键词位置、指定的网站等多项功能。设置好高级搜索各个所需的选项后，单击【高级搜索】按钮，就可以按照所设参数完成精确的搜索。

（5）在一般搜索时，搜索关键词加上一些符号也可以实现部分高级搜索功能。在关键词上加上英文半角双引号，可以实现基于关键词的精确查询；在关键词前面加上减号，可以

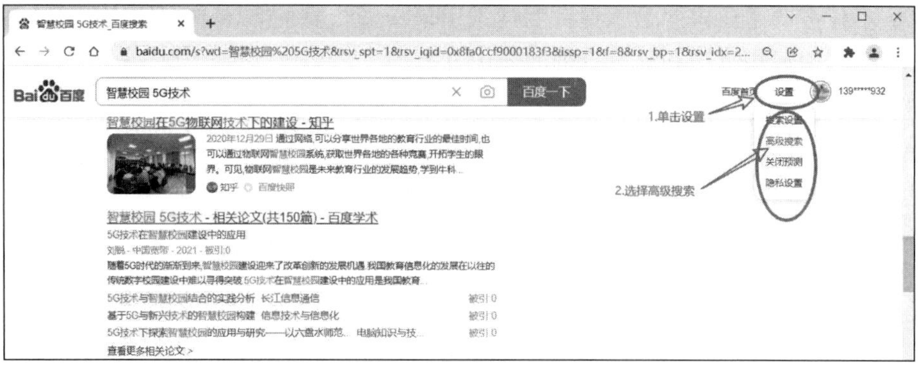

图 5-17　高级搜索打开方法

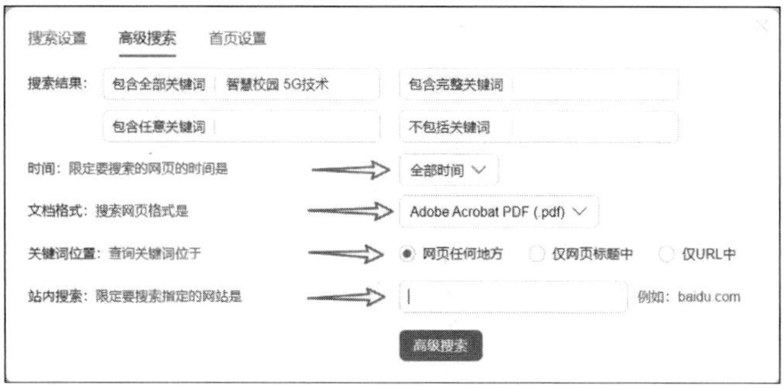

图 5-18　【高级搜索】选项

实现不包括该关键词的查询；在关键词前面加上 intitle:，可以将搜索范围限定在网页标题中；在搜索框中加上 filetype:文件后缀名，可以实现搜索特定类型的文件。例如，搜索标题中包含“物联网”关键词且文件类型为 PDF 格式的搜索结果如图 5-19 所示。

图 5-19　利用符号实现的高级搜索

(6) 除了搜索网页以外，百度还可以搜索图片、视频、文库、贴吧、翻译、学术等不同类别的资源。在百度首页左侧，单击【更多】选项，可以切换到相应的类别。具体操作如图 5-20 所示。

图 5-20　不同的搜索类别

任务 4　中国知网数据库的使用

中国知网是全球最大的知识资源全文数据库集群，具有覆盖的学科范围广、使用率高等特点。本任务的主要内容是掌握利用知网检索学术资源的方法，具体包括一框式文献检索、高级检索、知识元检索、引文检索等。

第五章-项目一-任务 4

操作步骤：

(1) 打开某浏览器，在地址栏中输入 https://www.cnki.net/，可以凭机构用户登录账号、注册会员、IP 登录或者合作网站账号登录知网数据库。操作方法如图 5-21 所示。

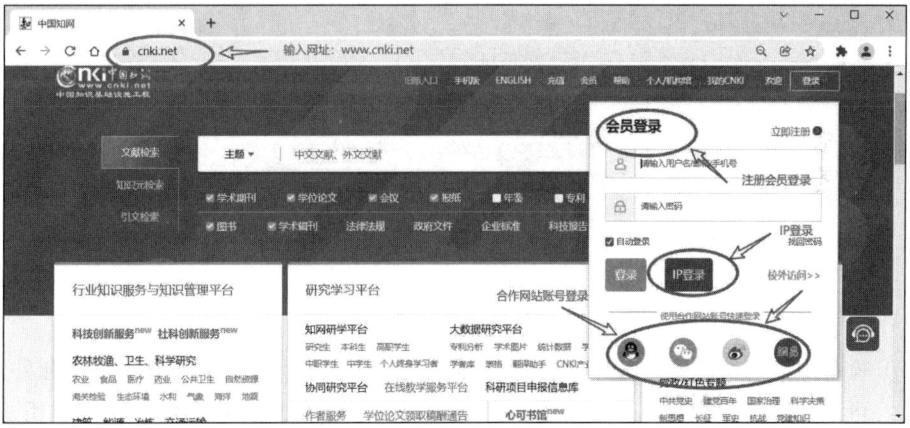

图 5-21　知网登录

(2) 知网所有文献都提供 CAJ 文件格式，特别是博硕士论文没有 PDF 格式，需要使用 CAJ 全文浏览器才能阅读。在知网页面的底部找到 CNKI 常用软件下载的链接，下载安装 CAJ 全文浏览器、全球学术快报等所需工具软件。操作过程如图 5-22 所示。

(3) 知网可以进行文献检索、知识元检索和引文检索，使用最多的是文献检索。文献检索最常使用一框式文献检索。其一般步骤是首先选择文献检索，然后输入检索的关键词。

(4) 选择检索的范围，可以跨库检索，包括学术期刊、学位论文、报纸、会议、年鉴等各类型数据库的统一跨库检索，也可以选择单一数据库检索。

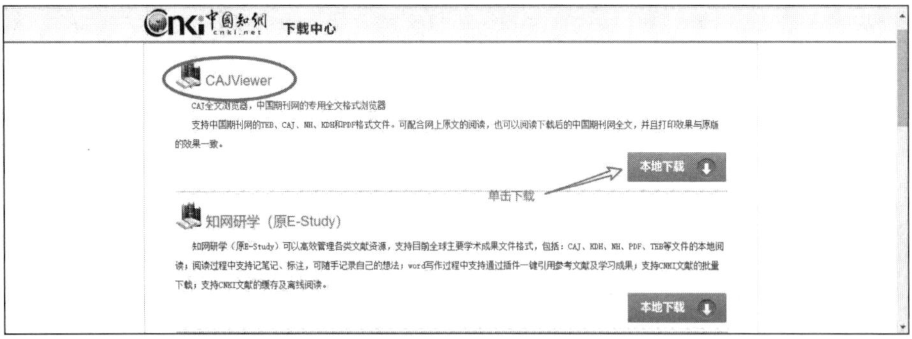

图 5-22　知网工具下载

(5) 选择检索项，检索项包括主题、关键词、作者、篇名、摘要、基金等。

(6) 设置好以上各个参数后，单击检索按钮，就可以按照要求显示检索结果。具体的检索步骤如图 5-23 所示。

图 5-23　一框式文献检索

(7) 检索出来的文献数量较多，可按照不同数据库类别分别统计出中文文献和外文文献的数量。可以按照资源数据库类别查看文献检索结果，也可以按照发表时间、被引用、下载等方式排序查看。选定的文献可以下载、阅读或者收藏。检索结果的查看与操作如图 5-24 所示。

(8) 使用高级检索功能更加精确地查找文献，增加多个检索条件，条件之间增加并且、或者、不含三种逻辑关系。同时，还可以增加出版年、被引年、文献来源、支持基金等信息进一步缩小检索范围。在首页点击“高级检索”进入高级检索页，如图 5-25 所示。

(9) 高级检索区主要分为两部分，上半部分为检索条件输入区，下半部分为检索控制区。输入检索关键词“智慧校园”和“5G”，设置好如图 5-26 所示的关键词的检索项和它们之间的关系“并且”后，在检索控制区可以设置出版时间范围、被引来源、检索的数据库等控制信息，单击【检索】按钮即可进行检索。高级检索设置如图 5-27 所示。

图 5-24　检索结果的查看与操作

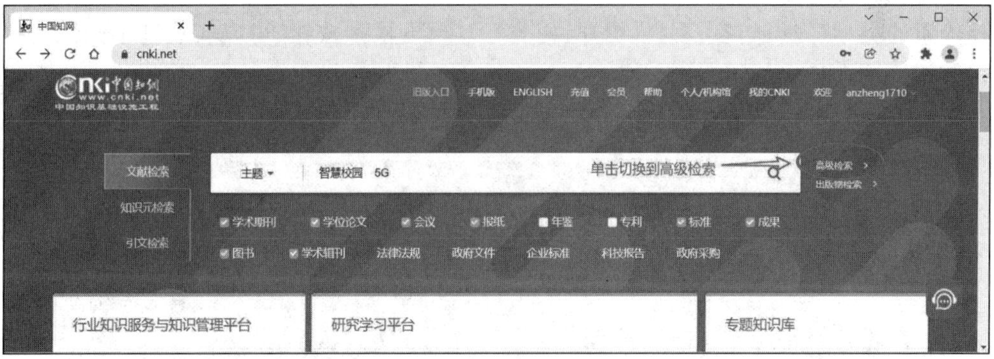

图 5-25　切换高级检索

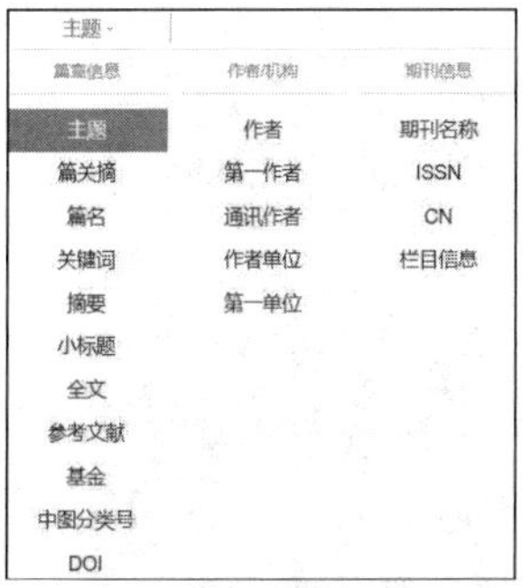

图 5-26　检索项的组成

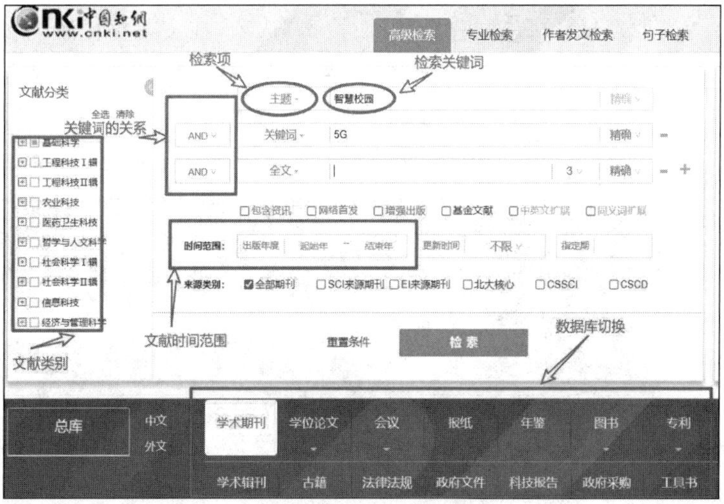

图 5-27　高级检索设置

(10) 在查询到的文献列表中，单击感兴趣的文章，打开阅读后，可以在右侧的工具栏中使用学习笔记、笔记导图、摘录等笔记功能。笔记功能如图 5-28 所示。

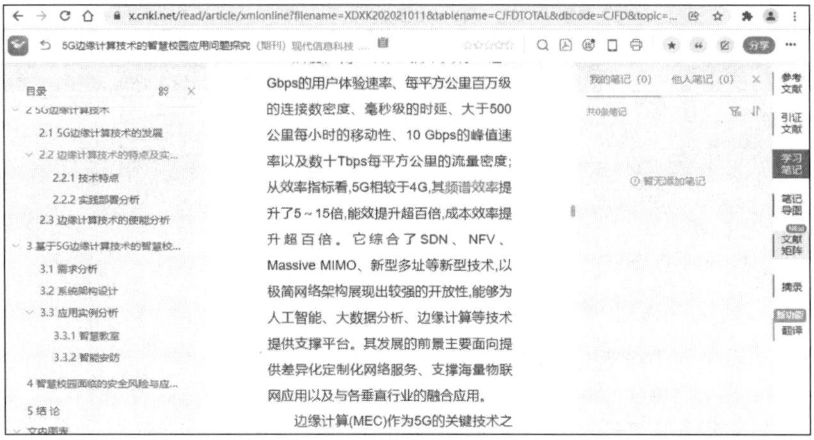

图 5-28　知网笔记功能

(11) 在知网首页选择【知识元检索】选项，在文本框内输入要检索的关键词，在类型中选择检索的类型(知识问答、百科、图片、词典等)，单击检索按钮，可以实现基于知识元的检索。知识元检索步骤如图 5-29 所示。

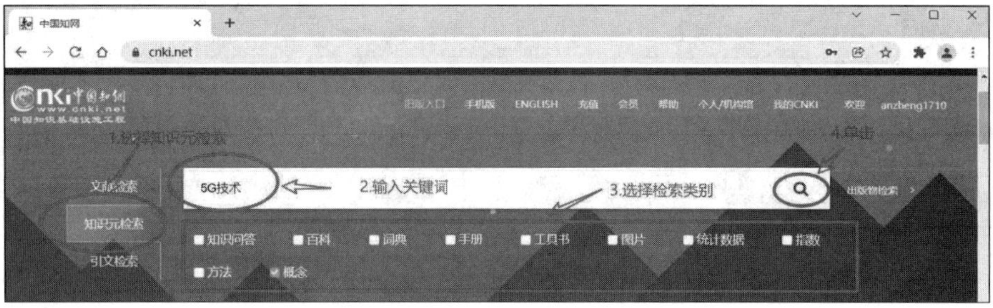

图 5-29　知识元检索

(12) 在知网首页选择【引文检索】选项，在文本框内输入要检索的关键词，在类型中选择检索的类型(被引主题、被引关键词、被引摘要、被引单位等)，单击检索按钮，可以实现引文检索。引文检索步骤如图 5-30 所示。

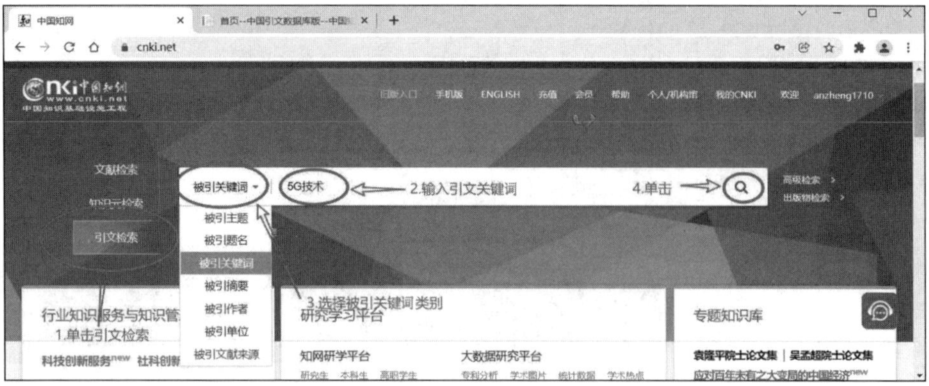

图 5-30　引文检索

项目二　电子邮件的使用

第五章-项目二

项目描述

本项目的学习目标是掌握电子邮箱的申请方法，掌握邮件客户端 Outlook 的配置和使用方法。

通过本项目的学习，学生应能够掌握电子邮箱的申请方法，学会邮件客户端 Outlook 的配置方法，能够熟练使用 Outlook 等邮件客户端软件收发电子邮件。

项目相关知识介绍

电子邮件是一种用电子手段进行信息交换的通信方式，是互联网应用极广的服务之一。通过电子邮件系统，用户可以非常方便地和世界上任何一个角落的网络用户联系。电子邮件极大地方便了人与人之间的沟通与交流，促进了社会的发展。

电子邮件可以是文字、图像、声音等多种形式。同时，用户可以得到大量免费的新闻资讯、专题邮件等信息，也可以实现信息搜索。

在电子邮件系统中，负责电子邮件收发管理的计算机称为邮件服务器，邮件服务器分为发送邮件服务器和接收邮件服务器。

每个用户经过申请，都可以拥有属于自己的电子邮箱。每个电子邮箱都有一个唯一的邮箱地址，邮箱地址的组成形式为：邮箱名@邮箱所在的主机域名。例如，邮箱地址 sxnyxy123@163.com 表示邮箱名为 sxnyxy123，邮箱所在的主机域名为 163.com。

电子邮箱一般由各大邮件服务商提供。邮件服务商主要分为两类：一类主要针对个人用户提供免费个人电子邮箱服务；另外一类针对企业提供付费企业电子邮箱服务。

目前，国内用户使用的免费个人电子邮箱主要有 163 邮箱、新浪邮箱、TOM 邮箱、搜狐邮箱、QQ 邮箱、139 邮箱、GMAIL 邮箱等。这些免费个人电子邮箱一般都提供较大的基础容量(GB 级别)，可发送大附件，提供垃圾邮件过滤、手机收发邮件等服务，能够满足普通用户的需求。

实验主要内容

任务 1　申请邮箱

163 免费邮箱拥有 3G 超大存储空间、速度快、稳定、安全，还有强大的反垃圾能力，是目前全球使用人数最多的中文邮箱。

本任务要求申请一个 163 免费邮箱，并完成邮箱的相应设置。

操作步骤：

(1) 打开浏览器，在地址栏里输入 163 邮件服务器的地址 https://mail.163.com/，在打开的网页上点击“注册网易邮箱”。

(2) 在“欢迎注册网易邮箱”的页面中，按照要求输入邮箱地址、密码以及手机号码，选择邮箱的后缀(163、126 和 yeah 都是网易旗下的免费邮箱)。邮箱注册页面如图 5-31 所示。

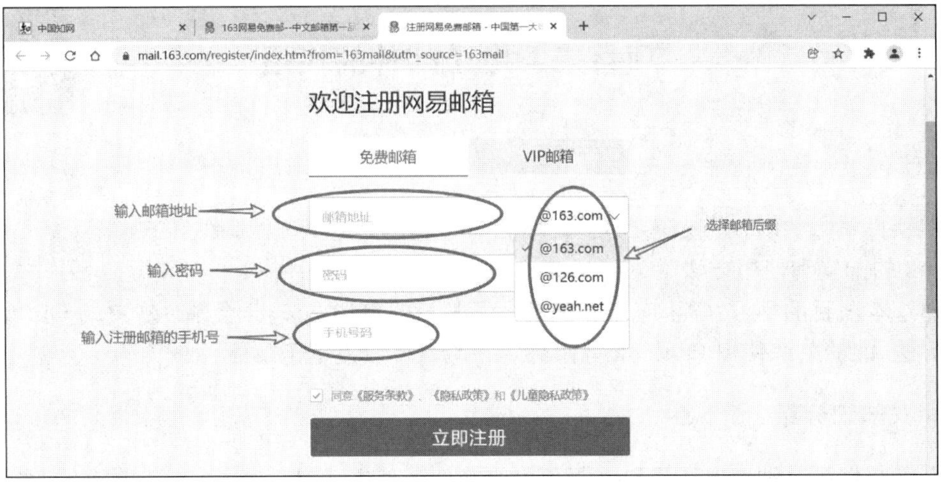

图 5-31　邮箱注册页面

(3) 按照提示短信验证后，出现如图 5-32 所示的注册成功的提示，就完成了 163 邮箱的注册。

图 5-32　邮箱注册完成

(4) 单击【进入邮箱】，可以进行邮箱的基本操作，包括查看邮件、编辑发送新邮件、编辑通讯录及邮箱的设置等操作。

(5) 在如图 5-33 所示的窗口中，首先单击【设置】标签，然后在打开的界面下单击【开启】按钮，可以开启 IMAP 服务和 POP3 服务。在开启 IMAP 服务和 POP3 服务的过程中，需要使用注册时的手机号码进行验证，并且产生如图 5-34 所示的授权码。

提示：这两项服务在使用邮件客户端 Outlook 时需要开启。在开通 IMAP 服务和 POP3 服务后，会弹出一串授权码，授权码只显示一次，一定要及时复制并保存好，该密码是第三方客户端(如 Outlook)的登录密码。

任务 2　邮件客户端 Outlook 的配置

邮件客户端是用来收发、管理电子邮件的邮件服务软件。邮件客户端接收和发送电子邮件常用 POP3、IMAP、SMTP、ESMTP 等协议。使用邮件客户端，用户不需要登录邮箱就可以收发邮件，比采用浏览器登录邮箱方便得多。

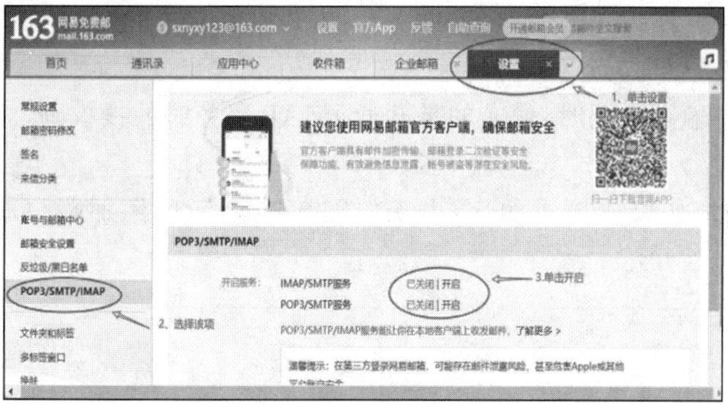

图 5-33　开启 IMAP 服务和 POP3 服务

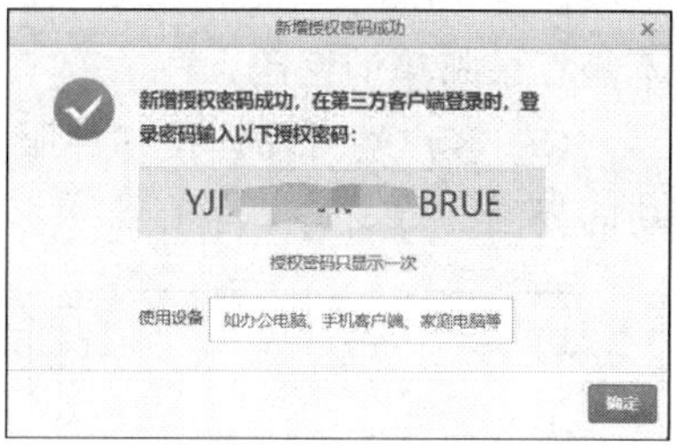

图 5-34　授权码

邮件客户端有很多，目前常用的有 Outlook、Foxmail、DreamMail、eM Client、网易邮箱大师等。这些邮件客户端多数功能强大，一般都具备邮件收发与管理、日程管理、任务安排、联系人管理以及预览部分格式的附件等功能。多数邮件客户端同时具有电脑端和移动端软件。

本任务以使用较为广泛的 Outlook 为例，完成邮件客户端的基本配置。

操作步骤：

(1) 启动 Outlook，添加和配置电子邮件账户。单击【文件】选项卡，选择【信息】选项，在【账户信息】窗口中单击【添加账户】按钮，如图 5-35 所示。

提示：在使用 Outlook 发送和接收电子邮件之前，必须先添加和配置电子邮件账户。

(2) 在弹出的如图 5-36 所示的对话框的电子邮件地址栏内，输入要添加的电子邮件地址，在高级选项中勾选“让我手动设置我的账户”，点击【连接】按钮。

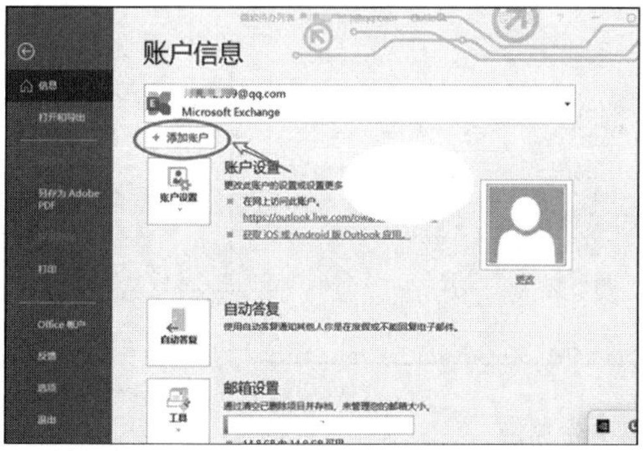

图 5-35　添加账户

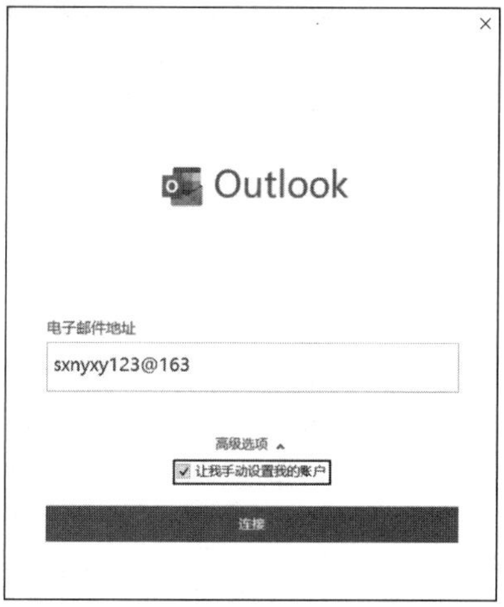

图 5-36　电子邮件地址输入

(3) 在弹出的如图 5-37 所示的【高级设置】对话框中单击“IMAP”，进入下一步。

提示：也可以选择 POP，但是 IMAP 提供邮件服务器与电子邮件客户端之间的同步更新，而 POP 不支持同步更新。

(4) 在【IMAP账户设置】对话框中，输入开通IMAP服务时的授权码，单击【连接】按钮后进入下一步。【IMAP账户设置】对话框如图5-38所示。

注意：在如图5-38所示的窗口中输入密码时，输入的是开通IMAP服务时的授权码，而不是登录邮箱的密码。

(5) 客户端自动连接邮件服务器，如果连接成功，会出现如图5-39所示的添加账户成功的界面。

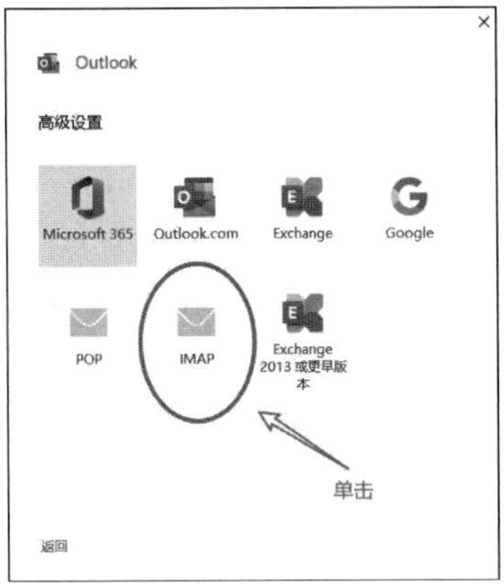

图5-37　高级设置界面

图5-38　【IMAP账户设置】对话框

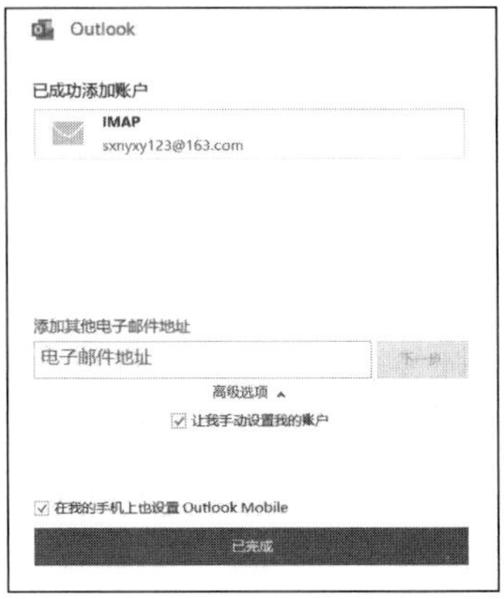

图5-39　账户添加成功界面

提示：如果添加不成功，需要手动设置邮件服务器的地址、端口号、加密方式等参数。

(6) 添加账户成功后，进入如图5-40所示的Outlook工作界面。

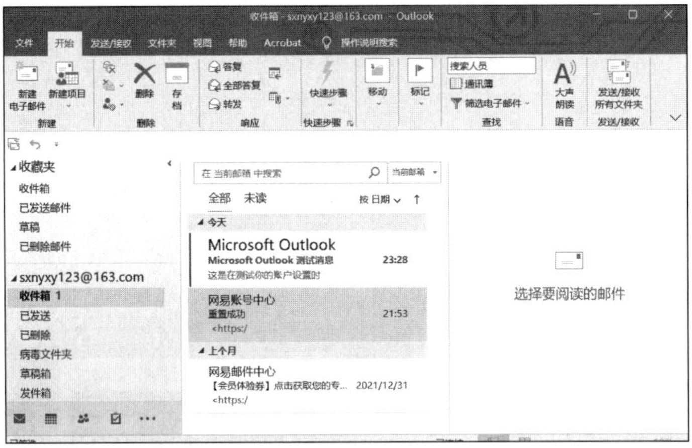

图5-40　Outlook工作界面

任务3　使用Outlook发送和接收邮件

Outlook是微软公司开发的一款邮件客户端软件，可以用它来收发电子邮件、管理联系人信息、记日记、安排日程、分配任务。

本任务要求使用邮件客户端Outlook完成电子邮件的发送和接收。

操作步骤：

（1）打开 Outlook，如果添加过多个邮箱账号，在窗口左侧的文件夹窗格中选择要操作的邮箱账号。

（2）在如图 5-41 所示的窗口中，选择【开始】选项卡，在【新建】组中单击【新建电子邮件】按钮，进入下一步。

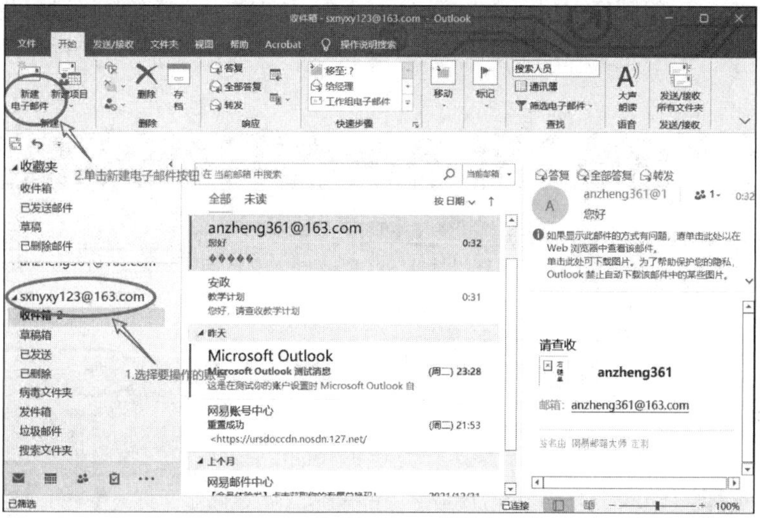

图 5-41　新建电子邮件

（3）在弹出的如图 5-42 所示的【邮件】窗口中撰写要发送的新邮件。在【收件人】文本框中，输入要发送的邮箱地址；在【抄送】文本框中，输入要同时发送的邮件地址，有多个地址用分号隔开；在【主题】文本框中，输入本次发送邮件的标题；在内容编辑区中，输入邮件正文的内容；单击【邮件】选项卡的【添加】组中的【附加文件】按钮，在打开的【插入文件】对话框中找到需要插入的文件。

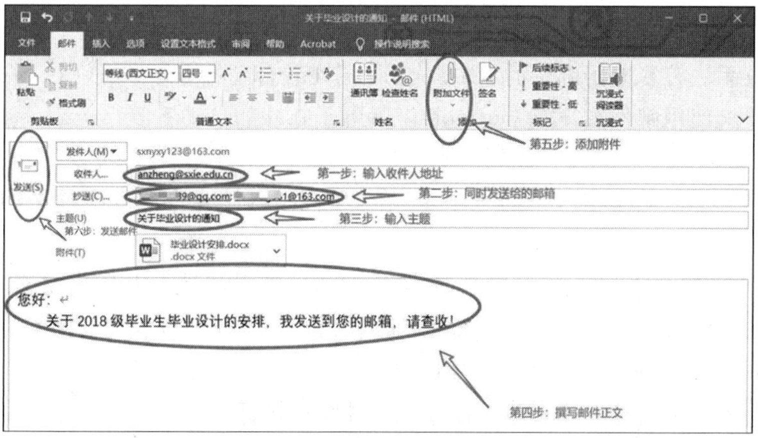

图 5-42　编辑电子邮件

(4) 邮件撰写完成后单击【发送】按钮,Outlook 开始发送电子邮件。单击左侧窗格的“已发送”文件夹,可以查看已发送的电子邮件。

(5) 在【发送/接收】选项卡的【发送和接收】组中单击【发送/接收所有文件夹】按钮,完成接收电子邮件后,单击左侧的文件夹窗格中该账号下的收件箱,在中间的工作区会显示所接收邮件的列表。

(6) 对收件箱中的邮件可以进行筛选,单击【筛选】按钮,在弹出的快捷菜单中可以显示不同类别的邮件,也可以对显示的邮件按照日期、发件人、大小等方式进行排序。具体步骤见图 5-43。

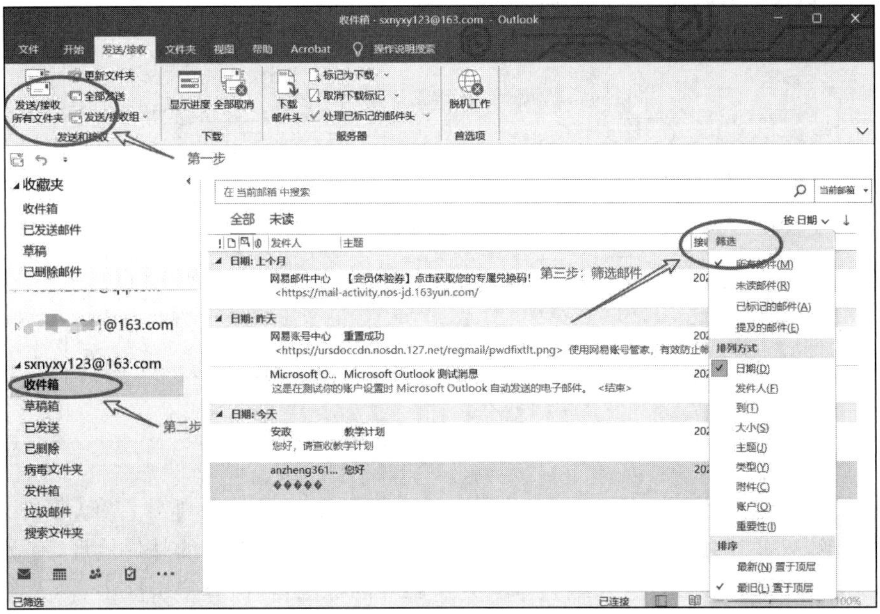

图 5-43　邮件筛选

任务 4　设置电子邮件的自动应答

在外出或无法答复电子邮件时,Outlook 可以设置自动答复。

本任务要求使用邮件客户端 Outlook 设置电子邮件的自动答复。

操作步骤:

(1) 打开 Outlook,单击【文件】选项卡,在如图 5-44 所示的窗口中单击【自动答复】按钮,进入下一步。

(2) 在打开的如图 5-45 所示的窗口中,勾选【发送自动答复】,开启自动答复功能。

(3) 如果选择在某时间段内自动答复,勾选【只在以下时间范围内答复】,并设置开始时间和结束时间;否则,在所有的时间内都自动答复。

(4) 在编辑区输入自动答复的内容后,单击【确定】按钮。

(5) 如果要设置一些复杂的规则,单击【规则】按钮,在打开的对话框中进行具体的设置。

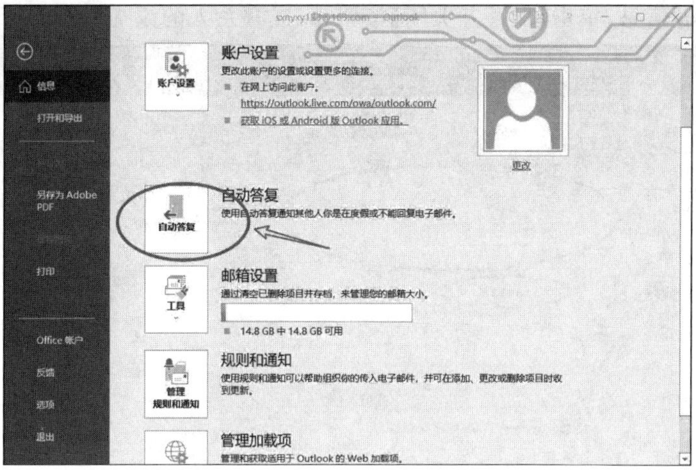

图 5-44　开启自动答复

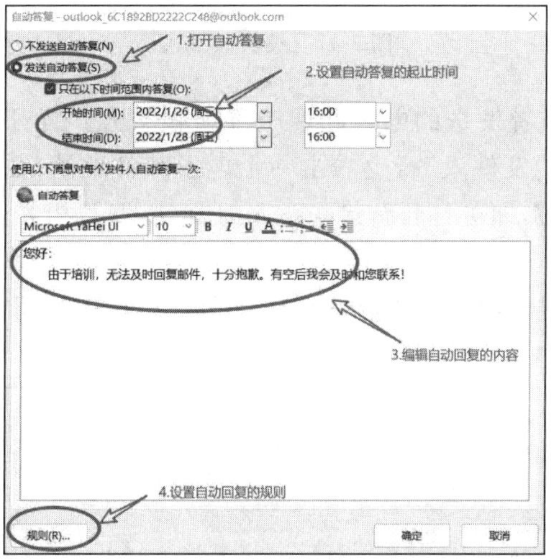

图 5-45　自动答复设置

任务 5　新建和管理联系人

Outlook 不仅可以用来收发电子邮件，还具备管理联系人信息、查看日历、安排日程等功能。

本任务要求使用邮件客户端 Outlook 新建和管理联系人。

操作步骤：

(1) 打开 Outlook，在如图 5-46 所示的窗口中，选择【开始】选项卡，在【新建】组中单击【新建项目】按钮，在下拉菜单中选择【联系人】|【新建联系人】。

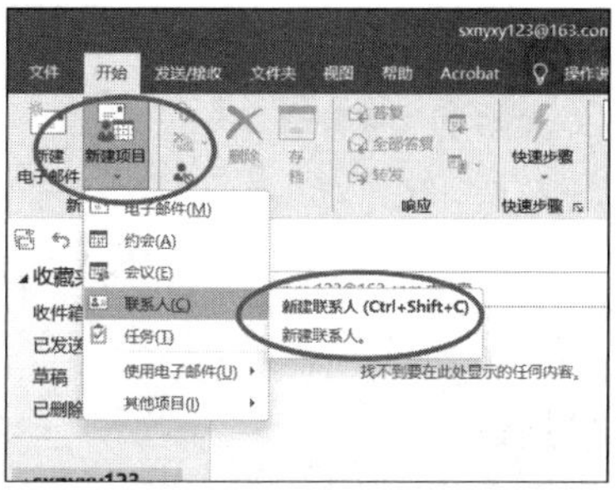

图 5-46　新建联系人

(2) 在打开的如图 5-47 所示的窗口中，填写联系人的姓名、电子邮件地址等基本信息，选择性填写联系人的电话、地址等信息，单击【保存并关闭】按钮，完成联系人的添加。

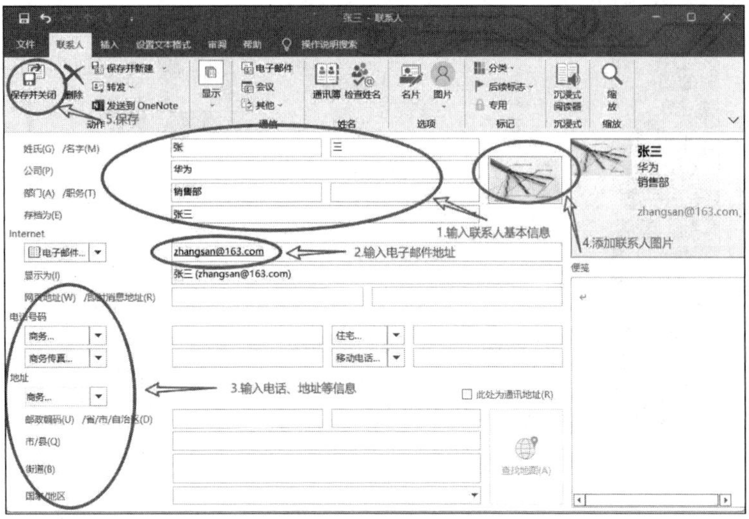

图 5-47　编辑联系人

（3）可以从收到的或者发送的电子邮件中添加联系人。打开某一电子邮件，在“收件人”“抄送”“密件抄送”或“发件人”行上右击一个电子邮件地址，在弹出的快捷菜单中选择【添加到 Outlook 联系人】，即可打开新建联系人的窗口，填写相关信息后，即可完成联系人的添加。

（4）选择【开始】选项卡，在【查找】组中单击【通讯簿】按钮，可以打开如图 5-48 所示的通讯簿窗口。在该窗口中，列出了已经添加的联系人。

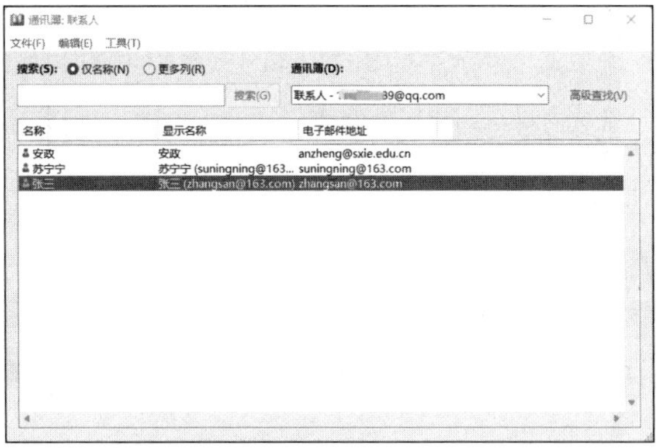

图 5-48　通讯簿

项目三　常用网络命令的使用

第五章-项目三

项目描述

网络命令是普通用户和网络管理员查看网络状态、检测网络运行状况、配置网络参数以及查找排除网络故障的一项重要工具。通过本项目的学习，学生应能够掌握一些常用网络命令的功能、语法格式、参数含义，能够在 Windows 环境下熟练使用网络命令，能够根据网络命令执行的结果分析网络状态。

项目相关知识介绍

在使用网络的过程中，有时需要查看网络状态、检测网络运行状况、配置网络参数以及查找排除网络故障。除了使用各类专用工具软件以外，还可以使用一些网络的基本命令来完成上述工作。网络命令是系统管理员必须要掌握的一些技能。

在日常的使用中，大家应该掌握一些最常用的网络命令，以便于了解、测试、配置自己的计算机网络。常用的网络命令有以下几个。

1. ipconfig 命令

ipconfig 命令的功能是查看以及更新当前计算机的各项网络配置信息，如 IP 地址、默认网关、子网掩码、DNS 服务器、DHCP 服务等信息。

2. ping 命令

ping 命令的功能是测试本机与另一台计算机（可以是远程计算机）的连通性和分析网络状况，是常用的计算机网络诊断命令之一。

3. tracert 命令

tracert 命令的功能是显示 IP 数据包从发送方到接收方的转发路径。利用 tracert 命令可以列出数据包经过的路由节点，以及它在网络中每一个转发节点的延迟。tracert 命令是一个常用的网络诊断工具。

4. netstat 命令

netstat 命令的功能是显示网络连接状态，如可以显示当前正在活动的网络连接的详细信息，可以显示以太网的统计信息、所有协议的使用状态、路由表和网络接口信息，可以让用户得知目前总共有哪些网络连接正在运行。

网络命令一般是在命令行环境下使用的，对于习惯了图形界面的用户而言，虽然有些不太方便，但是网络命令能够完成很多图形界面里面无法实现的功能。同时，网络命令还具有高效、便捷的特点。本项目是在 Windows 环境下运行的，要求掌握最常用的 ipconfig、ping、tracert、netstat 等网络命令的使用方法。

实验主要内容

任务 1　ipconfig 命令的使用

ipconfig 命令是常用的计算机网络命令之一。本任务要求掌握该命令的命令格式以及使用方法。

命令格式：

ipconfig [/参数]

参数说明：

/?	显示帮助消息。
/all	显示完整配置信息。
/release	释放指定适配器的 IPv4 地址。

/release6	释放指定适配器的 IPv6 地址。
/renew	更新指定适配器的 IPv4 地址。
/renew6	更新指定适配器的 IPv6 地址。
/flushdns	清除 DNS 解析程序缓存。
/registerdns	刷新所有 DHCP 租用并重新注册 DNS 名称。
/displaydns	显示 DNS 解析程序缓存的内容。

操作步骤：

(1) 启动 Windows 10 的命令提示符或者 Windows PowerShell。

执行主菜单中的【开始】|【Windows 系统】|【命令提示符】命令。或者右击【开始】按钮，在弹出的快捷菜单中选择【运行】，在打开的对话框中输入命令 CMD，即可以打开如图 4-49 所示的命令提示符窗口。

图 5-49　命令提示符窗口

(2) 在命令提示符窗口的光标处输入命令 ipconfig/all 后按【Enter】键，即可显示本计算机各项网络配置情况。命令执行结果如图 5-50 所示。

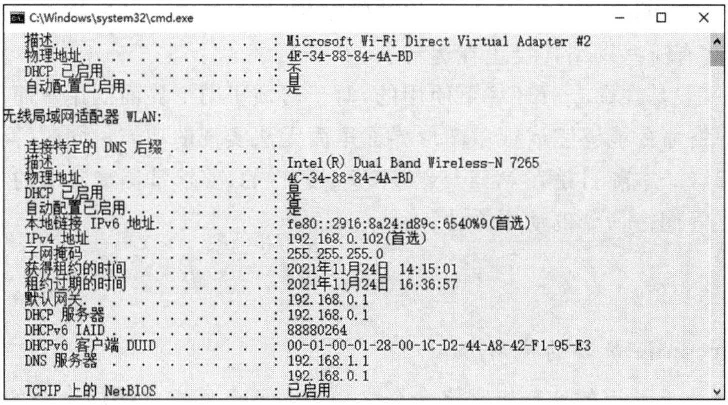

图 5-50　ipconfig 命令执行结果

(3) 加入其他参数可以完成网络某些参数的更新、释放等功能。

任务 2　ping 命令的使用

ping 命令是常用的计算机网络诊断命令之一。本任务要求掌握该命令的命令格式以及使用方法。

命令格式：

ping destination-list [-t] [-a] [-n count] [-l length] [-f] [-i ttl] [-v tos] [-r count] [-s count] [-j host-list] | [-k host-list] [-w timeout]

参数说明：

destination-list	目标主机的 IP 地址或者域名。
-t	不停地 ping 目的主机，直到手动停止(按下 Ctrl+C)。
-a	将地址解析为计算机名。
-n count	发送回送请求 ICMP 报文的次数(默认值为 4)。
-l size	发送缓冲区。默认为 32 字节。
-f	在数据包中发送不要分段的标志，数据包就不会被路由上的网关分段。
-i ttl	将生存时间字段设置为 TTL 指定的值。
-v tos	将服务类型字段设置为 TOS 指定的值。
-r count	在记录路由字段中记录传出和返回数据包的路由。
-s count	计数跃点的时间戳(仅限于 IPv4)。
-j host-list	与主机列表一起使用的松散源路由(仅适用于 IPv4)。
-k host-list	与主机列表一起使用的严格源路由(仅适用于 IPv4)。
-w timeout	等待每次回复的超时时间(毫秒)。

操作步骤：

(1) 启动 Windows 10 的命令提示符或者 Windows PowerShell。

执行主菜单中的【开始】|【Windows 系统】|【命令提示符】命令。或者右击【开始】按钮，在弹出的快捷菜单中选择【运行】，在打开的对话框中输入命令 CMD，即可以打开命令提示符窗口。

(2) 在命令提示符窗口的光标处输入命令 ping www.163.com 后按【Enter】键，出现如图 5-51 所示的 ping 命令执行结果。

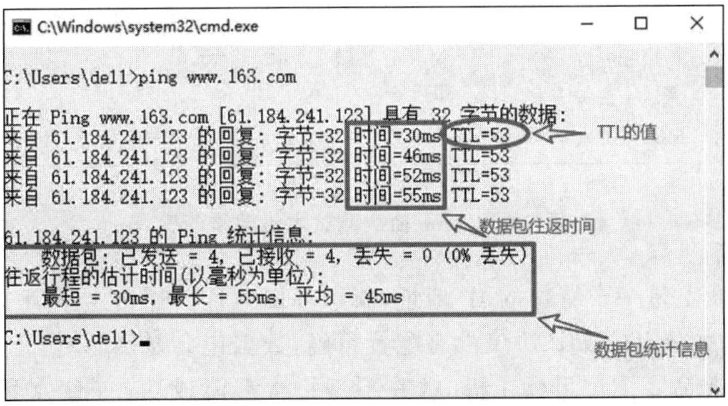

图 5-51 ping 命令执行结果

通过测试结果可以分析本机与网易 Web 服务器的连通性以及连接状态。

在本例中，本机向网易 Web 服务器发送了 4 个测试数据包，网易 Web 服务器返回了 4 个应答数据包，最长的往返时间是 55 ms，最短的往返时间是 30 ms，这说明本机和网易 Web 服务器连通性较好。TTL 值为 53，说明本机的数据包经过了 11 个路由器转发才到达网易 Web 服务器(TTL 初始值为 64,每经过一个路由器 TTL 值减 1)。

(3) ping 命令可以加上一个或者多个参数,如在命令提示符窗口的光标处输入命令 ping www.163.com -n 10 -l 256,表示本机向网易 Web 服务器发送 10 个测试数据包,每个数据包的大小为 256 字节。实验结果如图 5-52 所示。

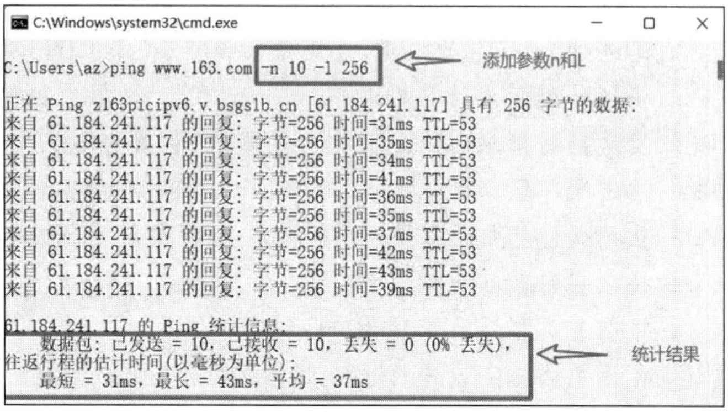

图 5-52　带参数的 ping 命令执行结果

(4) ping 命令可以测试本机网络参数配置是否正确。在命令提示符窗口的光标处输入命令 ping 127.0.0.1,功能是向本机发送测试数据包,检测本机能否收到。实验结果如图 5-53 所示。

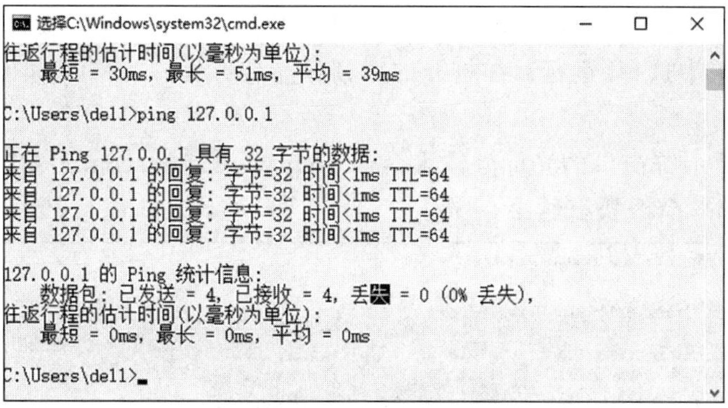

图 5-53　ping 命令测试本机网络配置

注意 127.0.0.1 是一个特殊的 IP 地址,属于环回地址。通过这条命令可以测试本机网络配置是否正确,如果 TCP/IP 协议没有配置正确,数据包会显示超时。

(5) 使用 ping 命令测试目标主机时,并不是每次都能成功,有时会返回"请求超时"和"无法访问目标主机"这两种情况,实验结果如图 5-54 所示。"请求超时"是指发出数据包之后,在规定时间内未收到反馈;"无法访问目标主机"是指根本找不到目标主机,数据包还在源主机。

任务 3　tracert 命令的使用

tracert 命令是常用的计算机网络命令之一。本任务要求掌握该命令的命令格式以及使用方法。

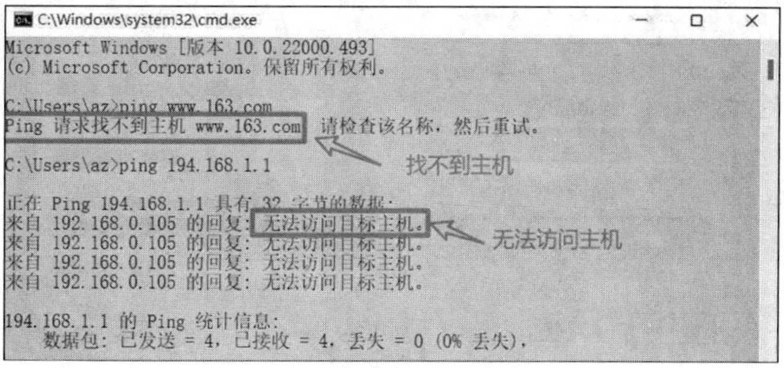

图 5-54　请求超时和无法访问目标主机情况

命令格式：

tracert [-d] [-h maximum_hops] [-j host-list] [-w timeout] [-R] [-S srcaddr] [-4] [-6] target_name

参数说明：

-d	不将地址解析成主机名。
-h maximum_hops	搜索目标的最大跃点数，默认值为 30 个。
-j host-list	与主机列表一起的松散源路由(仅适用于 IPv4)。
-w timeout	等待每个回复的超时时间(以毫秒为单位)，如果超时时间内未收到消息，则显示一个星号（*），默认的超时时间为 4 000 ms。
-R	跟踪往返行程路径(仅适用于 IPv6)。
-S srcaddr	要使用的源地址(仅适用于 IPv6)。
target_name	目标计算机的名称，可以是域名或者 IP 地址。
-4	强制使用 IPv4。
-6	强制使用 IPv6。

操作步骤：

(1) 启动 Windows 10 的命令提示符或者 Windows PowerShell。

执行主菜单中的【开始】|【Windows 系统】|【命令提示符】命令。或者右击【开始】按钮，在弹出的快捷菜单中选择【运行】，在打开的对话框中输入命令 CMD，即可以打开命令提示符窗口。

(2) 在命令提示符窗口的光标处输入命令 tracert www.163.com 后按【Enter】键，出现如图 5-55 所示的 tracert 命令执行结果。

通过测试结果可以分析出本机到网易 Web 服务器经过了哪些节点，以及到每个节点所用的时间。

在本例中，通过实验结果可知，本机到网易 Web 服务器经过了 11 个节点的转发(第一个是本机的地址)。

由于 tracert 中发送了 3 个测试数据包，每个节点会显示 3 个时间。节点带 * 一般是该节点的设备(如防火墙)禁止显示信息导致的。

(3) tracert 命令可以加上一个或者多个参数，如在命令提示符窗口的光标处输入命令 tracert -h 20 www.163.com 表示本机到网易 Web 服务器的最大跃点数为 20 个。带参数

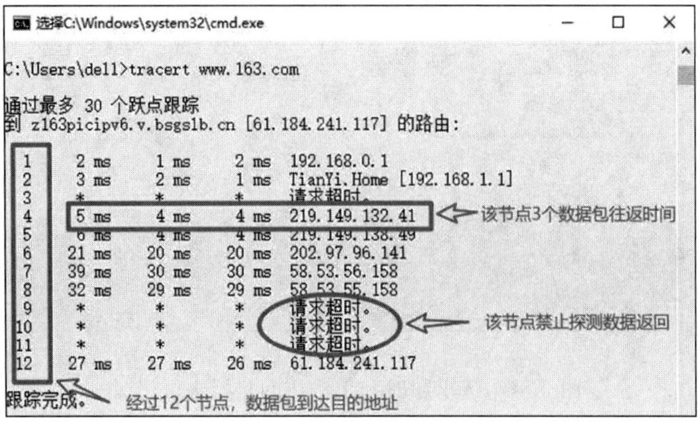

图 5-55　tracert 命令执行结果

的 tracert 命令执行结果如图 5-56 所示。

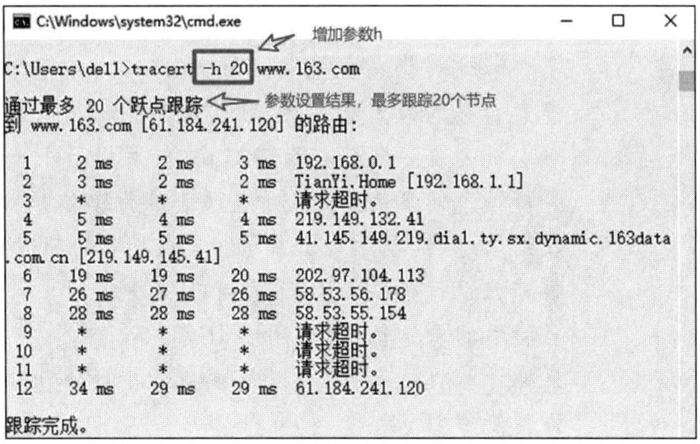

图 5-56　带参数的 tracert 命令执行结果

任务 4　netstat 命令的使用

netstat 命令是常用的计算机网络命令之一。本任务要求掌握该命令的命令格式以及使用方法。

命令格式：

netstat　[-a] [-b] [-e] [-f] [-n] [-o] [-p proto] [-q] [-r] [-s] [-t] [-x] [-y] [interval]

参数说明：

-a　　显示所有连接和侦听端口。

-b　　显示在创建每个连接或侦听端口时涉及的可执行文件。在某些情况下，已知可执行文件托管多个独立的组件，此时会显示创建连接或侦听端口时涉及的组件序列。在此情况下，可执行文件的名称位于底部[]中，它调用的组件位于顶部，直至达到 TCP/IP。注意，此选项可能很耗时，并且可能因为用户没有足够的权限而失败。

-e	显示以太网统计信息。此选项可以与-s 选项结合使用。
-f	显示外部地址的完全限定域名(FQDN)。
-n	以数字形式显示地址和端口号。
-o	显示拥有的与每个连接关联的进程 ID。
-p proto	显示 proto 指定的协议的连接;proto 可以是下列任何一个:TCP、UDP、TCPv6 或 UDPv6。如果与-s 选项一起用来显示每个协议的统计信息,proto 可以是下列任何一个:IP、IPv6、ICMP、ICMPv6、TCP、TCPv6、UDP 或 UDPv6。
-q	显示所有连接、侦听端口和绑定的非侦听 TCP 端口。绑定的非侦听 TCP 端口不一定与活动连接相关联。
-r	显示路由表。
-s	显示每个协议的统计信息。默认情况下,显示 IP、IPv6、ICMP、ICMPv6、TCP、TCPv6、UDP 和 UDPv6 的统计信息。
-t	显示当前连接卸载状态。
-x	显示 NetworkDirect 连接、侦听器和共享终结点。
-y	显示所有连接的 TCP 连接模板。无法与其他选项结合使用。
interval	重新显示选定的统计信息,各个显示间暂停的间隔秒数。按 Ctrl+C 停止重新显示统计信息。如果省略,则 netstat 将打印当前的配置信息一次。

操作步骤:

(1) 启动 Windows 10 的命令提示符或者 Windows PowerShell。

执行主菜单中的【开始】|【Windows 系统】|【命令提示符】命令。或者右击【开始】按钮,在弹出的快捷菜单中选择【运行】,在打开的对话框中输入命令 CMD,即可以打开命令提示符窗口。

(2) 在命令提示符窗口的光标处输入命令 netstat 后按【Enter】键,出现如图 5-57 所示的测试结果。

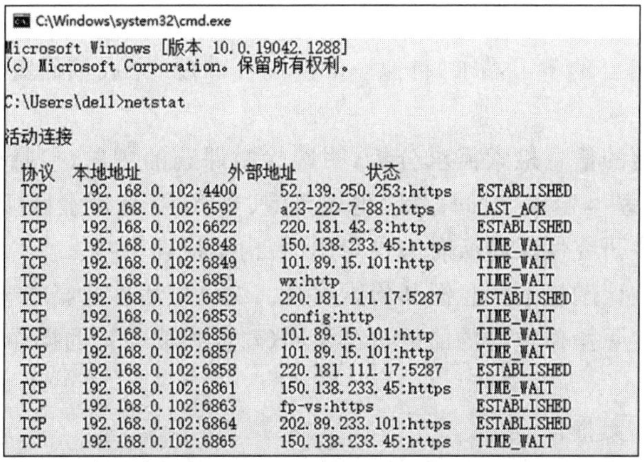

图 5-57　netstat 命令执行结果

(3) netstat 命令可以加上一个或者多个参数,如在命令提示符窗口的光标处输入命令

netstat -r,表示当前的有效连接,以及 IPv4 和 IPv6 路由表的信息。实验结果如图 5-58 所示。

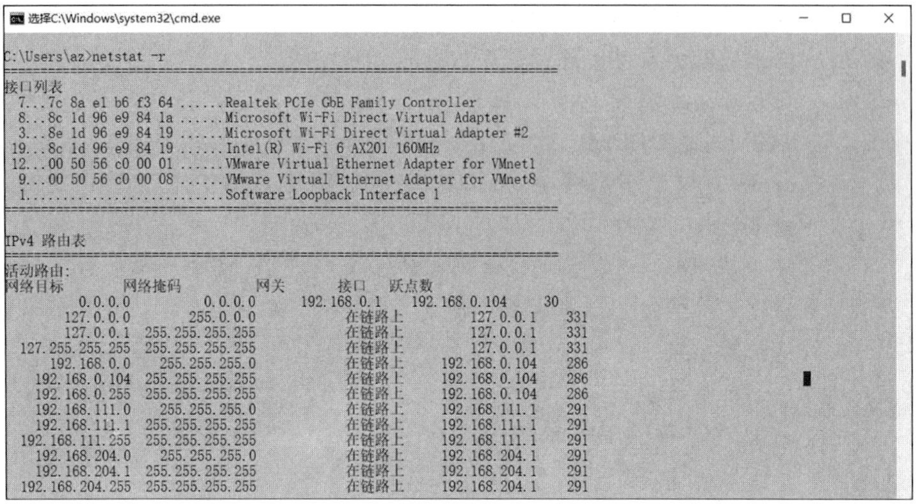
```
选择C:\Windows\system32\cmd.exe

C:\Users\az>netstat -r
===========================================================================
接口列表
  7...7c 8a e1 b6 f3 64 ......Realtek PCIe GbE Family Controller
  8...8c 1d 96 e9 84 1a ......Microsoft Wi-Fi Direct Virtual Adapter
  3...8e 1d 96 e9 84 19 ......Microsoft Wi-Fi Direct Virtual Adapter #2
 19...8c 1d 96 e9 84 19 ......Intel(R) Wi-Fi 6 AX201 160MHz
 12...00 50 56 c0 00 01 ......VMware Virtual Ethernet Adapter for VMnet1
  9...00 50 56 c0 00 08 ......VMware Virtual Ethernet Adapter for VMnet8
  1...........................Software Loopback Interface 1
===========================================================================

IPv4 路由表
===========================================================================
活动路由:
网络目标        网络掩码          网关       接口   跃点数
          0.0.0.0          0.0.0.0      192.168.0.1    192.168.0.104     30
        127.0.0.0        255.0.0.0            在链路上         127.0.0.1    331
        127.0.0.1  255.255.255.255            在链路上         127.0.0.1    331
  127.255.255.255  255.255.255.255            在链路上         127.0.0.1    331
      192.168.0.0    255.255.255.0            在链路上     192.168.0.104    286
    192.168.0.104  255.255.255.255            在链路上     192.168.0.104    286
    192.168.0.255  255.255.255.255            在链路上     192.168.0.104    286
    192.168.111.0    255.255.255.0            在链路上     192.168.111.1    291
    192.168.111.1  255.255.255.255            在链路上     192.168.111.1    291
  192.168.111.255  255.255.255.255            在链路上     192.168.111.1    291
    192.168.204.0    255.255.255.0            在链路上     192.168.204.1    291
    192.168.204.1  255.255.255.255            在链路上     192.168.204.1    291
  192.168.204.255  255.255.255.255            在链路上     192.168.204.1    291
```

图 5-58　带参数的 netstat 命令执行结果

综 合 实 训

实训一　打开谷歌浏览器,完成浏览器的基本操作、设置和扩展程序安装等。基本要求如下:

(1) 打开山西能源学院的主页,收藏并将主页保存到自己的电脑上。

(2) 打开浏览器的设置界面,完成浏览器的外观、主页、开始界面、自动填充、隐私设置和安全性等基础设置。

(3) 完成捕捉网页截图插件 FireShot、油猴脚本插件 Tampermonkey 或者其他扩展程序的安装。

实训二　根据自己的学习需求,自拟一个研究性课题,完成该研究性课题的检索方案。基本要求如下:

(1) 完成对课题的信息检索需求分析,明确检索课题的主题、包括的子问题、涉及的学科领域、检索需求的基本定位、时间范围、地域范围、文献类型、检索目标等。

(2) 合理选定该研究性课题所有的检索用词,构架检索策略。

(3) 合理选择该课题检索信息源和检索途径。综合应用多途径检索,必须包括 CNKI。

(4) 课题检索实际操作过程的简要总结说明(建议抓取关键的操作界面,粘贴在文档的相关位置)。

(5) 完成检索方案报告。

实训三　根据项目二所学的知识,完成以下有关电子邮件的相关操作。

(1) 根据自己的需要申请一个免费电子邮箱。建议从常用的 163 邮箱、新浪邮箱、TOM 邮箱、搜狐邮箱、QQ 邮箱、GMAIL 邮箱中选择。

(2) 对申请成功的电子邮件进行设置,开启 IMAP 服务和 POP3 服务。

(3) 安装邮件客户端软件,建议安装 Outlook。

(4) 对邮件客户端进行基本配置,把申请的电子邮件账号添加到邮件客户端。

(5) 在邮件客户端中新建和管理联系人。

(6) 利用邮件客户端收发电子邮件。

(7) 在邮件客户端中设置电子邮件的自动应答。

实训四 根据项目三所学的知识,完成以下有关网络命令的操作。

(1) 利用网络命令 ipconfig 查看自己计算机的 Mac 地址、IP 地址、子网掩码、DHCP 服务等参数。

(2) 利用网络命令 ping 测试自己的计算机和远程主机(或者局域网中的主机)之间的连通性,并根据返回的信息分析网络状况。

(3) 利用网络命令 tracert 跟踪数据包,查看其从自己的计算机到远程主机经过哪些节点转发,以及通过各节点所花费的时间。

(4) 利用网络命令 netstat 查看自己的计算机当前网络连接状态。

第六章 程序设计与算法基础

内容与要求

本章内容主要包括：C 语言编译环境 Microsoft Visual Studio 2022 的安装、卸载方法，以及该编译环境下 C 程序的编译和运行；顺序结构程序的组成部分；选择结构中 if-else 语句和 switch 语句的使用；循环结构中 while 语句、do-while 语句和 for 语句的使用。

通过本章的学习，学生应掌握 C 语言简单程序的编写和调试方法，掌握利用简单顺序结构、简单选择结构和循环结构编写程序的方法。

本章的思维导图

- 程序设计与算法基础
  - 项目一　C 语言简单程序的编写和调试
    - 任务 1　安装 Visual Studio 2022 开发环境
    - 任务 2　创建一个新项目
    - 任务 3　打印"hello，world!"
    - 任务 4　打开已创建的项目
    - 任务 5　卸载 Visual Studio 2022 开发环境
  - 项目二　简单顺序结构程序设计
    - 任务 1　实现两个数的交换
    - 任务 2　求一个整数的逆序数
  - 项目三　简单选择结构程序设计
    - 任务 1　if-else 语句的使用
    - 任务 2　switch 语句的使用
  - 项目四　简单循环结构程序设计
    - 任务 1　while 语句的使用
    - 任务 2　do-while 语句的使用
    - 任务 3　for 语句的使用

项目一　C 语言简单程序的编写和调试

项目描述

本项目的学习目标是熟悉 C 语言编译环境 Microsoft Visual Studio 2022 的窗口界面，掌握该编译环境下编辑、运行和调试 C 程序的基本方法。

通过本项目的学习，学生应对程序编写和运行有一个基本的认识，了解程序运行的原理和神奇之处，提高学习计算机知识的兴趣。

项目相关知识介绍

1. C 语言简介

C 语言是目前世界上使用极广泛、极流行的高级程序设计语言之一，具有可移植性好、简洁紧凑、灵活方便、运算符丰富、数据结构丰富、程序执行效率高等特点。C 语言适合在各种机型上运行。

2. C 语言编译环境

C 语言作为高级语言，其常用的编译软件有 Microsoft Visual Studio 2010、Microsoft Visual C++、Borland C++、Microsoft C、Turbo C 等。Microsoft Visual C++ 6.0 是非常经典的 C 语言编译环境，能够在 Windows XP 下很好地运行，无须进行额外的设置，但在 Windows 7、Windows 8 和 Windows 10 下，安装完成后还要修改兼容模式才可运行。微软公司已不再对 Microsoft Visual C++ 6.0 软件进行维护，也不再对其进行升级或者打补丁。

而随着 CPU 向 64 位发展，Microsoft Visual Studio 2010 以及更高版本开始得以应用。

本章以 Microsoft Visual Studio 2022(VS 2022)为运行环境对 C 程序进行编译。

3. C 语言的基本结构

C 语言程序由一个或多个源程序文件组成，一个 C 语言源程序主要包含以下部分。

(1) 编译预处理：由＃开头，包括如＃define PRICE 30 等宏定义，＃include＜stdio. h＞等文件。

(2) 函数：C 语言程序中有且只有一个 main 函数。C 语言程序从 main 函数开始到 main 函数结束，其他的函数都在 main 函数的执行过程中被调用。其中，自定义函数是用户编写的。函数主要包括 head 部分和 body 部分。每个函数主要包括以下三部分。

① 变量说明：C 语言程序中的变量分为全局变量和局部变量两部分，其中局部变量的位置在“{”之后，不能与 C 语言程序语句混淆。所有变量都需要先声明再赋值后使用。

② C 语句：C 语言程序所有的语句都以分号“;”作为结束符。

③ C 语言程序可以包含注释。注释在程序的执行中不起任何作用，也不会产生任何代码，但可以起到一个很好的提示作用，增加程序的可读性。

4. C 语言程序调试

C 语言源程序不是可执行程序，不能直接运行，需要在编译环境下经过编译、链接生成可执行程序，运行可执行程序后才能看到结果。

实验主要内容

任务 1　安装 Visual Studio 2022 开发环境

本任务的主要内容是掌握 Visual Studio 2022 的安装方法，达到可以自行安装 Visual Studio 2022 的目的。

第六章-项目一-任务 1

操作步骤：

(1) 登录 Visual Studio 官网，网址为 https://visualstudio.microsoft.com/zh-hans/，官网界面如图 6-1 所示。

(2) Visual Studio 2022 的版本分为社区版(免费)、专业版、企业版，本任务以社区版为例进行讲解，社区版下载界面如图 6-2 所示。

图 6-1　Visual Studio 下载界面

图 6-2　Visual Studio 2022 社区版下载界面

(3) 点击下载社区版之后，会自动弹出一个文件下载位置选择窗口，如图 6-3 所示。选择存放下载文件的位置，这里自己选择本地磁盘中的一个位置即可。

图 6-3　Visual Studio 文件下载位置选择窗口

(4) 下载结束后，打开安装包所在位置，如图 6-4 所示。双击安装包后出现如图 6-5 所示的安装引导界面，单击窗口中的【继续】按钮，即出现如图 6-6 所示的安装准备界面。

图 6-4 Visual Studio 下载位置显示界面

图 6-5 Visual Studio 安装引导界面

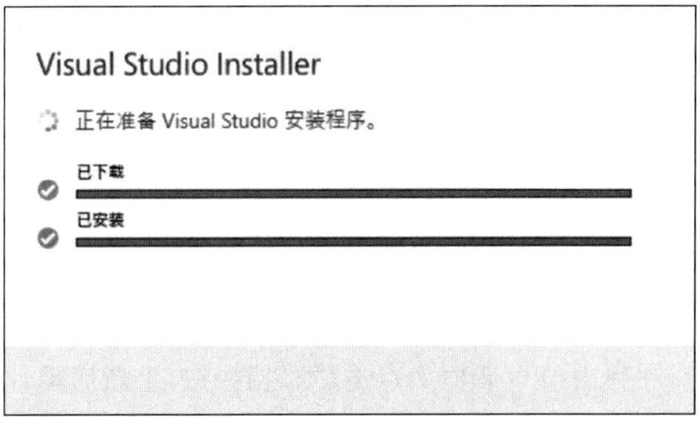

图 6-6 Visual Studio 安装准备界面

(5) Visual Studio 安装准备界面完成后会自动弹出安装选项窗口，如图 6-7 所示，在该窗口中可以选择功能集、工作负荷以及安装路径、组件、语言包等。根据需要，可以选择不同的功能集和工作负荷。

本章使用 Visual Studio 环境编译运行 C 程序代码，因此选择“使用 C++ 的桌面开发”，

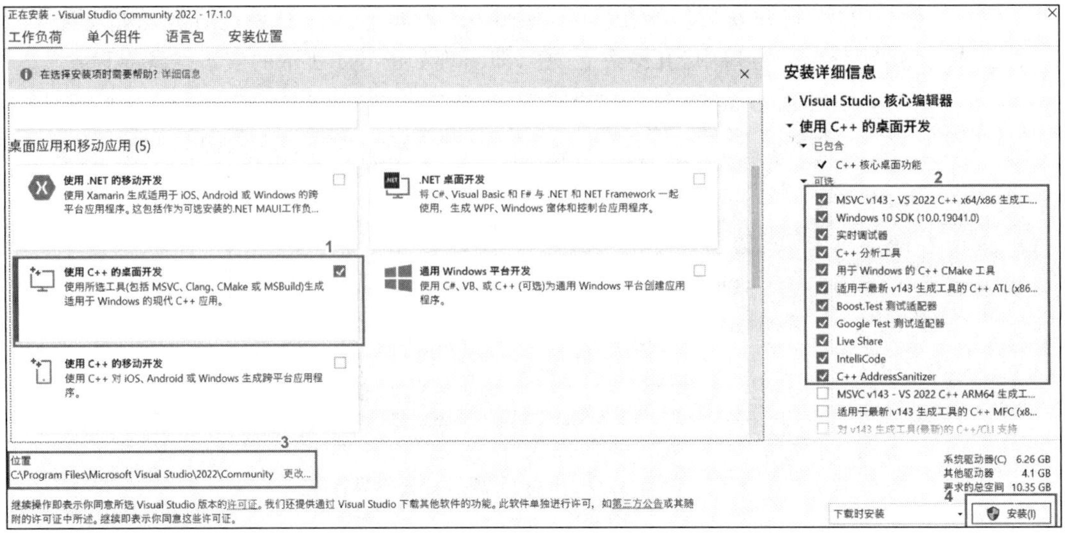

图 6-7　Visual Studio 安装选项窗口

如图 6-7 中数字 1 所示。在窗口的右侧选择默认组件即可，如图 6-7 中数字 2 所示。选择安装路径(建议使用默认安装路径)，如图 6-7 中数字 3 所示。在窗口的上方还有单个组件、语言包、安装位置等选项，均为默认值。

(6) 安装选项选择完成之后，点击【安装】按钮，如图 6-7 中数字 4 所示，进入安装过程，如图 6-8 所示。图 6-8 中显示安装完成率为 7%，等待一段时间，达到 100%后才能完成安装。

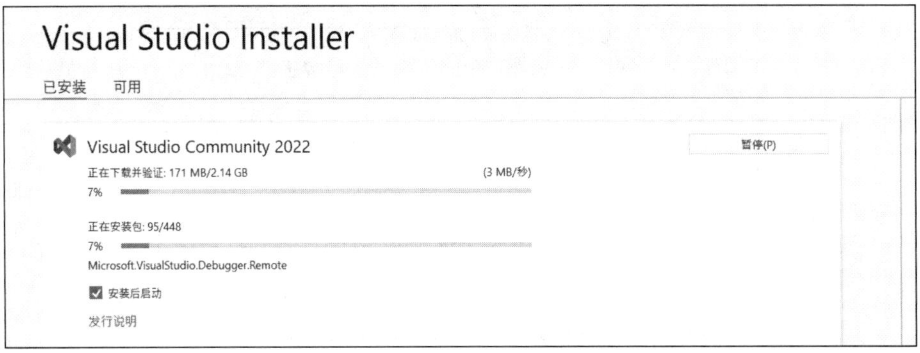

图 6-8　Visual Studio 安装过程

(7) 安装完毕后，在弹出的对话框中点击【重启】按钮，重新启动计算机。至此，Visual Studio 2022 程序开发环境安装完成。

任务 2　创建一个新项目

本任务的主要内容是掌握 Visual Studio 2022 的基本使用方法，包括了解 Visual Studio 2022 的启动方法，创建一个新的项目。

第六章-项目—-任务 2、3、4

操作步骤：

(1) 启动 Visual Studio 2022。

启动 Visual Studio 2022 有多种方法，常用的方法如下：

执行【开始】|【Visual Studio 2022】命令，如图 6-9 所示。

图 6-9　Visual Studio 启动界面

（2）创建一个新的项目。双击启动界面中的【Visual Studio 2022】后，会弹出创建新项目界面，如图 6-10 所示，双击【创建新项目】。

（3）在弹出的项目模板选择界面上选择【控制台应用】，单击【下一步】。如图 6-11 所示。

（4）在弹出的配置新项目界面上，可以自定义项目名称、项目存储位置、解决方案名称等，单击【创建】

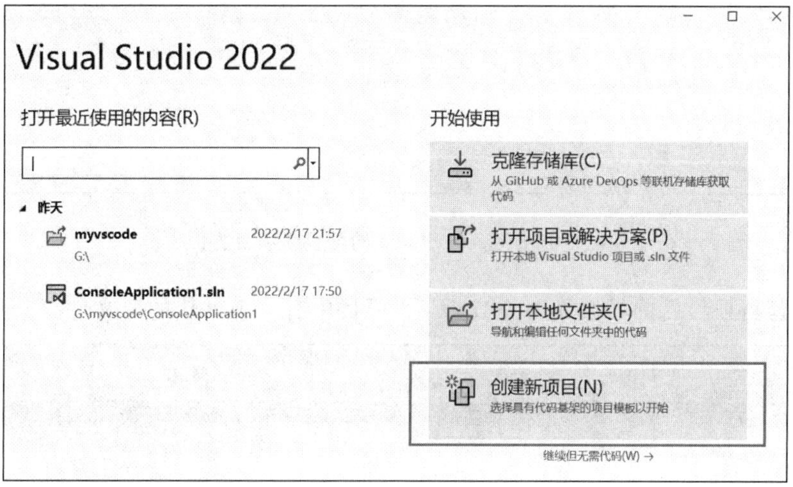

图 6-10　Visual Studio 创建新项目界面

图 6-11　Visual Studio 项目模板选择界面

按钮即可完成创建,如图 6-12 所示。注意项目名称不要用中文。

图 6-12　Visual Studio 的配置新项目界面

(5) 配置新项目后的界面如图 6-13 所示,项目中有一个默认的源文件。

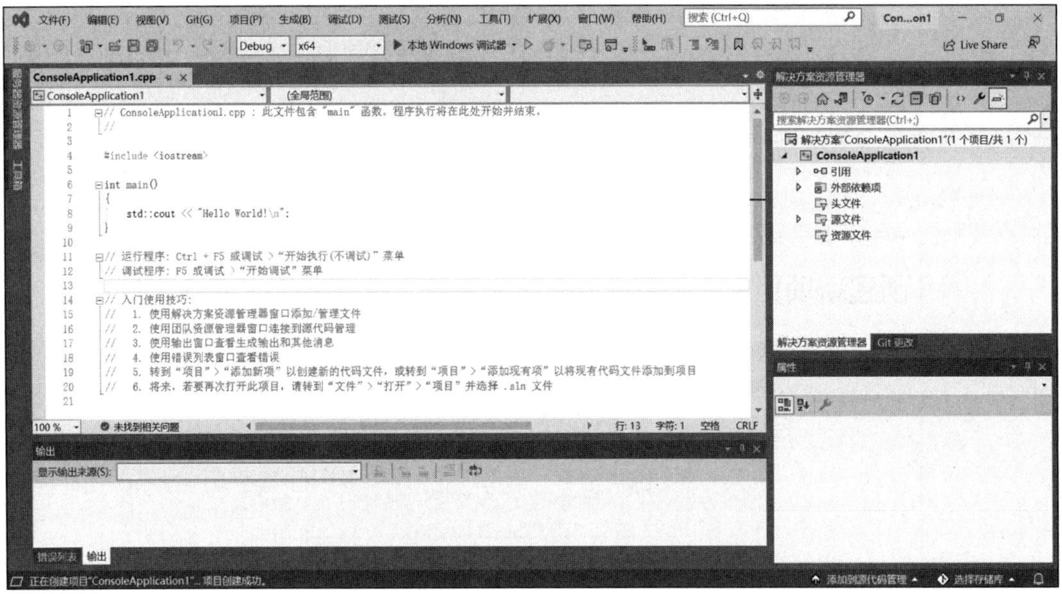

图 6-13　Visual Studio 新项目默认源文件界面

(6) 调试。点击【本地 Windows 调试器】,如图 6-14 所示,运行项目中默认的源文件。运行结果如图 6-15 所示。可以看出,在 Visual Studio 的调试控制台中打印出"hello, world!"字样。

(7) 按任意键退出 Visual Studio 调试控制台,返回 Visual Studio 2022 编辑窗口。

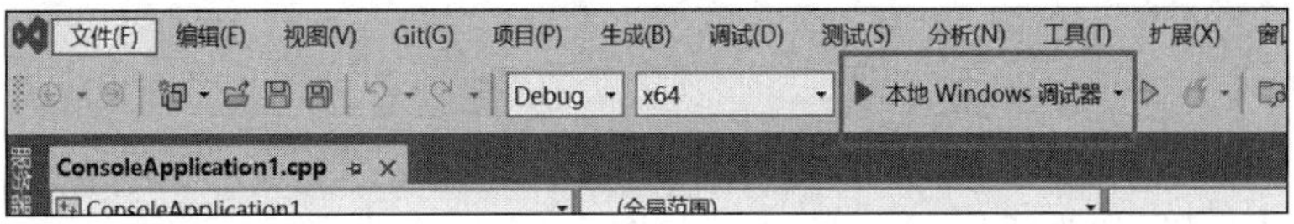

图 6-14　Visual Studio 源文件执行调试界面

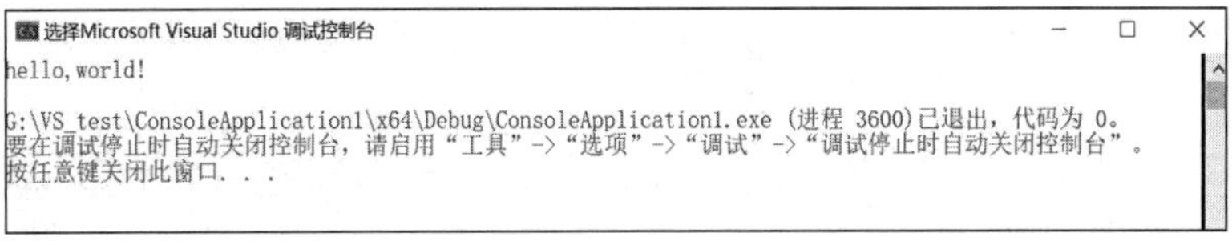

图 6-15　Visual Studio 源文件运行结果界面

任务 3　打印"hello,world!"

在任务 2 中创建的新项目默认是 C++ 项目。本任务是编写 C 代码，打印出"hello,world!"字样。

操作步骤：

(1) 重复任务 2 中的步骤(1)—(5)。

(2) 在 Visual Studio 界面的右侧，即在解决方案资源管理器界面内，如图 6-16 所示，右击方框中的源文件，在弹出的对话框中单击【重命名】选项，如图 6-17 所示。将文件名 ConsoleApplication1. cpp 改为 ConsoleApplication1. c，如图 6-18 所示。

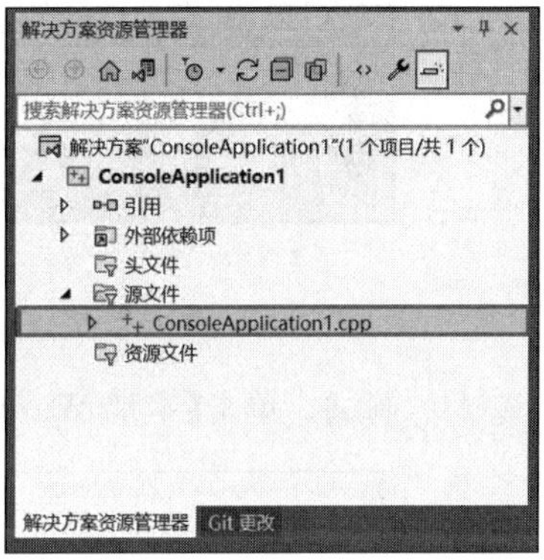

图 6-16　解决方案资源管理器界面

(3) 在代码编辑区输入如下 C 代码，如图 6-19 所示。执行【文件】|【保存】命令，保存源文件。

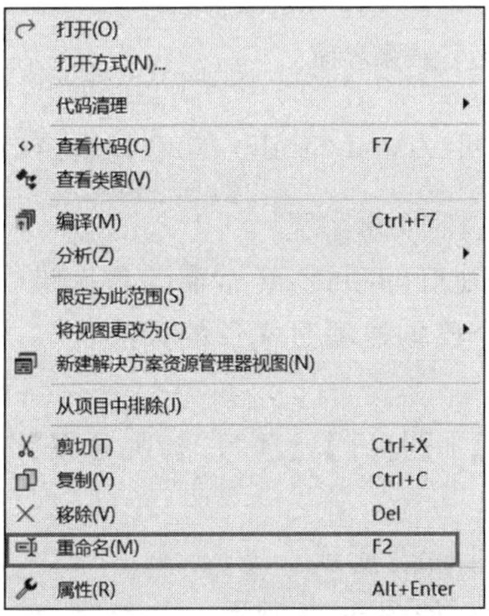

图 6-17　【重命名】选项界面

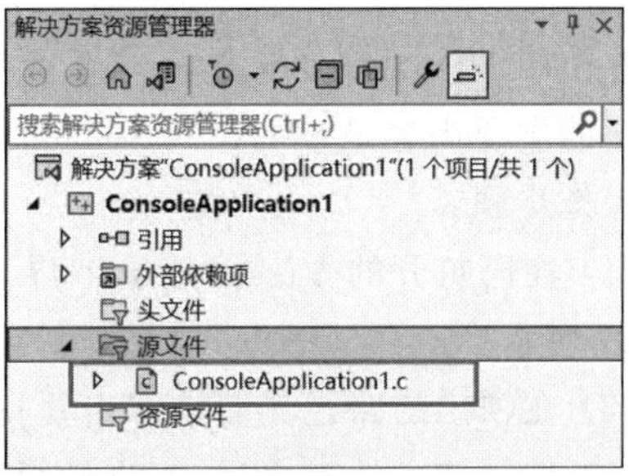

图 6-18　重命名完成界面

```
#include <stdio.h>
int main()
{
    printf("hello,world! \n");
    return 0;
}
```

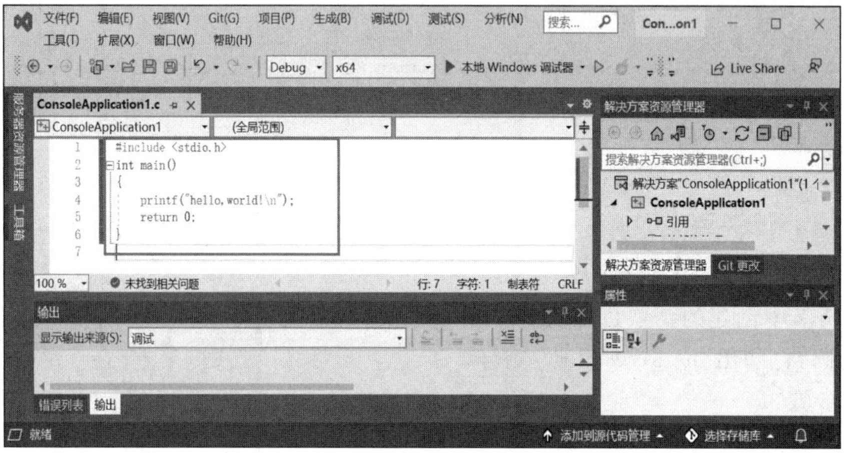

图 6-19 Visual Studio 源文件界面

（4）调试。单击【本地 Windows 调试器】运行程序，运行结果如图 6-20 所示。

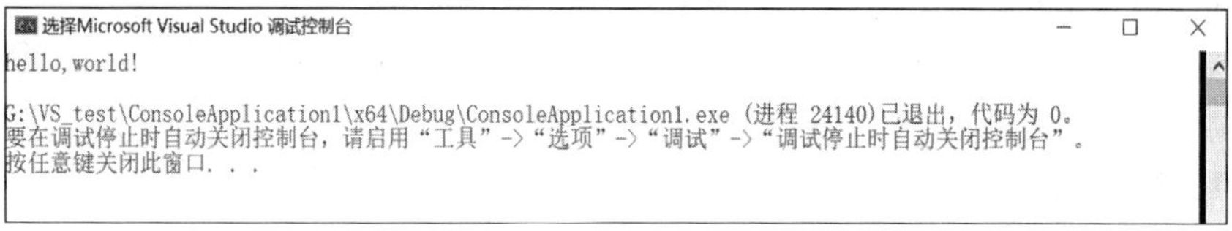

图 6-20 Visual Studio 源文件运行结果界面

（5）按任意键退出 Visual Studio 调试控制台，返回 Visual Studio 2022 编辑窗口。

任务 4 打开已创建的项目

在使用 Visual Studio 进行项目开发时，对于已创建好的项目，经常需要再次进行开发。本任务的主要内容是掌握在 Visual Studio 中打开一个已创建项目文件的方法。

操作步骤：

（1）在已打开的 Visual Studio 界面中执行【文件】|【打开】|【项目/解决方案】命令，如图 6-21 所示。

（2）在弹出的路径界面中双击要打开的项目，如图 6-22 所示。

（3）进入该文件夹之后，双击后缀名为.sln 的文件，如图 6-23 所示。

（4）双击.sln 文件，就会把项目文件加载到 Visual Studio 的界面中，如图 6-24 所示。

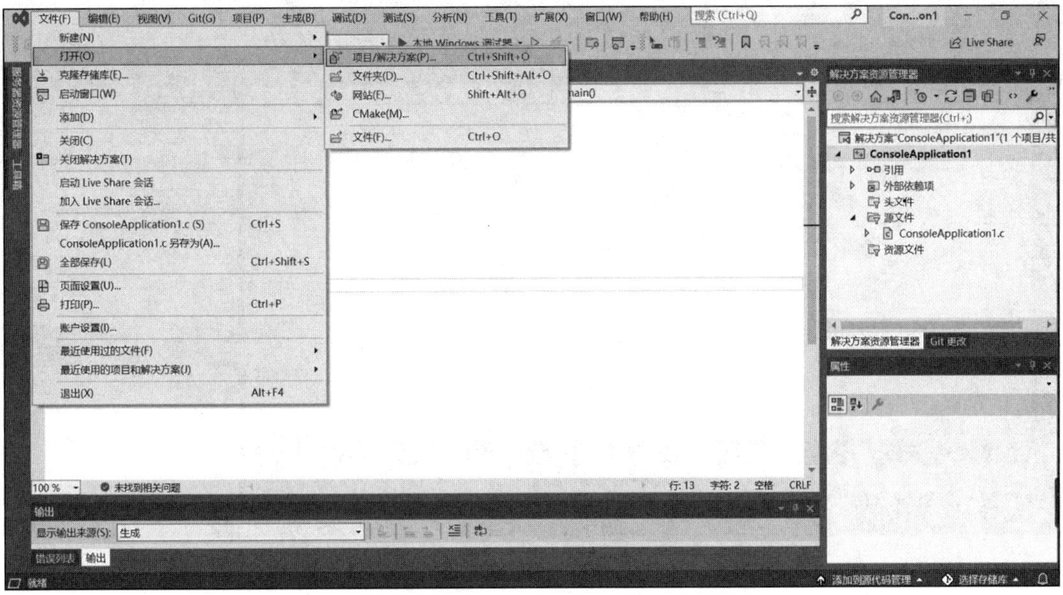

图 6-21　Visual Studio 打开已创建项目界面

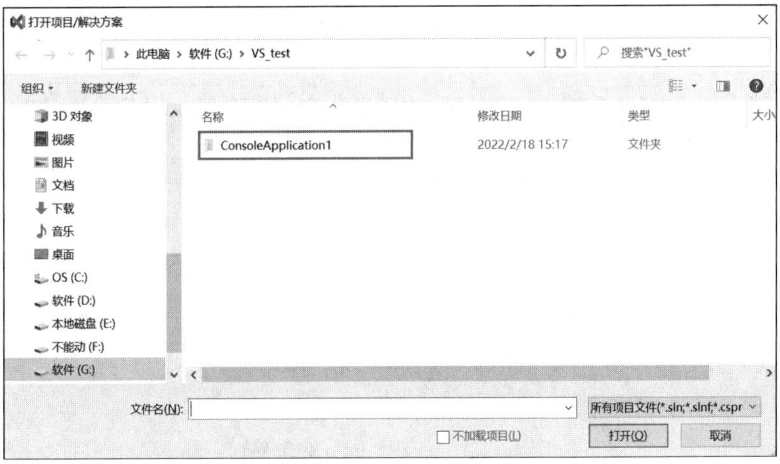

图 6-22　Visual Studio 已创建项目路径选择界面

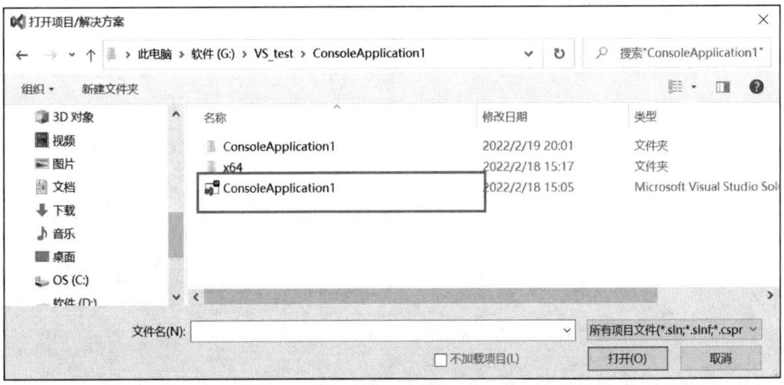

图 6-23　Visual Studio 已创建项目 .sln 文件选择界面

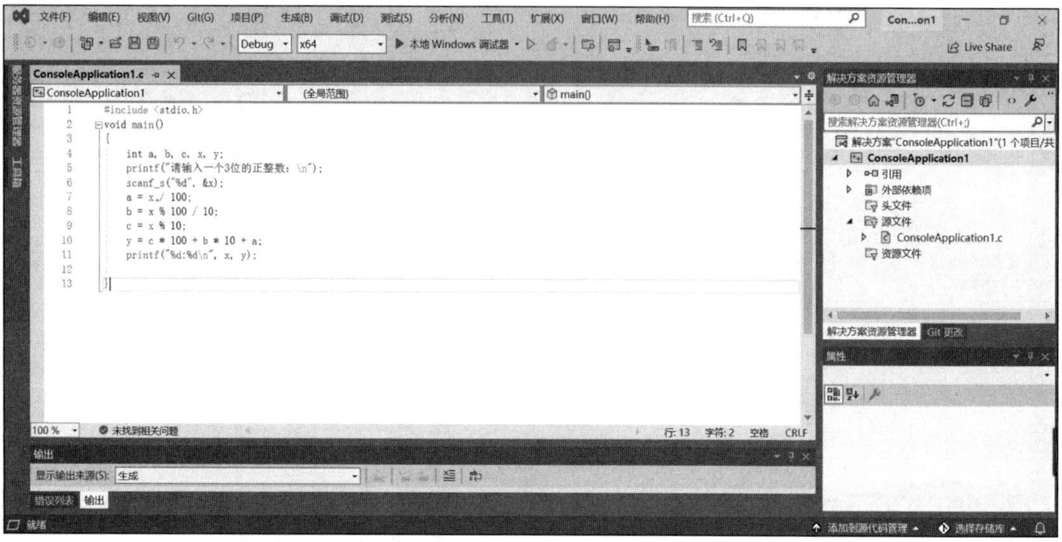

图 6-24　Visual Studio 已创建项目源文件显示界面

任务 5　卸载 Visual Studio 2022 开发环境

本任务的主要内容是掌握 Visual Studio 2022 软件的卸载方法。

第六章-项目一-任务 5

操作步骤：

(1) 执行【开始】|【Visual Studio Installer】命令，找到 Visual Studio 卸载界面，如图 6-25 所示。

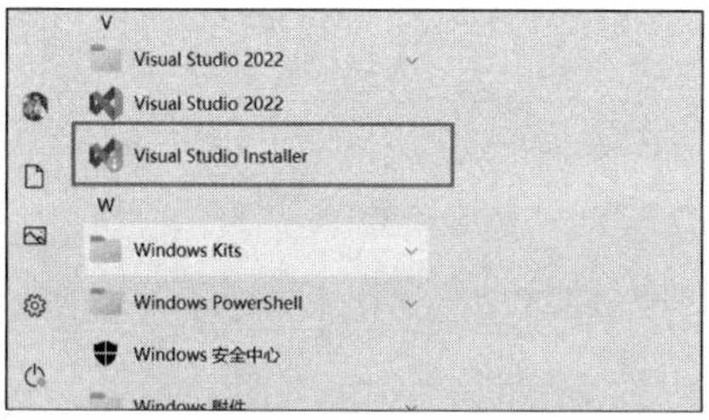

图 6-25　Visual Studio 卸载界面

(2) 在弹出的窗口中执行【更多】|【卸载】命令，如图 6-26 所示。

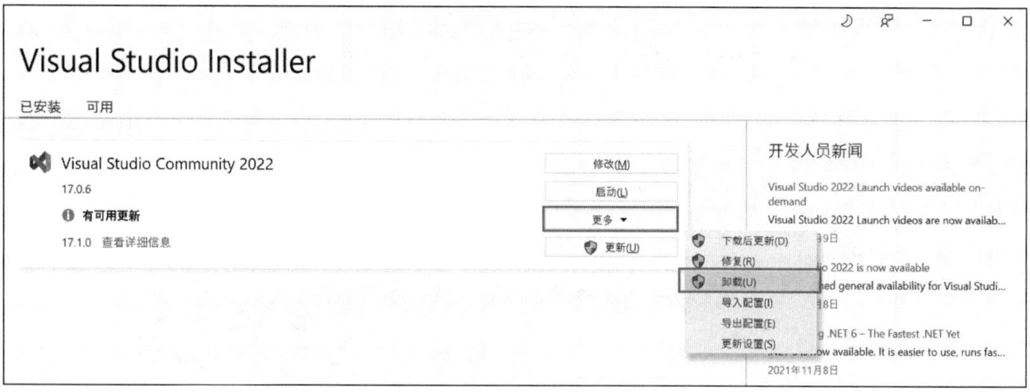

图 6-26　Visual Studio 卸载选项界面

(3) 在弹出的窗口中单击【确定】命令，如图 6-27 所示。

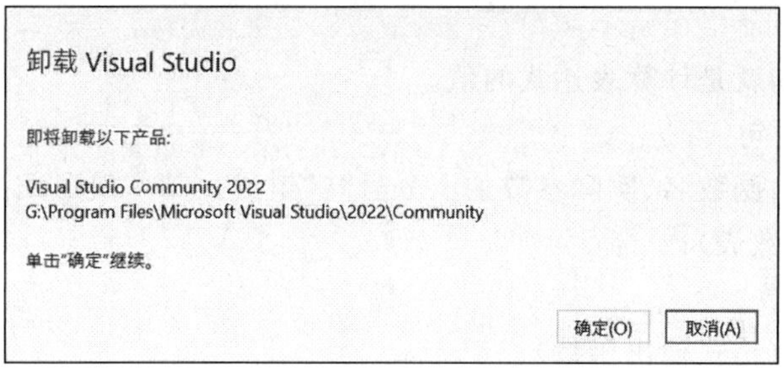

图 6-27　Visual Studio 卸载确定界面

(4) 卸载过程如图 6-28 所示。执行完毕则卸载完成。

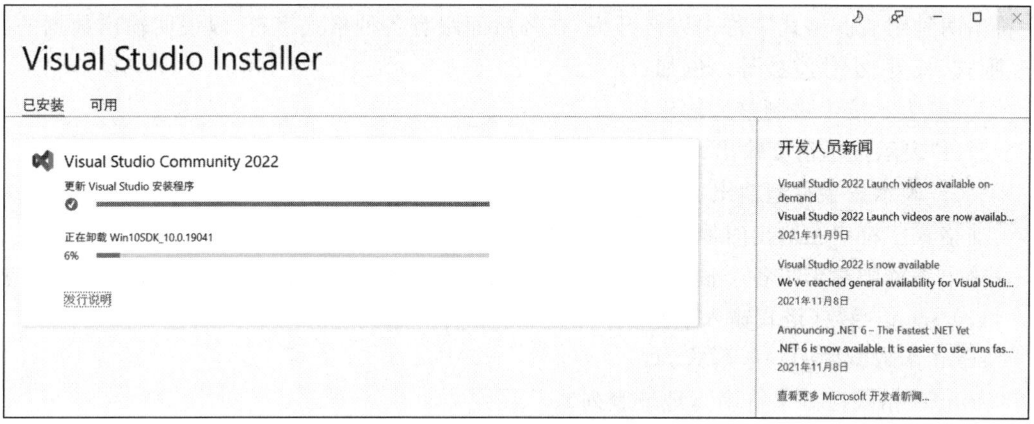

图 6-28　Visual Studio 卸载过程界面

项目二　简单顺序结构程序设计

第六章-项目二

项目描述

本项目的学习目标是掌握顺序结构程序的组成部分——表达式语句和函数调用语句，格式输入/输出 scanf 函数、printf 函数的用法，整型、实型、字符型数据的输入/输出格式。

通过本项目的学习，学生应掌握顺序结构程序设计的基本方法，能够编写简单的顺序结构程序，提高学习编程的兴趣。

项目相关知识介绍

1. C 语句

C 语句可分为以下五类：表达式语句、函数调用语句、控制语句、复合语句和空语句。其中，本项目使用的 C 语句主要是表达式语句和函数调用语句。

(1) 表达式语句

表达式语句由表达式加上分号“;”组成。其一般形式为：

表达式；

执行表达式语句就是计算表达式的值。

(2) 函数调用语句

函数调用语句由函数名、实际参数加上分号“;”组成。其一般形式为：

函数名(实际参数表)；

2. 输入输出函数

(1) printf 函数(格式输出函数)

printf 函数调用的一般形式为：

printf("格式控制字符串",输出表列)

其中,格式控制字符串用于指定输出格式。格式控制字符串可由格式字符串和非格式字符串两种组成。格式字符串以%开头,在%后面跟有各种格式字符,以说明输出数据的类型、形式、长度、小数位数等。例如：

"%d"表示按十进制整型输出；

"%f"表示按单精度输出；

"%c"表示按字符型输出。

非格式字符串在输出时原样打印,在显示中起提示作用。

输出表列中给出了各个输出项,要求格式字符串和各输出项在数量和类型上一一对应。

(2) scanf 函数(格式输入函数)

scanf 函数调用的一般形式为：

scanf("格式控制字符串",地址表列)；

其中,格式控制字符串的作用与 printf 函数的相同,但不能显示非格式字符串。地址表列中给出各变量的地址。地址是由地址运算符“&”后跟变量名组成的。例如,&a、&b 分别表示变量 a 和变量 b 的地址。这个地址就是编译系统在内存中给 a、b 变量分配的地址。

(3) scanf_s 函数

scanf 函数在读取数据时不会检查边界,如果编程时输入的数据大于分配的内存空间,会导致程序的运行异常。而微软公司 Visual Studio 开发工具提供的 scanf_s 函数,在读取数据时会检查边界,如果输入的数据达到所请求的内存空间,则不会再读入数据,是一个与 scanf 函数功能相同的安全标准输入函数。本章实验中涉及的输入函数,使用的是 scanf_s 函数,而不是 scanf 函数。

实验主要内容

任务 1　实现两个数的交换

本任务的主要内容是掌握 C 语言中的输入输出函数,运用 C 语言中顺序结构编程实现从键盘上输入两个整数,并将两个数进行交换的功能。通过本任务的学习,学生应加深对顺序结构程序设计和简单交换算法的理解。

操作步骤：

(1) 启动 Visual Studio 2022,创建一个新项目(具体步骤参见项目一中的任务 2)。创建新项目后的界面如图 6-29 所示。

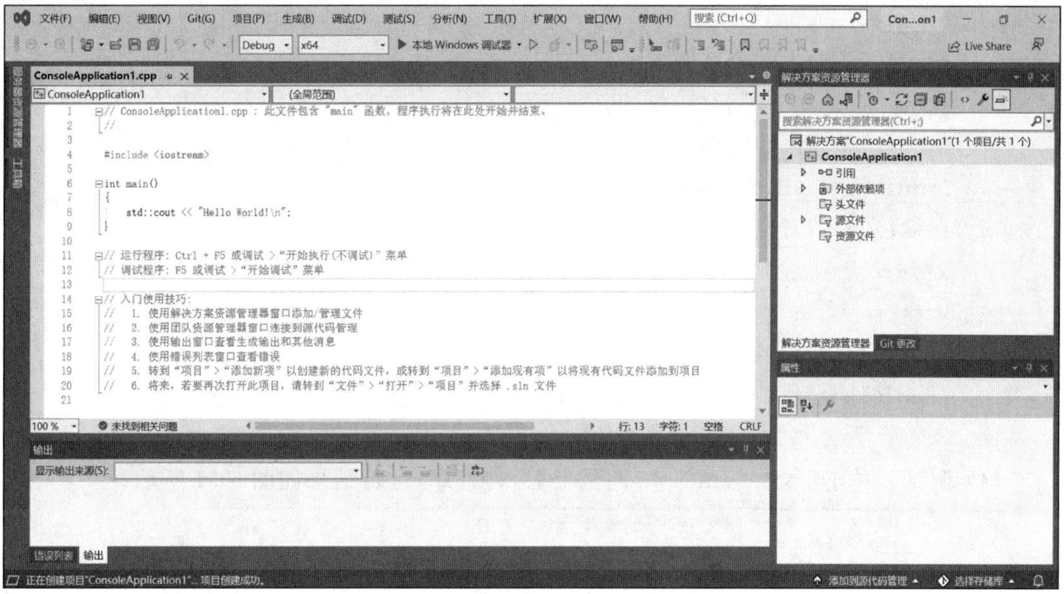

图 6-29　Visual Studio 创建新项目界面

（2）将 Visual Studio 界面右侧的解决方案资源管理器中源文件下的. cpp 文件重命名为. c 文件(具体源文件重命名方法参见项目一中的任务 3)。

（3）在代码编辑区输入 C 代码，如图 6-30 所示。

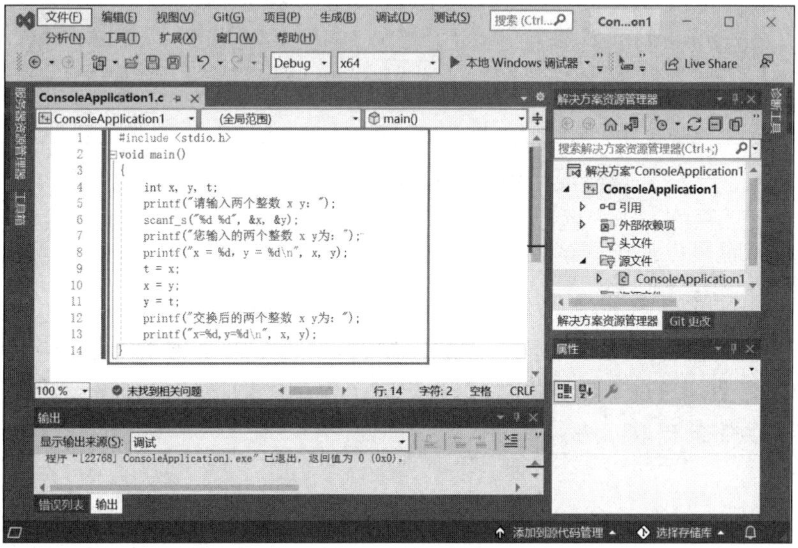

图 6-30　Visual Studio 源文件显示界面

分析：在程序中实现两个数的交换，需要借助中间变量存放，然后实现交换。

参考代码如下：

```
#include <stdio.h>
void main()
{
```

```
    int x,y,t;
    printf("请输入两个整数 x y: ");
    scanf_s("%d %d",&x,&y);
    printf("您输入的两个整数 x y 为: ");
    printf("x=%d,y=%d\n",x,y);
    t=x;
    x=y;
    y=t;
    printf("交换后的两个整数 x y 为: ");
    printf("x=%d,y=%d\n",x,y);
}
```

(4) 调试。单击【本地 Windows 调试器】运行程序,运行结果如图 6-31 所示。

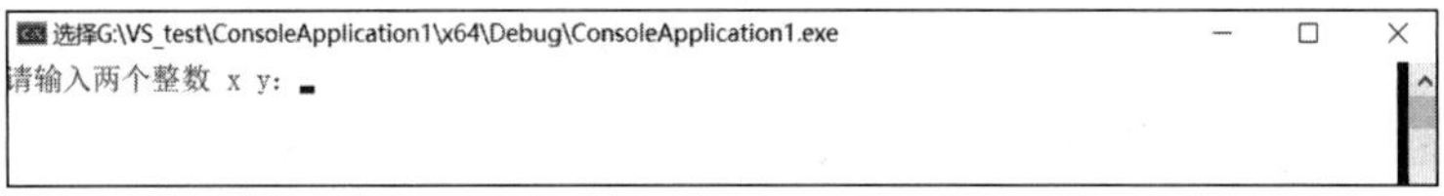

图 6-31　Visual Studio 源文件运行结果

(5) 通过键盘在运行框中输入整数 6 和 13(6 和 13 中间以空格相隔)后按【Enter】键。运行结果如图 6-32 所示。

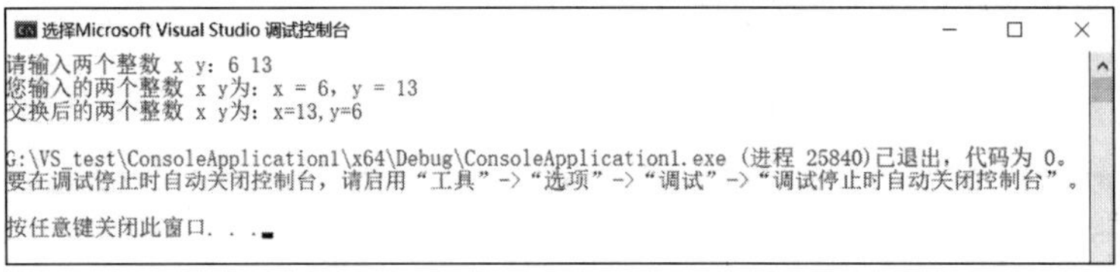

图 6-32　Visual Studio 源文件最终运行结果

(6) 按任意键可以退出调试控制台。

任务 2　求一个整数的逆序数

本任务的主要内容是运用 C 语言中顺序结构,编程实现从键盘上输入一个 3 位整数,输出该数的逆序数。通过本任务的学习,学生应了解基本顺序结构程序设计的一般方法和整型变量各位数字的提取方法。

操作步骤:

(1) 启动 Visual Studio 2022,创建一个新项目(具体步骤参见项目一中的任务 2)。

(2) 将 Visual Studio 界面右侧的解决方案资源管理器中源文件下的.cpp 文件重命名为.c 文件(具体源文件重命名方法参见项目一中的任务 3)。

(3) 在代码编辑区输入 C 代码,如图 6-33 所示。

分析:输出一个 3 位整数 x 的逆序数,首先要求出整数 x 的百、十、个位上的数。

百位数:x 除以 100 取整。

十位数:x 除以 100 取余再除以 10 取整。

个位数:x 除以 10 取余。

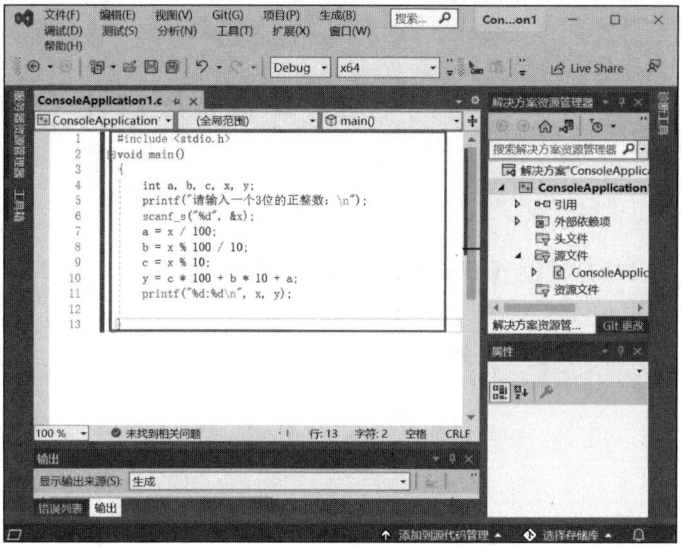

图 6-33　Visual Studio 源文件显示界面

最后输出的逆序数为：个位数乘以 100、十位数乘以 10 和百位数之和。

参考代码：

```
#include <stdio.h>
void main( )
{
    int a,b,c,x,y;
    printf( "请输入一个 3 位的正整数：\n");
    scanf_s( "%d",&x);
    a=x/100;                    /* 求 x 的百位数 */
    b=x%100/10;                 /* 求 x 的十位数 */
    c=x%10;                     /* 求 x 的个位数 */
    y=c*100+b*10+a;
    printf( "%d:%d\n",x,y);
}
```

（4）调试。单击【本地 Windows 调试器】运行程序，运行结果如图 6-34 所示。

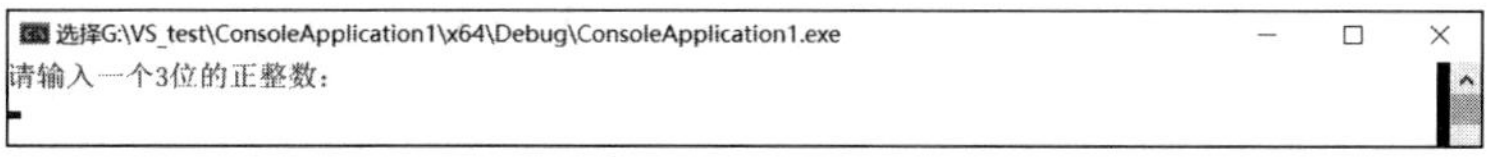

图 6-34　Visual Studio 源文件运行结果

（5）通过键盘在运行框中输入整数 123 后按【Enter】键。运行结果如图 6-35 所示。

图 6-35　Visual Studio 源文件最终运行结果

(6) 按任意键可以退出调试控制台。

项目三　简单选择结构程序设计

第六章-项目三

项目描述

本项目的学习目标是掌握 if-else 语句分支结构的应用,掌握 switch 语句与 break 语句的应用。

通过本项目的学习,学生应掌握使用选择结构进行程序设计的方法,提高学习编程的兴趣。

项目相关知识介绍

1. 单分支 if 语句

单分支 if 语句的一般形式为:

if(表达式)

语句块 1;

执行过程:先判断表达式的逻辑值,若该值为"真",执行语句块 1;否则,直接向下执行,如图 6-36 所示。

语句块 1 一般情况下以复合语句的形式出现,即用一对花括号将语句括起来。如果 if 结构中的语句只有一条,则可以不需要花括号。

2. 双分支 if-else 语句

双分支 if-else 语句的一般形式为:

if(表达式)

语句块 1;

else

语句块 2;

执行过程:先判断表达式的逻辑值,若该值为"真",执行语句块 1;否则,执行语句块 2,如图 6-37 所示。

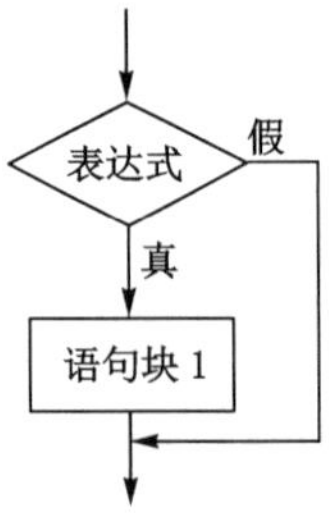

图 6-36　单分支语句流程图

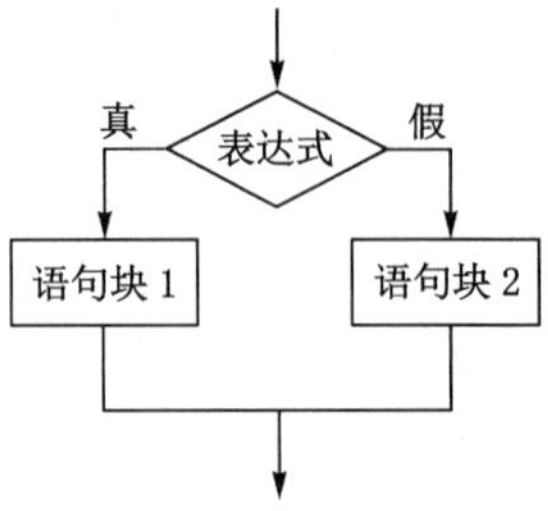

图 6-37　双分支语句流程图

语句块 1 和语句块 2 一般情况下以复合语句的形式出现，即用一对花括号将语句括起来。如果 if-else 结构中的语句只有一条，则可以不需要花括号。

3. 多分支语句

多分支语句的一般形式为：

```
if (表达式 1)  语句组 1;
else if (表达式 2)  语句组 2 ;
else if (表达式 3)  语句组 3 ;
……
[ else        语句组 n+1;]
```

多分支语句的流程图如图 6-38 所示。

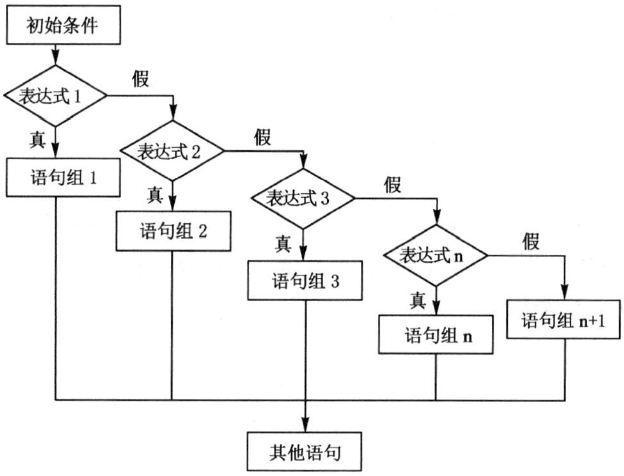

图 6-38　多分支语句流程图

4. switch 和 break 语句

switch 语句是一种多路分支开关语句，以 switch 开始，一般形式为：

```
switch(表达式)
{
case   E1:语句组 1;break;
case   E2:语句组 2;break;
……
case   En:语句组 n;break;
[default]:语句组 n+1;break;
}
```

switch 语句的流程图如图 6-39 所示。

由 switch 语句结构可以看出，break 语句可以使用在 switch 语句中，作用是中断和跳出 switch 结构，也是 switch 语句唯一的结束标志。

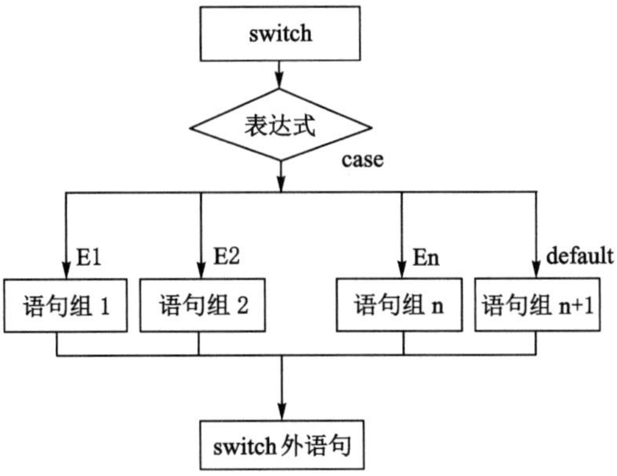

图 6-39　switch 语句流程图

实验主要内容

任务 1　if-else 语句的使用

本任务的主要内容是掌握 C 语言中 if-else 语句的使用方法，运用 C 语言中选择结构编程实现分段函数的功能，即从键盘上输入任意整数，能够输出函数的值。通过本任务的学习，学生应加深对选择结构程序设计的理解。

分段函数如下：

$$y=\begin{cases} x & (x<1) \\ 2x-1 & (1\leqslant x<10) \\ 3x-11 & (x\geqslant 10) \end{cases} \tag{6-1}$$

操作步骤：

(1) 启动 Visual Studio 2022，创建一个新项目（具体步骤参见项目一中的任务 2）。创建后的界面如图 6-40 所示。

(2) 将 Visual Studio 界面右侧的解决方案资源管理器中源文件下的. cpp 文件重命名为. c 文件（具体源文件重命名方法参见项目一中的任务 3）。

(3) 在代码编辑区输入 C 代码。代码功能为输入整数 x 的值，输出 y 相应的值，如图 6-41 所示。

分析：该函数的执行分为三种情况。

如果 x 小于 1，则执行 y＝x；

如果 x 大于或等于 1 而小于 10，则执行 y＝2x－1；

如果 x 大于或等于 10，则执行 y＝3x－11。

参考代码如下：

```
#include <stdio.h>
int main(void)
{
    int x,y;
    printf("请输入整数 x 的值：");
```

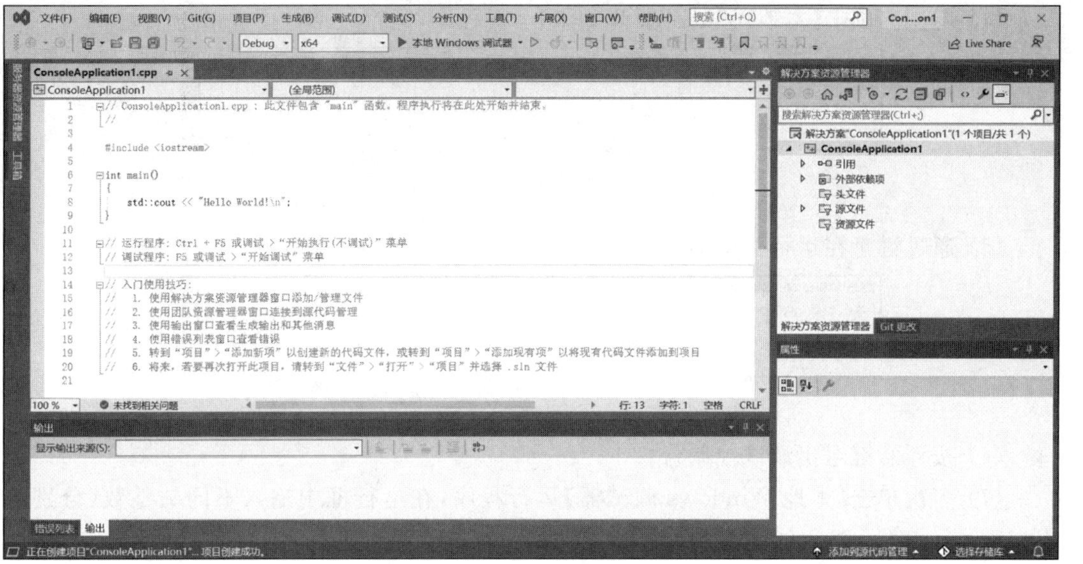

图 6-40 Visual Studio 创建新项目界面

```
    scanf_s("%d",&x);
    if(x<1)
        y=x;
    else if(1<=x<10)
        y=2*x-1;
    else
        y=3*x-11;
    printf ("y=%d\n",y);
    return 0;
}
```

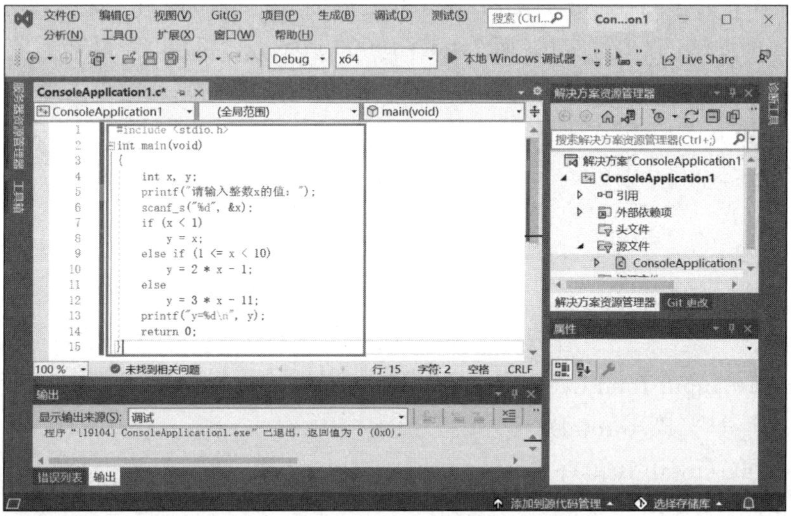

图 6-41 Visual Studio 源文件显示界面

(4) 调试。单击【本地 Windows 调试器】运行程序,运行结果如图 6-42 所示。

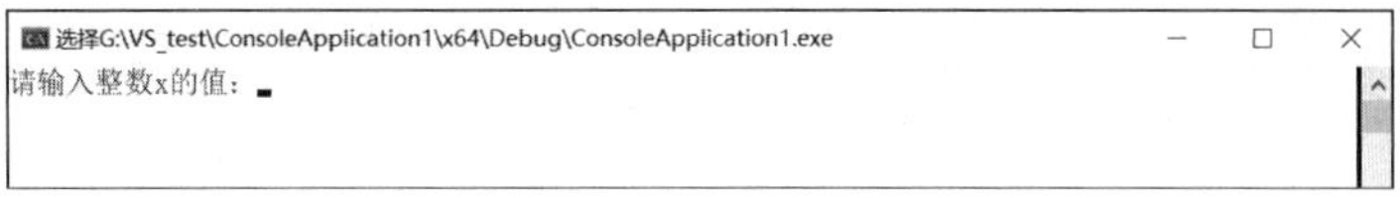

图 6-42　Visual Studio 源文件运行结果

(5) 通过键盘在运行框中输入整数 0,运行结果如图 6-43 所示

图 6-43　Visual Studio 源文件最终运行结果

(6) 按任意键退出调试控制台。

(7) 多次单击【本地 Windows 调试器】运行程序,在运行框中输入不同的整数(分别为 $x<1$,$1\leqslant x<10$,$x\geqslant 10$ 这 3 种情况),检查运行结果是否正确。

任务 2　switch 语句的使用

本任务的主要内容是掌握 C 语言中 switch 语句与 break 语句的使用方法,运用 C 语言中选择结构编程解决商场打折问题,即从键盘上输入总货款,能够输出打多少折扣,折扣后应支付多少元。通过本任务的学习,学生应能够加深对选择结构程序设计的理解。

商场打折问题如下:

某商场五一打折促销,如果顾客购买 10000 元以上商品,打 7.5 折;如果为 8000 元以上,打 8 折;如果满 6000 元,打 9 折;如果满 4000 元,打 9.5 折;如果为 4000 元以下,不打折。请编程(用 switch 语句)计算每位顾客应支付多少元。

操作步骤:

(1) 重复项目三的任务 1 中的步骤(1)、步骤(2)。

(2) 在代码编辑区输入 C 代码,如图 6-44 所示。

分析:switch 语句的一般形式是在 switch 之后的圆括号()内有变量或变量表达式,并且对应的 case 后的结果 E 是常量,而 total>10000 或 total>8000 等很难不做修订直接使用;但很容易发现规律,如果引入变量 t=(int)(total/1000),结果就简单多了。

参考代码如下:

```
#include <stdio.h>
void main()
{
    float total,dis,money;
    int t;
    printf("Input total data:");
    scanf_s("%f",&total);
    t=(int)(total/1000);
    switch(t)
    {
```

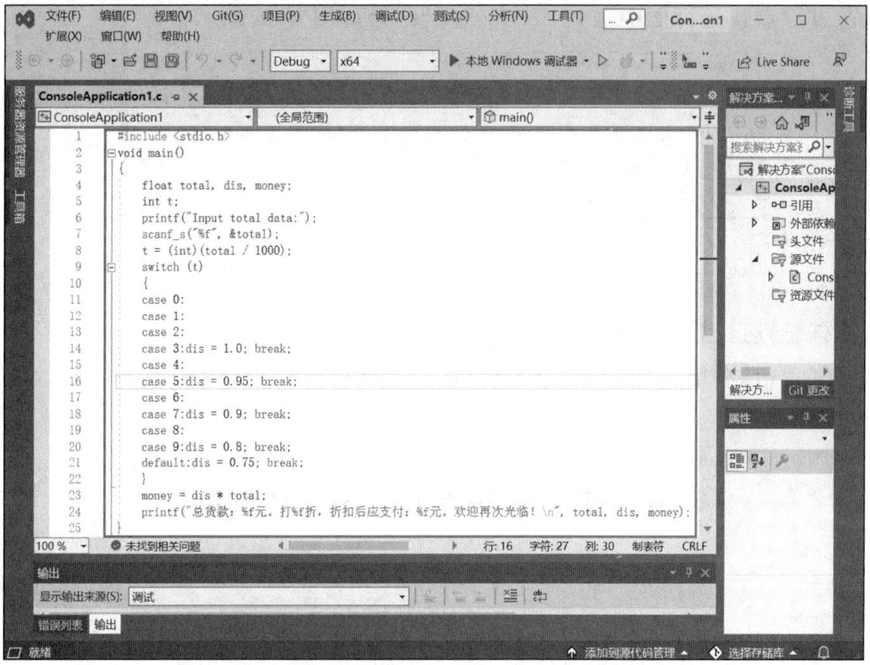

图 6-44　Visual Studio 源文件显示界面

```
        case 0:
        case 1:
        case 2:
        case 3:dis=1.0;break;
        case 4:
        case 5:dis=0.95;break;
        case 6:
        case 7:dis=0.9;break;
        case 8:
        case 9:dis=0.8;break;
        default:dis=0.75;break;
    }
    money=dis * total;
    printf("总货款：%f 元。打%f 折，折扣后应支付：%f 元。欢迎再次光临！\n",
total,dis,money);
}
```

(3) 调试。单击【本地 Windows 调试器】运行程序，运行结果如图 6-45 所示。

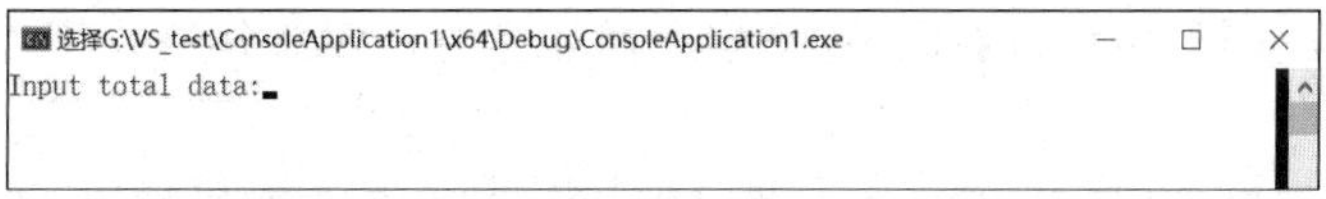

图 6-45　Visual Studio 源文件运行结果

（4）通过键盘在运行框中输入 12345，运行结果如图 6-46 所示。

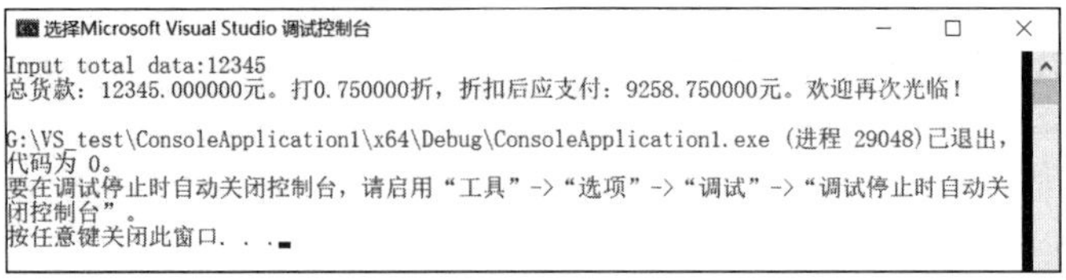

图 6-46　Visual Studio 源文件最终运行结果

（5）按任意键退出调试控制台。

（6）多次单击【本地 Windows 调试器】运行程序，在运行框中输入不同的数，检查运行结果是否正确。

项目四　简单循环结构程序设计

第六章-项目四

项目描述

本项目的学习目标是掌握循环结构 while 语句、do-while 语句和 for 语句的应用。

通过本项目的学习，学生应掌握使用循环结构进行程序设计的方法，提高学习编程的兴趣。

项目相关知识介绍

1. while 语句

while 语句的一般形式为：

```
while(expression)
{
循环体语句;
循环变量增幅;
}
```

while 语句解析如下：

（1）判断条件 expression 是否成立。如果成立，则执行循环体语句；如果不成立，那么退出循环，执行循环体外的其他语句。

（2）循环体语句是否执行取决于 while 后的条件 expression 是否成立，循环体语句可能执行，也可能一次也不执行。

（3）while 语句的一个显著特点是先判断后执行。

（4）起始条件、循环条件、循环变量增幅和循环体语句四部分是循环结构四要素。

说明：

（1）循环条件可以是任意表达式，只要表达式的值能确定逻辑结果（真假）即可。

（2）while 循环结构中循环条件的作用是控制循环结束，如果程序执行过程中一直不能结束循环，则循环结构会陷入无限循环（也称为死循环），如 while(1)等。

(3) 循环语句可以只有一条语句，也可以为多条语句循环。当多条语句循环时，使用{}成为复合语句；如果没有{}，则以语句的第一个分号“;”作为结束符。

(4) 下列条件会导致退出 while 循环：① 循环表达式不成立；② 循环体内出现并执行了 break 或 return 语句。

2. do-while 语句

do-while 语句是另外一种实现循环结构的语句，其一般形式为：

```
do
{
循环体语句组;
循环变量增幅;
}
while(expression);
```

do-while 语句的执行过程如下：

语句的执行过程是，先执行一次 do 后面的循环体语句，不管 while 条件是否成立；执行完一次循环体语句后再对 while 的循环条件进行计算，如果 while 之后的循环条件成立，则继续执行循环体语句，如此反复，直到 while 后的循环条件为假(false，零值)时循环结束。

说明：

(1) do-while 语句与 while 语句相比，至少能够执行一次循环体语句。

(2) do-while 语句的典型特点是：先执行语句，后判断条件。

(3) do-while 语句可以组成多重循环，也可以和 while 语句互相嵌套。

(4) 当 do-while 之间的循环体由多个语句组成时，用{}将多个语句括起来组成一个复合语句。

(5) do-while 和 while 语句互相转换时，要注意循环控制条件。

3. for 语句

for 语句的一般形式为：

```
for([起始条件];[循环条件];[循环变量增幅])
循环体语句;
```

for 语句的执行过程如下：

(1) 对起始条件进行赋值判断。

(2) 如果循环条件的值为真(true，非零)，则执行后续的循环体语句；如果循环条件的值为假(false，零值)，则退出循环体语句，结束循环。

(3) 执行循环变量增幅语句，实现循环变量的变化。

(4) 转向第(2)步，再次判断循环条件是否成立；重复执行步骤(2)和(3)。

(5) 循环条件不成立，循环结束，执行 for 循环结构外的语句。

说明：

(1) for 语句的一般形式( )内的两个分号必不可少。第一个分号前是起始条件；第二个分号前是循环条件，分号后是循环变量增幅；循环变量增幅后没有分号“;”。

(2) 起始条件可以有多个初始值，如果有多个初始值，用逗号“,”分开；当然初始条件的位置也可以在 for 语句之前。

(3) 循环变量增幅：循环变量增幅可以放在()内，也可以跟循环体语句放在一起；循环变量增幅可以为多个变量；如果()内存在多个循环变量增幅，用逗号“，”分开。

(4) for 语句与 while、do-while 语句也可互相转换。

实验主要内容

任务 1　while 语句的使用

本任务的主要内容是掌握 C 语言中 while 语句的使用方法，运用 C 语言中循环结构编程计算从 1 到 100 的偶数和。通过本任务的学习，学生应加深对循环结构程序设计的理解。

操作步骤：

(1) 重复项目三的任务 1 中的步骤(1)、步骤(2)。

(2) 在代码编辑区输入 C 代码，如图 6-47 所示。

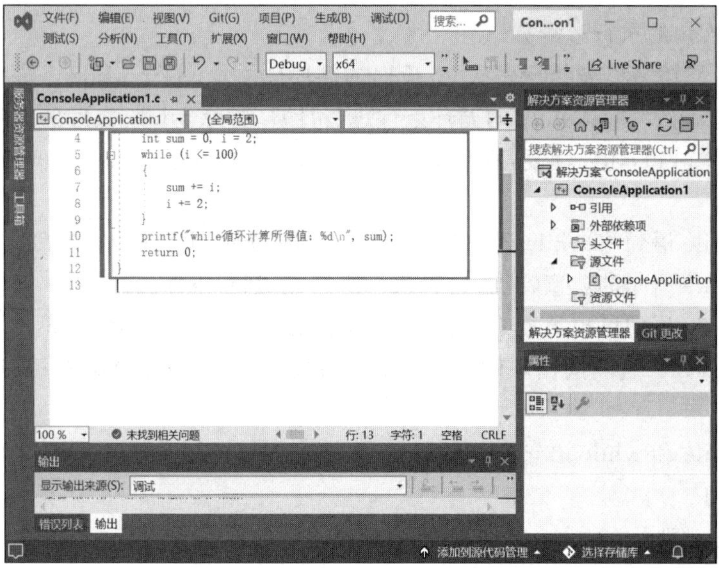

图 6-47　Visual Studio 源文件显示界面

分析：任务中要计算从 1 到 100 的偶数和，范围为 2～100，所以需要起始值为 2，循环条件判定为 100 以内的数，满足条件继续相加，大于 100 则跳出循环。

参考代码：

```
#include <stdio.h>
int main()
{
    int sum=0,i=2;
    while(i<=100)
    {
        sum+=i;
```

```
        i+=2;
    }
    printf("while 循环计算所得值：%d\n",sum);
    return 0;
}
```

(3) 调试。单击【本地 Windows 调试器】运行程序，运行结果如图 6-48 所示。

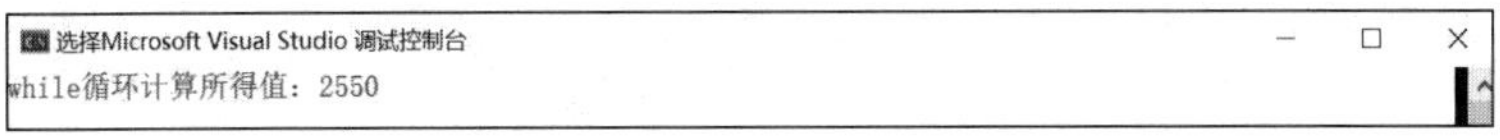

图 6-48　Visual Studio 源文件运行结果

(4) 按任意键退出调试控制台。

任务 2　do-while 语句的使用

本任务的主要内容是掌握 C 语言中 do-while 语句的使用方法，运用 C 语言中循环结构编程计算从 1 到 100 的偶数和。通过本任务的学习，学生应加深对循环结构程序设计的理解。

操作步骤：

(1) 重复项目三的任务 1 中的步骤(1)、步骤(2)。

(2) 在代码编辑区输入 C 代码，如图 6-49 所示。

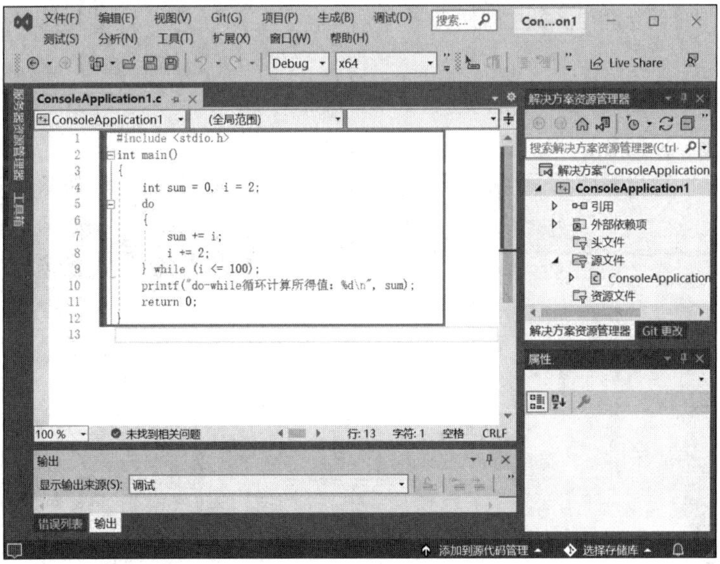

图 6-49　Visual Studio 源文件显示界面

参考代码：

```
#include <stdio.h>
int main( )
{
    int sum=0,i=2;
```

```
    do
    {
        sum+=i;
        i+=2;
    }while(i<=100);
    printf("do-while 循环计算所得值：%d\n",sum);
    return 0;
}
```

(3) 调试。单击【本地 Windows 调试器】运行程序，运行结果如图 6-50 所示。

图 6-50　Visual Studio 源文件运行结果

(4) 按任意键退出调试控制台。

对比 while 语句和 do-while 语句可知，while 语句先判断后执行，do-while 语句先执行后判断。

任务 3　for 语句的使用

本任务的主要内容是掌握 C 语言中 for 语句的使用方法，运用 C 语言中循环结构编程计算从 1 到 100 的偶数和。通过本任务的学习，学生应加深对循环结构程序设计的理解。

操作步骤：

(1) 重复项目三的任务 1 中的步骤(1)、步骤(2)。

(2) 在代码编辑区输入 C 代码，如图 6-51 所示。

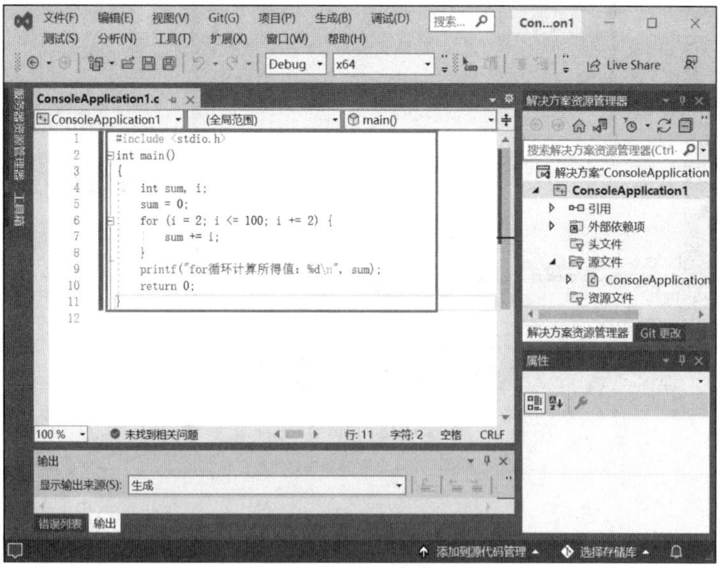

图 6-51　Visual Studio 源文件显示界面

分析：任务中要计算偶数和，范围为 2～100。for 循环包含起始条件、循环条件和循环变量增幅，因此起始条件变量 i=2，循环条件为 i<=100，增幅为 2 即可。

参考代码：

```
#include <stdio.h>
int main( )
{
    int sum,i;
    sum=0;
    for(i=2;i<=100;i+=2)
    {
        sum+=i;
    }
    printf("for 循环计算所得值：%d\n",sum);
    return 0;
}
```

（3）调试。单击【本地 Windows 调试器】运行程序，运行结果如图 6-52 所示。

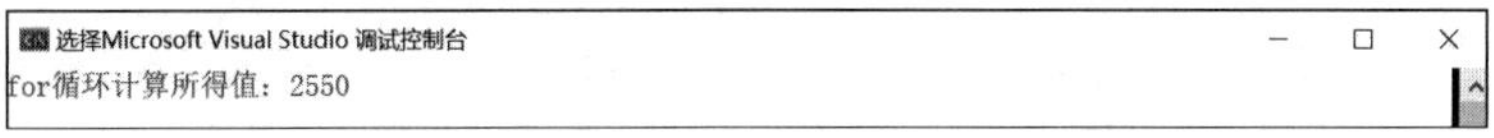

图 6-52　Visual Studio 源文件运行结果

（4）按任意键退出调试控制台。

综 合 实 训

实训一　编写程序计算两个整数 x 和 y 的乘积，并输出完整的乘积式子。

实训二　将项目二中的任务 2 用 if-else 语句编程实现。

实训三　编写程序求解“百马百担”问题。有 100 匹马，要驮 100 担货物，其中 1 匹大马可以驮 3 担货物，1 匹中马可以驮 2 担货物，2 匹小马可以驮 1 担货物，请问大马、中马和小马可以有多少种组合。

第七章　数据库应用

内容与要求

本章主要介绍使用交互式方法和 T-SQL 创建数据库，创建数据库表，修改已有数据库表结构，录入、修改、删除数据，查询数据以及创建、修改视图。

通过本章的学习，学生应了解 SQL Server 数据库的初步知识，掌握数据库和表的建立及其他操作，掌握修改表结构的方法及对数据的基本操作，掌握查询的创建方法及查询条件的表示方法，掌握视图的基本操作。

本章的思维导图

- 数据库应用
  - 项目一　数据库的创建
    - 任务 1　使用交互式方法创建数据库
    - 任务 2　使用 T-SQL 创建数据库以及指定参数创建数据库
  - 项目二　数据库表的创建
    - 任务 1　使用交互式方法创建数据库表
    - 任务 2　使用 T-SQL 创建数据库表
  - 项目三　数据库表结构的操作
    - 任务 1　使用交互式方法修改已有数据库表的结构
    - 任务 2　使用 T-SQL 修改已有数据库表的结构
  - 项目四　数据的操作
    - 任务 1　使用交互式方法录入、修改、删除数据
    - 任务 2　使用 T-SQL 插入、修改、删除数据，复制数据库表
  - 项目五　数据的查询
    - 任务 1　无条件查询数据库表所有数据
    - 任务 2　条件查询数据
    - 任务 3　查询结果排序
    - 任务 4　连表查询数据
    - 任务 5　分组统计计算查询数据
  - 项目六　视图的操作
    - 任务 1　使用交互式方法创建、修改学生成绩视图
    - 任务 2　使用 T-SQL 创建、修改学生成绩视图

项目一　数据库的创建

第七章-项目一

项目描述

本项目的学习目标是学会使用数据库软件 SQL Server 2012 创建一个存储学生信息的数据库，重点掌握创建数据库的操作步骤，理解 T-SQL 的语法格式。

通过本项目的学习，学生应能够熟练使用交互式方法和 T-SQL 两种方式创建数据库。

项目相关知识介绍

1. 数据库文件

常用的数据库文件类型如表 7-1 所示。

表 7-1　数据库文件类型

文件类型	说　明
主要数据文件	主要数据文件包含数据库的启动信息，并指向数据库中的其他文件。用户数据和对象可存储在此文件中，也可以存储在次要数据文件中。每个数据库有一个主要数据文件。建议主要数据文件的扩展名为. mdf
次要数据文件	次要数据文件是可选的，由用户定义并存储用户数据。将数据库中的数据分散在不同文件中的好处是：其一，次要数据文件可用于将数据分散到多个磁盘上，这样系统就可以同时对多个磁盘做存取，从而加快数据处理的速度，提高系统工作效率；其二，如果数据库超过单个 Windows 文件的最大容量，可以使用次要数据文件，这样数据库就能继续增长。建议次要数据文件的扩展名为. ndf
事务日志文件	事务日志文件保存用于恢复数据库的日志信息。每个数据库至少要有一个日志文件。建议事务日志文件的扩展名为. ldf

2．文件组

文件组是指将构成数据库的数个文件集合起来组合而成的群体，并被赋予一个组名。当在数据库中创建数据库对象时，可以特别指定将某些对象存储在某一特定的文件组上。SQL Server 中的数据库可由数个文件组组成，其中一个称为主要文件组，其他则由用户定义，称为非主要文件组。当创建数据库时，主要文件组包含主要数据文件和未指定加入组的其他文件，该数据库所属的系统表也建立在主要文件组上。在非主要文件组中，可指定其中一个为默认文件组，当在数据库上创建对象时，如果未指明该对象要建立在哪一个文件组上，系统会将该对象建立在默认文件组上。默认文件组中的文件必须足够大，能够容纳未分配给其他文件组的所有新对象。如果没有默认文件组，则主要文件组为默认文件组。使用文件组的目的也是提高执行效率。

实验主要内容

任务 1　使用交互式方法创建数据库

本任务的主要内容是掌握交互式创建数据库的方法。具体要求：数据库名称为 StudentDB（学生管理数据库）；查看数据库属性；修改数据库参数；将数据库 StudentDB 增长参数设置为 4 MB，文件大小设置为 5 MB。

操作步骤：

（1）启动 Microsoft SQL Server Management Studio，选中【开始】|【所有程序】|【Microsoft SQL Server 2012】|【SQL Server Management Studio】，显示【连接到服务器】对话框，选中 SQL Server 2012 服务器名称，如 MS-YOKUPMHUQSJJ，如图 7-1 所示，单击【连接】按钮，显示 SQL Server 2012 的 Microsoft SQL Server Management Studio 窗口。

图 7-1　【连接到服务器】对话框

（2）在【对象资源管理器】窗格中，右击【数据库】，在打开的快捷菜单中选中【新建数据库】，打开

【新建数据库】窗口，如图 7-2 所示。

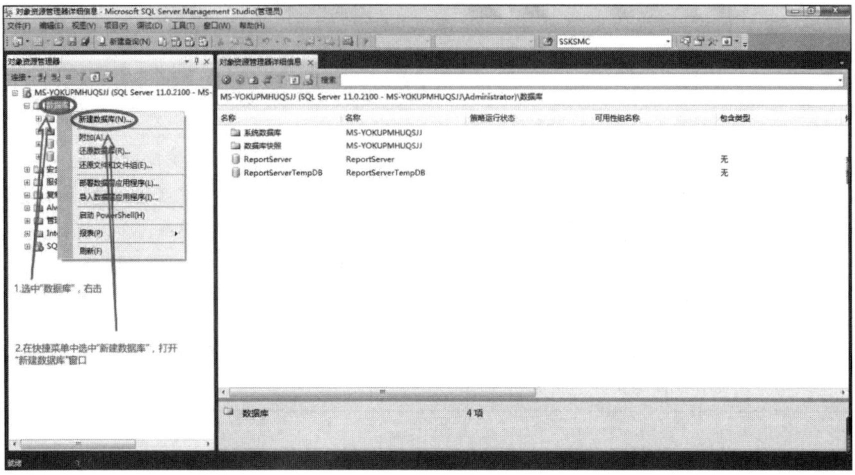

图 7-2 【新建数据库】窗口打开过程

(3) 在【新建数据库】窗口中，在【数据库名称】文本框中输入数据库名称 StudentDB；在【数据库文件】列表中，单击数据库数据文件的存储【路径】列右侧的按钮，将路径设置为"E:\StudentDB 数据库"，单击数据库日志文件的存储【路径】列右侧的按钮，将路径设置为"E:\StudentDB 数据库"，并查看其他列数据的设置，如图 7-3 所示，单击【确定】按钮，StudentDB 数据库创建完成。

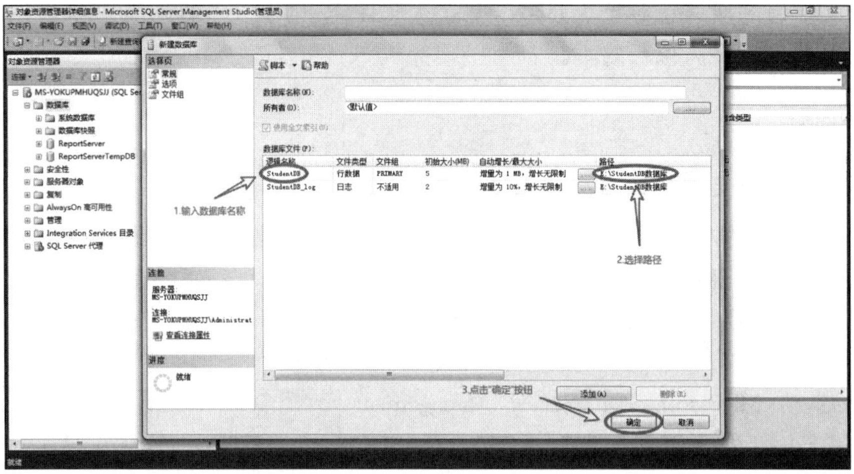

图 7-3 【新建数据库】窗口

(4) 在【对象资源管理器】窗格中，可以看到 StudentDB 已存在。右击【StudentDB】，在打开的快捷菜单中选中【属性】选项，查看数据库属性，如图 7-4 所示。打开【数据库属性-StudentDB】窗口后，在左窗格的【选择页】中选中【文件】，查看数据库文件属性内容，如图 7-5 所示。

(5) 在【选择页】中选中【文件】，修改数据库参数。在【数据库文件】列表中单击文件行

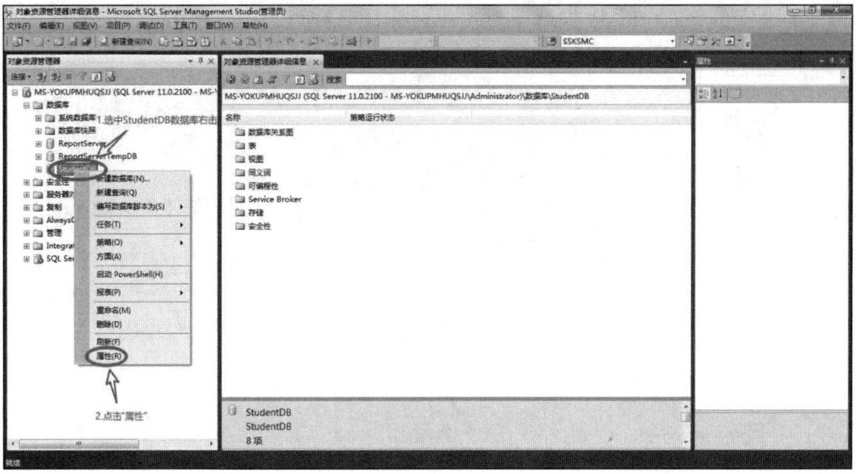

图 7-4　【属性】选项

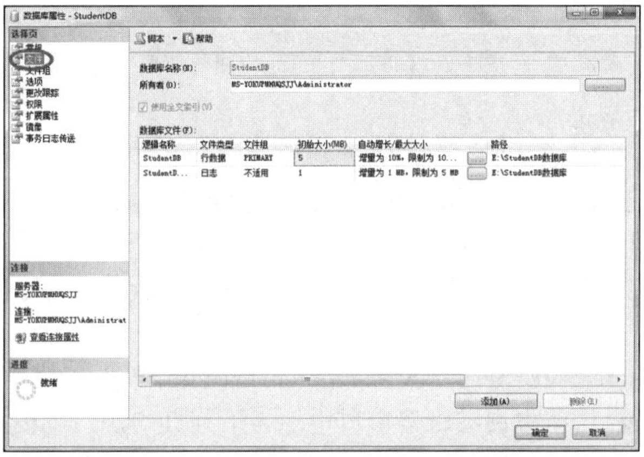

图 7-5　数据库 StudentDB 属性窗口

中【自动增长】单元格右侧的▭按钮，打开【更改 StudentDB 的自动增长设置】对话框。在【文件增长】项中，选中【按 MB(M)】单选按钮，并在其右侧输入框中输入 4；在【最大文件大小】项中，选中【限制为(MB)(L)】单选按钮，并在其右侧输入框中输入 100，如图 7-6 所示。

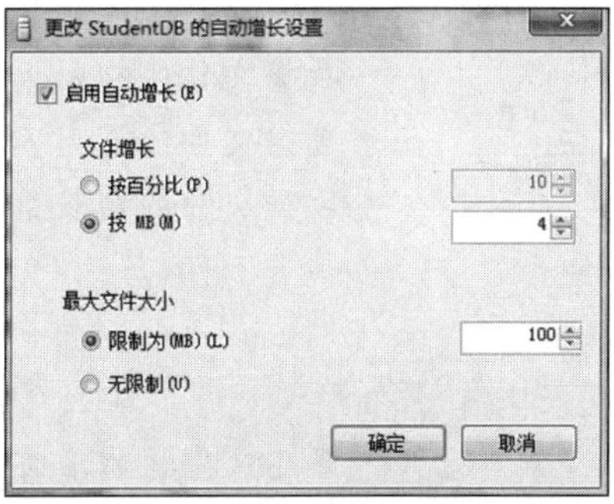

图 7-6　【更改 StudentDB 的自动增长设置】对话框

(6) 单击【确定】按钮，在【数据库属性-StudentDB】窗口中查看数据和日志文件的【自动增长】列的变化情况，如图 7-7 所示。

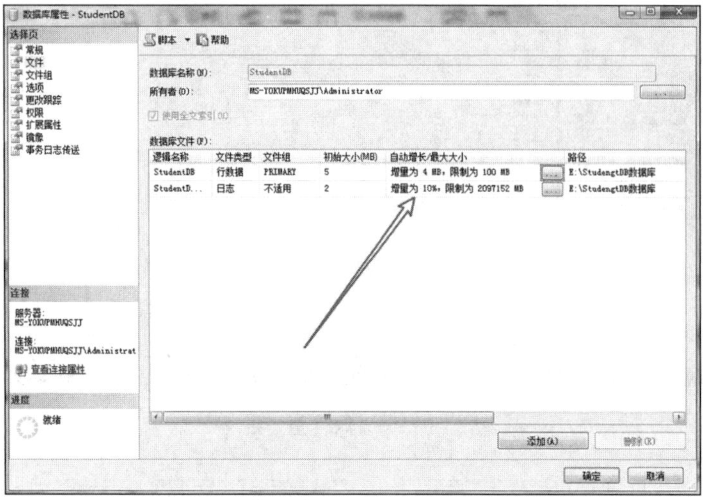

图 7-7 【自动增长】列的变化情况

任务 2　使用 T-SQL 创建数据库以及指定参数创建数据库

本任务的主要内容是使用 T-SQL 创建数据库。具体要求：数据库名称为 StudentDB，其中包括数据库数据文件（文件名为 StudentDB. mdf），存储在"E:\StudentDB 数据库"文件夹中；数据库日志文件（文件名为 StudentDB_log. ldf），存储在"E:\StudentDB 数据库"文件夹中。

操作步骤：

(1) 启动 Microsoft SQL Server Management Studio，单击工具栏中的【新建查询】按钮，打开查询编辑器窗口，在查询编辑器窗口中输入下列 T-SQL 语句创建数据库。SQL 语法没有规定大小写，以便于分类，我们统一使用大写，语句如下：

```
CREATE DATABASE StudentDB
ON
(
NAME =StudentDB,                ——数据文件逻辑名称
FILENAME = 'E:\StudentDB 数据库\StudentDB. mdf',——数据文件的物理名称
SIZE = 5MB,                     ——数据文件的初始大小
MAXSIZE = 100MB,                ——数据文件的最大容量
FILEGROWTH = 10%                ——数据文件的增长量
)
LOG ON
(
NAME =StudentDB_log,            ——日志文件逻辑名称
FILENAME = 'E:\StudentDB 数据库\StudentDB_log. ldf',——日志文件的物理
                                                      名称
SIZE = 1MB,                     ——日志文件的初始大小
```

MAXSIZE = 5MB,　　　　——日志文件的最大容量
FILEGROWTH = 1MB　　　　——日志文件的增长量
)

(2) 单击工具栏中的【执行】按钮，执行上面的 T-SQL 语句；在【对象资源管理器】窗格中右击【数据库】，在打开的快捷菜单中选中【刷新】，查看其内容中已存在 StudentDB 数据库，如图 7-8 所示。

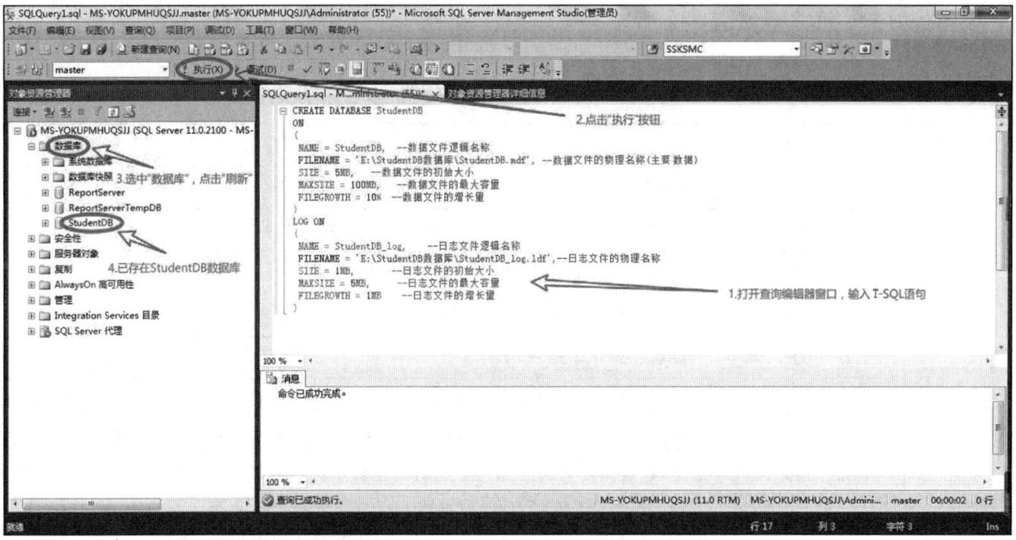

图 7-8　创建数据库 StudentDB 的 T-SQL 语句及其执行结果

(3) 查看数据库 StudentDB 的属性。在【对象资源管理器】窗格的【数据库】中，右击【StudentDB】，在打开的快捷菜单中选中【属性】，打开【数据库属性-StudentDB】窗口，分别查看【常规】、【文件】、【文件组】等选择页的内容。

项目二　数据库表的创建

第七章-项目二

项目描述

数据库表是包含数据库中所有数据的数据库对象，是数据库的灵魂。一般一个数据库表反映一种类型的对象信息，与电子表格相似，数据在表中是按行和列的格式组织排列的。表中的每一列都设计成存储某种类型的信息(如日期、名称、人民币金额或数字)。

通过本项目的学习，学生应能够熟练掌握使用交互式方法创建数据库表的操作步骤，理解数据库表的每种数据类型在实际应用中的使用场景，理解 T-SQL 创建数据库表的语法。

项目相关知识介绍

1. 数据库表

数据库表(简称表)是数据库中最重要的对象，它最主要的功能是存储数据。创建数据

库后，即可创建数据库表。数据库表存储在数据库文件中，并可以存放在指定的文件组上。数据库表是列的集合，每一列都是不可再分的。数据在数据库表中是按行和列的格式组织排列的，每行代表唯一的一条记录，而每列代表记录中的一个数据项。每一列具有相同的域，即有相同的数据类型。SQL Server 的每个数据库最多可存储 20 亿个表，每个表可以有 1024 列。表的行数及总大小仅受可用存储空间的限制。每行最多可以存储 8060 字节。

2. 列的常用数据类型

列的常用数据类型如表 7-2 所示。

表 7-2　列的常用数据类型

类　别	类　型	说　　明
精确数字	bigint	存储大小为 8 字节，$-2^{63} \sim 2^{63}-1$ 的整型数据
	int	存储大小为 4 字节，$-2^{31} \sim 2^{31}-1$ 的整型数据
	smallint	存储大小为 2 字节，$-2^{15} \sim 2^{15}-1$ 的整型数据
	tinyint	存储大小为 1 字节，0～255 的整型数据
	bit	整数数据 0、1 或 Null
	decimal[p[,s]]	带固定精度和小数位数的数值数据类型。p(精度)：最多可以存储的十进制数字的总位数，包括小数左边和右边的位数。该精度必须是从 1 到最大精度 38 的值，默认精度为 18。s(小数位数)：小数点右边可以存储的十进制数字的最大位数。小数位数必须是 0～p 的值。仅在指定精度后才可以指定小数位数。默认的小数位数为 0。因此，$0 \leqslant s \leqslant p$。最大存储大小基于精度而变化
	money	存储大小为 8 字节。货币数据值为－922337203685477.5808～＋922337203685477.5807
	smallmoney	存储大小为 4 字节。货币数据值为－214748.3648～＋214748.3647
日期和时间	datetime	时间范围：1753 年 1 月 1 日—9999 年 12 月 31 日，精度：3.33 ms
	smalldatetime	时间范围：1900 年 1 月 1 日—2079 年 6 月 6 日，精度：1 min
字符串	char[(n)]	固定长度的非 Unicode 字符数据，长度为 n 字节。n 的范围为 1～8000，存储大小为 n 字节
	varchar[(n|max)]	长度可变的非 Unicode 字符数据。n 的取值范围为 1～8000。max 表示最大存储大小为 $2^{31}-1$ 字节。存储大小是输入数据的实际长度加 2 字节。所输入数据长度可以为 0 个字符
	text	服务器代码页中长度可变的非 Unicode 数据，最大长度为 $2^{31}-1$ 个字符。当服务器代码页使用双字节字符时，存储大小仍为 2147483647 字节。根据字符串，存储大小可能小于 2147483647 字节

3. 数据库表包含的内容

每个数据库表至少包含以下内容：

(1) 数据库表名称。

(2) 数据库表中所包含的列名称，同一表中的列名称不能相同。

(3) 每列的数据类型。

(4) 数据类型为字符串类型时，一般需要指定字符串长度。

(5) 每列的取值是否可以为空(Null),是否唯一,是否要进行默认值设置或添加用户定义约束。

实验主要内容

任务 1　使用交互式方法创建数据库表

本任务的主要内容是在数据库 StudentDB 中,使用交互式方法创建数据库表:班级表、学生表、学科表、成绩表。

班级表结构要求见表 7-3。

表 7-3　CLASS 班级表

中文名称	字段名称	数据类型	非空	备注
班级编号	CLASS_ID	int	Y	主键(自增)
班级名称	CLASS_NAME	varchar(30)	Y	

学生表结构要求见表 7-4。

表 7-4　STUDENT 学生表

中文名称	字段名称	数据类型	非空	备注
学生编号	STUDENT_ID	int	Y	主键(自增)
学生姓名	STUDENT_NAME	varchar(30)	Y	
学生性别	STUDENT_SEX	int	N	
学生年龄	STUDENT_AGE	int	N	
学生电话	STUDENT_TELEPHONENO	varchar(30)	N	
学生班级	CLASS_ID	int	Y	

学科表结构要求见表 7-5。

表 7-5　COURSE 学科表

中文名称	字段名称	数据类型	非空	备注
学科编号	COURSE_ID	int	Y	主键(自增)
学科名称	COURSE_NAME	varchar(30)	Y	

成绩表结构要求见表 7-6。

表 7-6　SCORE 成绩表

中文名称	字段名称	数据类型	非空	备注
成绩编号	SCORE_ID	int	Y	主键(自增)
学生编号	STUDENT_ID	int	Y	
学科编号	COURSE_ID	int	Y	
分数	GRADE	decimal(5, 2)	N	校验分数 0～150 之间

操作步骤：

(1) 交互式创建 CLASS 班级表。

① 启动 Microsoft SQL Server Management Studio，在【对象资源管理器】窗格中找到数据库 StudentDB，点击展开数据库 StudentDB 内容。选中【表】，右击打开快捷菜单，选择【新建表】选项，打开表设计页面，输入各字段定义，如图 7-9 所示。

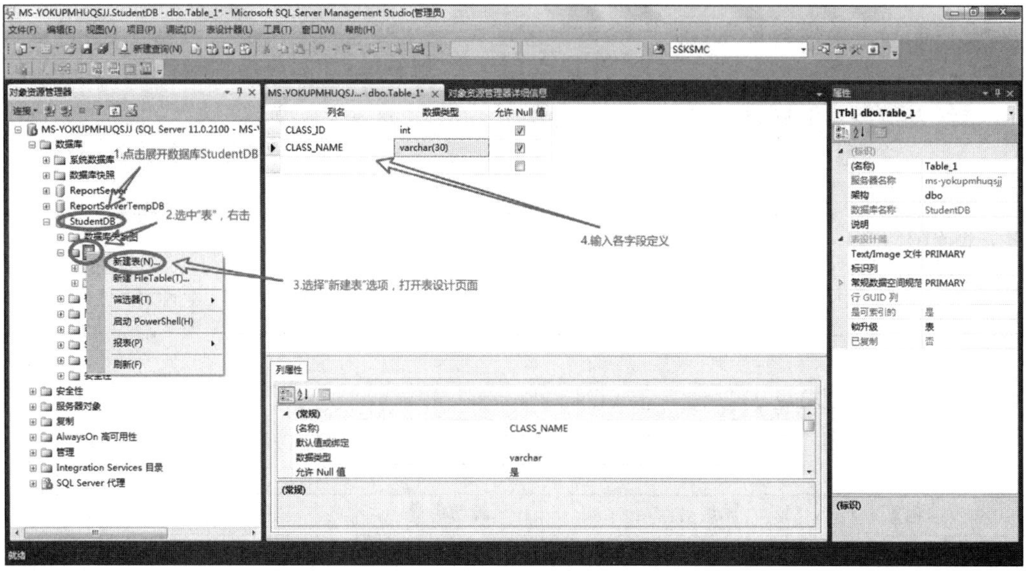

图 7-9　新建表自定义字段窗口

② 单击【保存】按钮，在弹出的【选择名称】对话框中输入表名称 CLASS，如图 7-10 所示，单击【确定】按钮。

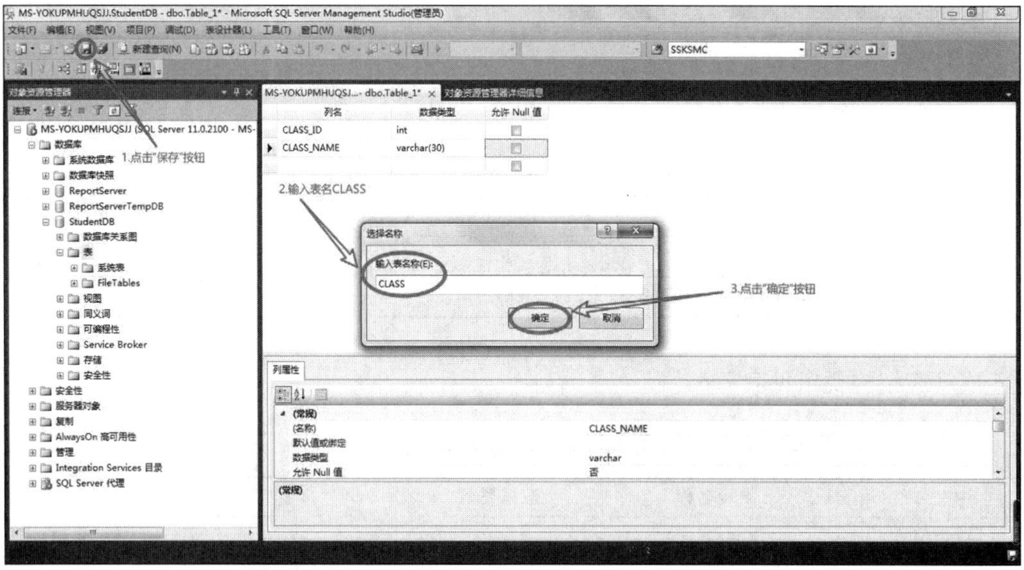

图 7-10　保存新建表 CLASS

③ 在【对象资源管理器】中，选择【数据库】|【StudentDB】|【表】|【dbo. CLASS】|【列】，查看 CLASS 班级表内容，如图 7-11 所示。

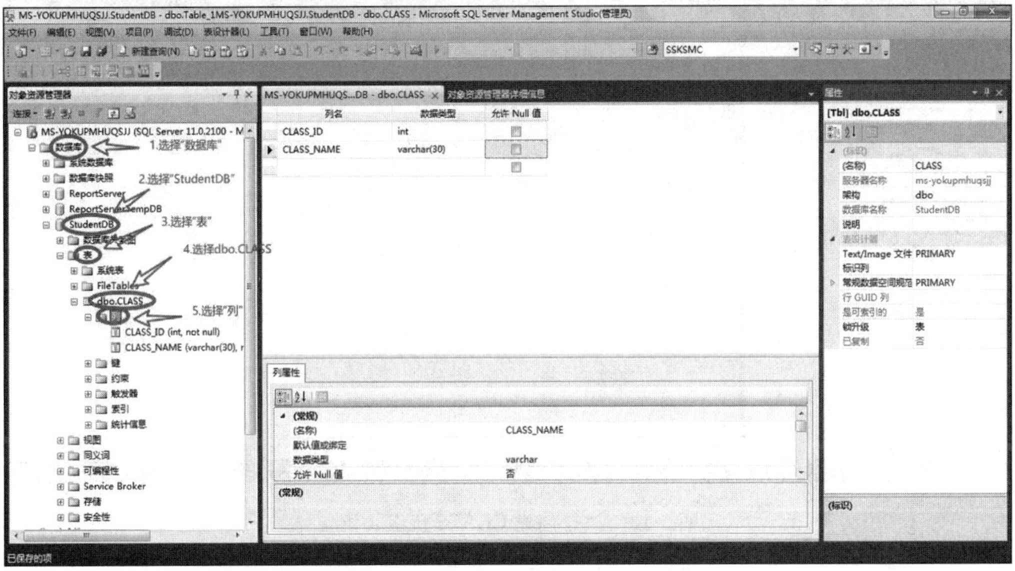

图 7-11 查看 CLASS 班级表内容

(2) 采用类似方法，依次交互式创建 STUDENT 学生表、COURSE 学科表和 SCORE 成绩表。

任务 2 使用 T-SQL 创建数据库表

本任务的主要内容是在数据库 StudentDB 中，使用 T-SQL 创建数据库表：班级表、学生表、学科表、成绩表。表结构同任务 1。

操作步骤：

(1) 使用 T-SQL 创建 CLASS 班级表。

① 启动 Microsoft SQL Server Management Studio，在【对象资源管理器】窗格中找到【数据库】文件夹下的数据库 StudentDB。选中数据库 StudentDB，单击【新建查询】按钮，打开查询编辑器窗口，输入 T-SQL 语句。

```
——创建 CLASS 班级表：
CREATE TABLE CLASS (
CLASS_ID INT PRIMARY KEY IDENTITY( 202111300,1) NOT NULL,——班级编号
CLASS_NAME VARCHAR( 30 ) NOT NULL ——班级名称
);
```

② 点击【执行】按钮，执行创建 CLASS 班级表语句，执行成功，下面的【消息】窗格中会显示“命令已成功完成。”如图 7-12 所示。

③ 在【对象资源管理器】窗格中选择【数据库】|【StudentDB】|【表】，右击打开快捷菜单，点击【刷新】，可以看到【表】中已存在 CLASS 班级表，如图 7-13 所示。

(2) 采用类似的方法，用 T-SQL 分别创建 STUDENT 学生表，COURSE 学科表和 SCORE 成绩表。

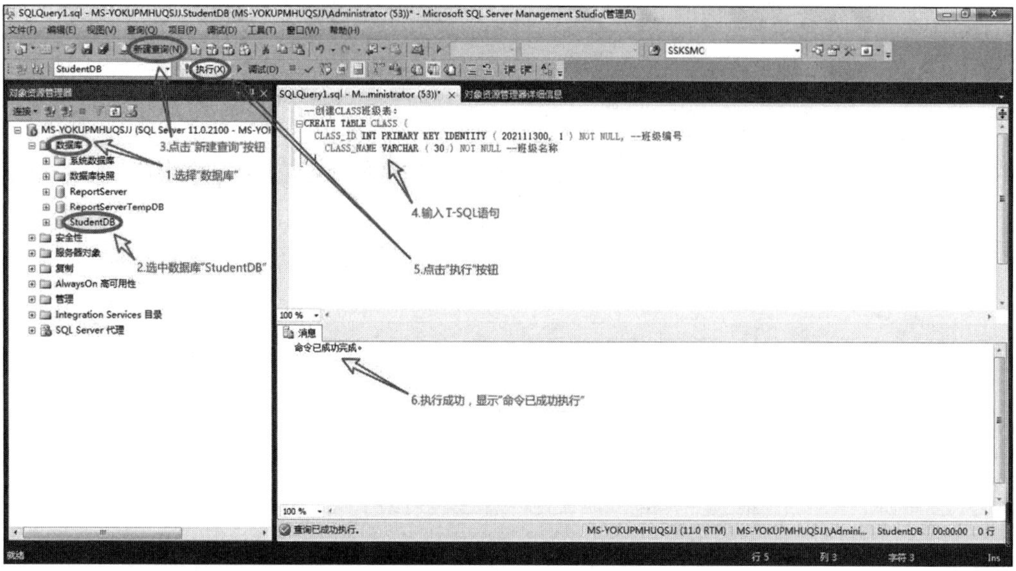

图 7-12　执行创建 CLASS 班级表语句

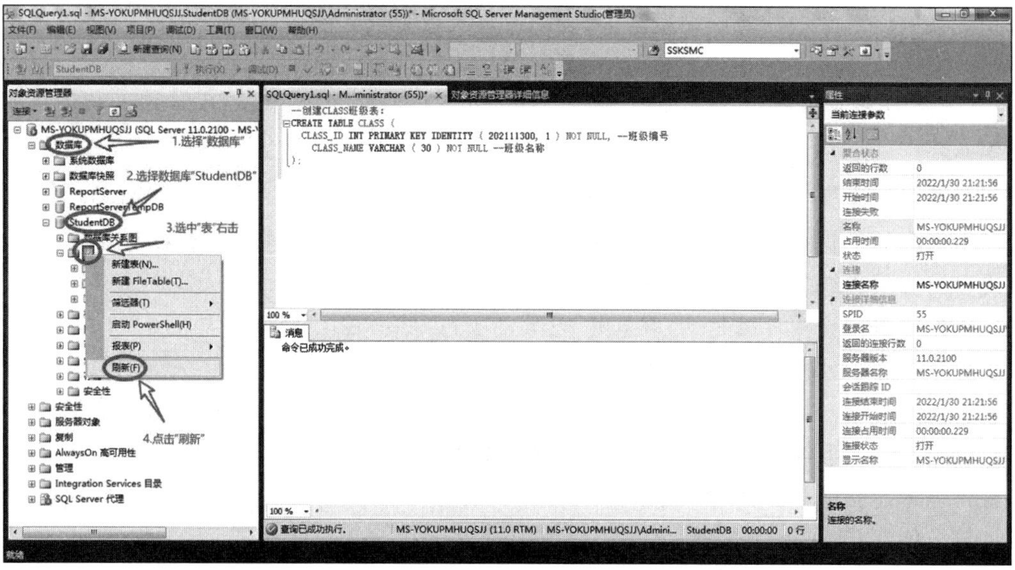

图 7-13　左侧树展示出的 CLASS 班级表

① 创建 STUDENT 学生表：

```
CREATE TABLE STUDENT (
  STUDENT_ID INT PRIMARY KEY IDENTITY ( 2021113000, 1 ) NOT NULL,
——学生编号
  STUDENT_NAME VARCHAR ( 30 ) NOT NULL,——学生姓名
  STUDENT_SEX INT NULL,——性别 0:男;1:女
  STUDENT_AGE INT NULL,——年龄
  STUDENT_TELEPHONENO VARCHAR ( 30 ) NULL,——电话
```

```
  CLASS_ID INT NOT NULL ——班级 ID
);
```

② 创建 COURSE 学科表：

```
CREATE TABLE COURSE (
  COURSE_ID INT PRIMARY KEY IDENTITY ( 0, 1 ) NOT NULL, ——学科编号
  COURSE_NAME VARCHAR ( 30 ) NOT NULL ——学科名称
);
```

③ 创建 SCORE 成绩表：

```
CREATE TABLE SCORE (
  SCORE_ID INT PRIMARY KEY IDENTITY ( 100000, 1 ) NOT NULL,——成绩编号
  STUDENT_ID INT NOT NULL,——学生编号
  COURSE_ID INT NOT NULL,——学科编号
  GRADE DECIMAL ( 5, 2 ) NULL CHECK ( GRADE >= 0 AND GRADE <= 150 ) ——分数
);
```

项目三　数据库表结构的操作

第七章-项目三

项目描述

创建数据库表之后，用户可以查看表的定义信息，修改表的结构。本项目对数据库表结构的操作，主要指新增列、修改列、删除列。

通过本项目的学习，学生应能够熟练使用交互式方法和 T-SQL 两种方式修改已有数据库表的结构。

项目相关知识介绍

数据库表结构就是数据库所包含的列的结构，所以对数据库表结构的操作就是对列的操作。

使用 ALTER TABLE 语句修改表的结构。ALTER TABLE 语句用于在已有的表中添加、删除或修改列。

如需要在表中添加列，请使用下面的语句：

```
ALTER TABLE table_name
ADD column_name datatype
```

如需要删除表中的列，请使用下面的语句：

```
ALTER TABLE table_name
DROP COLUMN column_name
```

如需要修改表中的列，请使用下面的语句：

ALTER TABLE table_name

ALTER COLUMN column_name datatype

实验主要内容

任务1　使用交互式方法修改已有数据库表的结构

本任务的主要内容是掌握交互式新增列、修改列、删除列的方法。

(1) 为 STUDENT 表添加家庭住址列。

列定义如下：

列名：HOME_ADDRESS

数据类型：VARCHAR

长度：50

允许 Null 值：是

(2) 将 STUDENT 表字段家庭住址列 HOME_ADDRESS 长度变为 100。

列定义如下：

列名：HOME_ADDRESS

数据类型：VARCHAR

长度：100

允许 Null 值：否

(3) 删除 STUDENT 表字段家庭住址列 HOME_ADDRESS。

操作步骤：

1. 使用交互式方法给 STUDENT 表添加家庭住址列 HOME_ADDRESS

(1) 在【对象资源管理器】窗格中，选择【数据库】|【StudentDB】|【表】|【dbo. STUDENT】，右击打开快捷菜单，点击【设计】选项，打开数据库表设计编辑窗口，如图 7-14 所示。

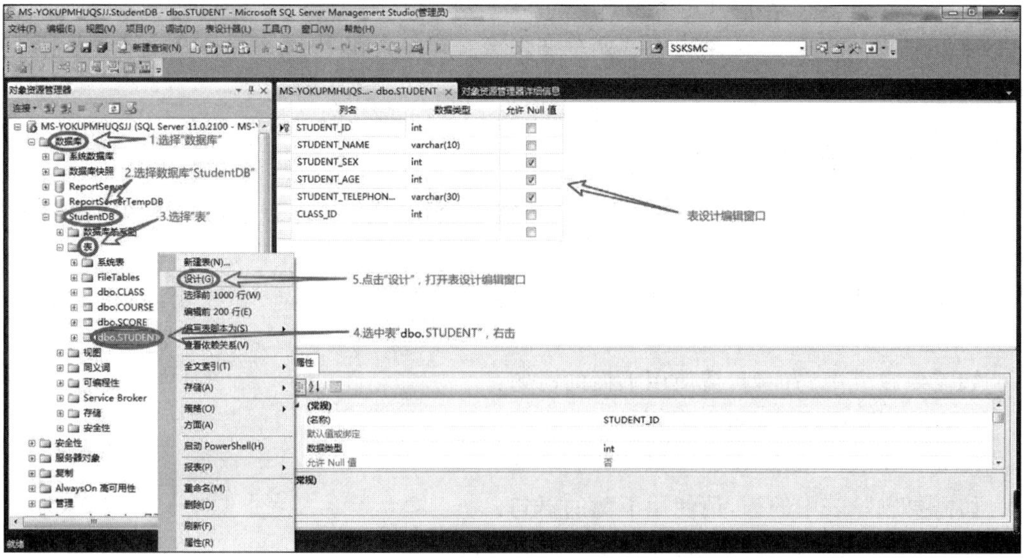

图 7-14　数据库表设计编辑窗口

（2）在数据库表设计编辑窗口的最后一行添加家庭住址列，列名为 HOME_ADDRESS，数据类型为 VARCHAR，长度为 50，允许 Null 值为是，如图 7-15 所示。

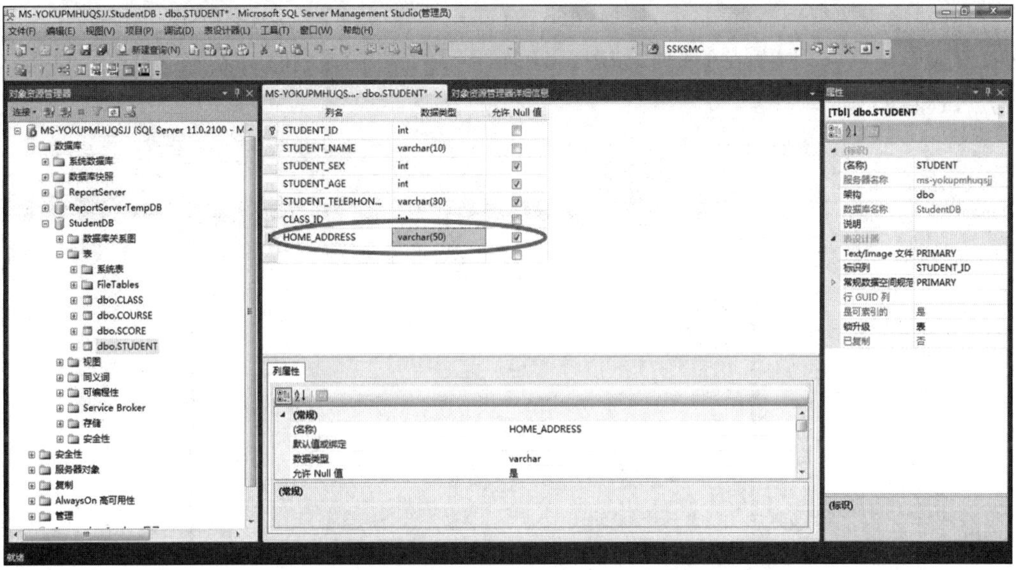

图 7-15　添加列 HOME_ADDRESS

（3）在工具栏中单击【保存】按钮，保存对 STUDENT 表的修改。

2. 使用交互式方法修改 STUDENT 表中家庭住址列 HOME_ADDRESS

（1）在【对象资源管理器】窗格中选择【dbo. STUDENT】，右击打开快捷菜单，点击【设计】选项，打开数据库表设计编辑窗口。在数据库表设计编辑窗口中找到要修改的列 HOME_ADDRESS，将此列的长度修改为 100，允许 Null 值修改为否，如图 7-16 所示。

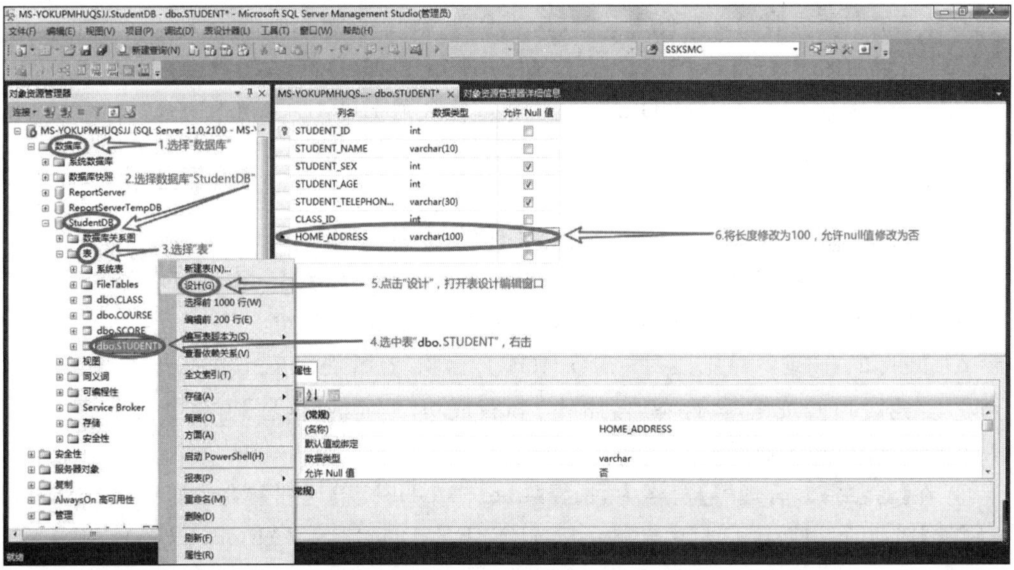

图 7-16　修改列 HOME_ADDRESS

(2) 在工具栏中单击【保存】按钮,保存对 STUDENT 表的修改。

3. 使用交互式方法删除 STUDENT 表中家庭住址列 HOME_ADDRESS

在【对象资源管理器】窗格中,选择【dbo. STUDENT】|【列】,选中【HOME_ADDRESS】,右击打开快捷菜单,点击【删除】选项,如图 7-17 所示。在弹出的【删除对象】对话框中,单击【确定】按钮即可。

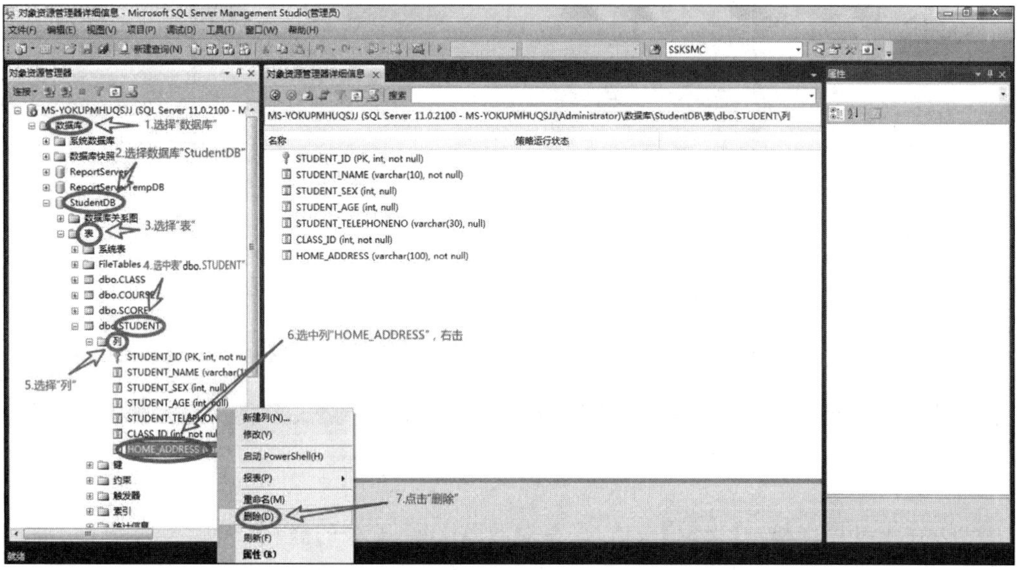

图 7-17　删除列 HOME_ADDRESS

任务 2　使用 T-SQL 修改已有数据库表的结构

本任务的主要内容是掌握使用 T-SQL 新增列、修改列、删除列的方法。

(1) 使用 T-SQL 给 STUDENT 表添加家庭住址列 HOME_ADDRESS。

(2) 使用 T-SQL 修改 STUDENT 表中家庭住址列 HOME_ADDRESS。

(3) 使用 T-SQL 删除 STUDENT 表中家庭住址列 HOME_ADDRESS。

操作步骤:

(1) 使用 T-SQL 给 STUDENT 表添加家庭住址列 HOME_ADDRESS。

① 打开查询编辑器窗口,为 STUDENT 表添加列,列名为 HOME_ADDRESS,数据类型为 VARCHAR,长度为 50,允许 Null 值为是,输入 T-SQL 语句:

ALTER TABLE STUDENT ADD HOME_ADDRESS VARCHAR(50) NULL;

② 点击【执行】按钮,执行添加列语句,执行成功,下面的【消息】窗格中会显示"命令已成功完成。"如图 7-18 所示。

③ 在【对象资源管理器】窗格中,选择【dbo. STUDENT】|【列】,右击打开快捷菜单,选择【刷新】选项,可以看到【列】中新增一列 HOME_ADDRESS VARCHAR(50) NULL,如图 7-19 所示。

(2) 采用类似的方法,分别用 T-SQL 对 STUDENT 表修改家庭住址列 HOME_ADDRESS(使其长度变为 100),删除家庭住址列 HOME_ADDRESS。

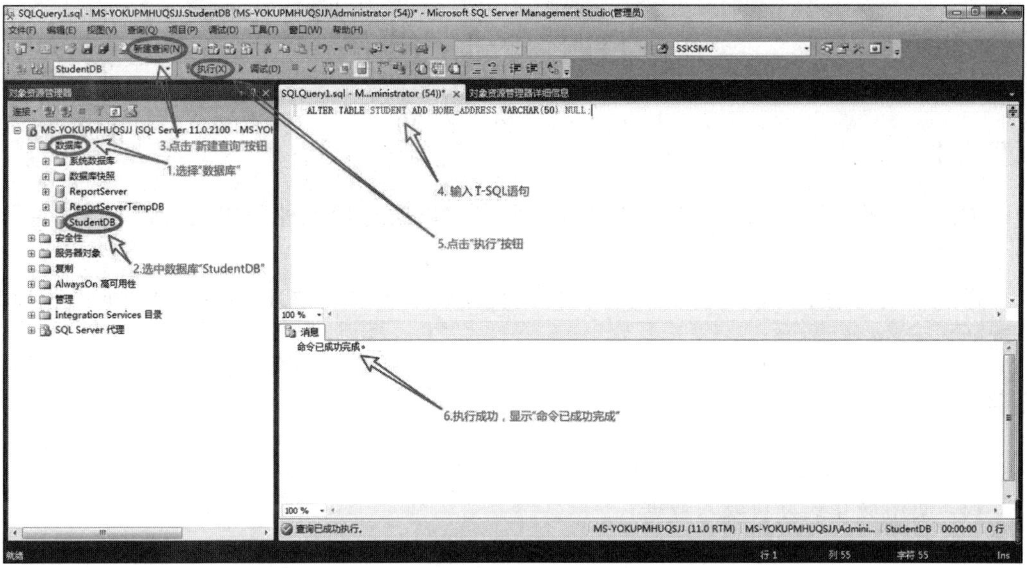

图 7-18　执行添加列命令

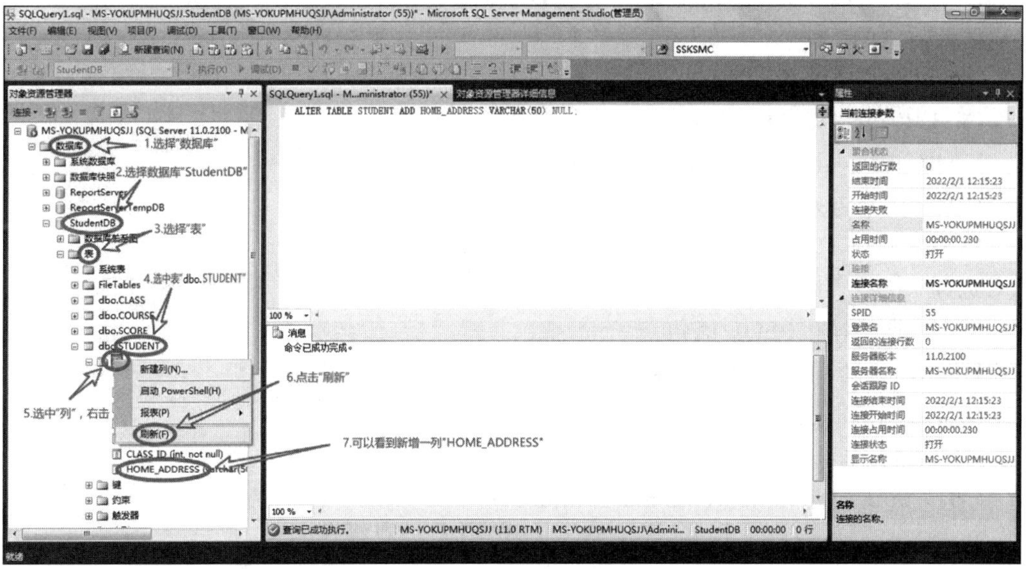

图 7-19　查看新增列

修改列 HOME_ADDRESS，使其长度变为 100，T-SQL 语句如下：

ALTER TABLE STUDENT ALTER COLUMN HOME_ADDRESS VARCHAR(100) NOT NULL；

删除列 HOME_ADDRESS，T-SQL 语句如下：

ALTER TABLE STUDENT DROP COLUMN HOME_ADDRESS；

项目四　数据的操作

第七章-项目四

项目描述

创建好数据库表之后，就可以对数据库表中的数据进行各种操作，包括录入、修改、删除等。

通过本项目的学习，学生应能够熟练使用交互式方法和 T-SQL 两种方式进行数据库表数据的添加、修改、删除。

项目相关知识介绍

1. 录入数据至数据库表的方法

(1) 使用交互式方法录入数据；

(2) 使用 T-SQL 的 INSERT INTO 语句录入数据；

(3) 使用 SQL Server 的数据导入功能把其他数据源数据导入 SQL Server 数据库表。

2. 插入数据的 T-SQL 语句

INSERT INTO 语句用于向表中插入新数据。

插入数据的语法：

(1) 无须指定要插入数据的列名，只需要提供插入的值

INSERT INTO table_name
VALUES (value1, value2, value3, …);

(2) 需要指定列名及插入的值

INSERT INTO table_name (column1, column2, column3, …)
VALUES (value1, value2, value3, …);

3. 修改数据的 T-SQL 语句

UPDATE 语句用于更新表中已存在的数据。

修改数据的语法：

UPDATE table_name
SET column1=value1, column2=value2, …
WHERE some_column=some_value;

4. 删除数据的 T-SQL 语句

DELETE 语句用于删除表中的数据。

删除数据的语法：

DELETE FROM table_name
WHERE some_column=some_value;

5. 数据库表的复制

使用 T-SQL 语句，复制已存在的数据库表生成一个新的数据库表。若被复制的数据库表中不存在数据，则只复制此表的数据结构至新表；若被复制的数据库表中存在数据，则既复制此表的数据结构又复制所有数据至新表。

实验主要内容

任务1 使用交互式方法录入、修改、删除数据

本任务的主要内容是对 STUDENT 表采用交互式方法插入数据、修改数据、删除数据。

(1) 向 STUDENT 表中插入表 7-7 所示的数据。

表 7-7 插入 STUDENT 表中的数据

2021113000	小李	0	15	18310078209	202111300
2021113001	小王	0	17	18310078210	202111301
2021113002	小红	1	16	18310078211	202111302
2021113003	小飞	1	17	18310078234	202111303

(2) 将学生“小贾”记录的年龄 STUDENT_AGE 字段修改为 17。

(3) 删除学生“小贾”。

操作步骤：

1. 交互式对 STUDENT 表录入数据

在【对象资源管理器】窗格中选择【dbo. STUDENT】，右击打开快捷菜单，点击【编辑前 200 行】选项，打开 STUDENT 表，录入数据，如图 7-20 所示。

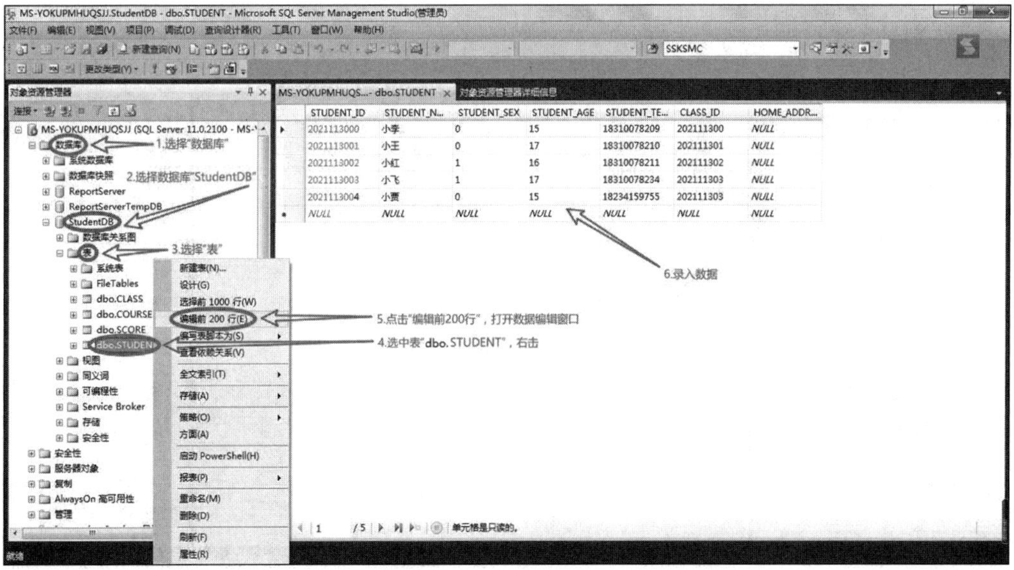

图 7-20 录入数据界面

2. 交互式修改 STUDENT 表数据

打开 STUDENT 表，选中学生“小贾”记录的年龄 STUDENT_AGE 字段，将其修改为 17，如图 7-21 所示。

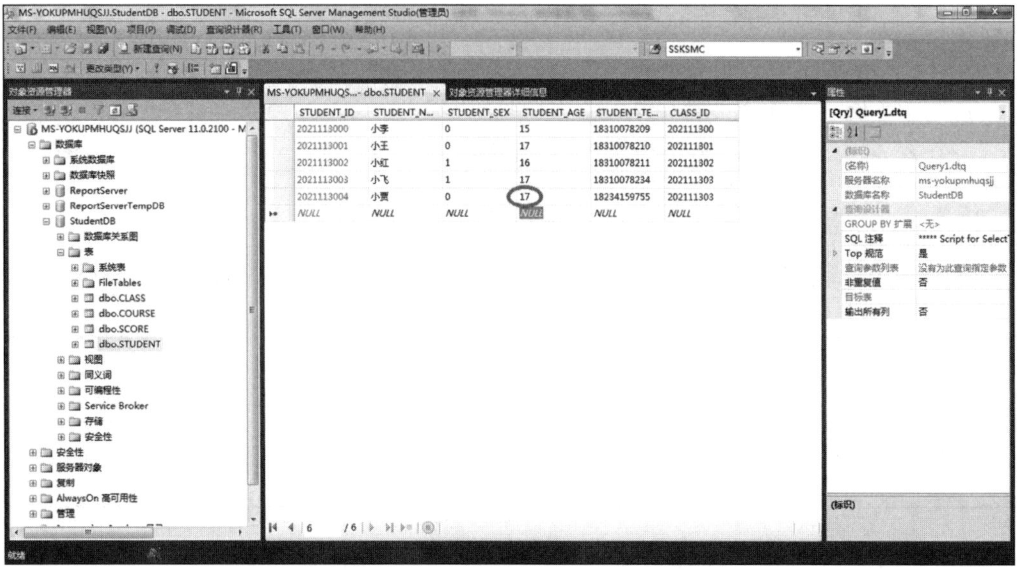

图 7-21　修改数据

3. 交互式删除 STUDENT 表数据

在打开的 STUDENT 表中，单击学生“小贾”记录左侧的行选择器，选中记录，右击打开快捷菜单，选中【删除】选项，如图 7-22 所示。系统显示【确认删除】对话框，单击【是】按钮，删除学生“小贾”。

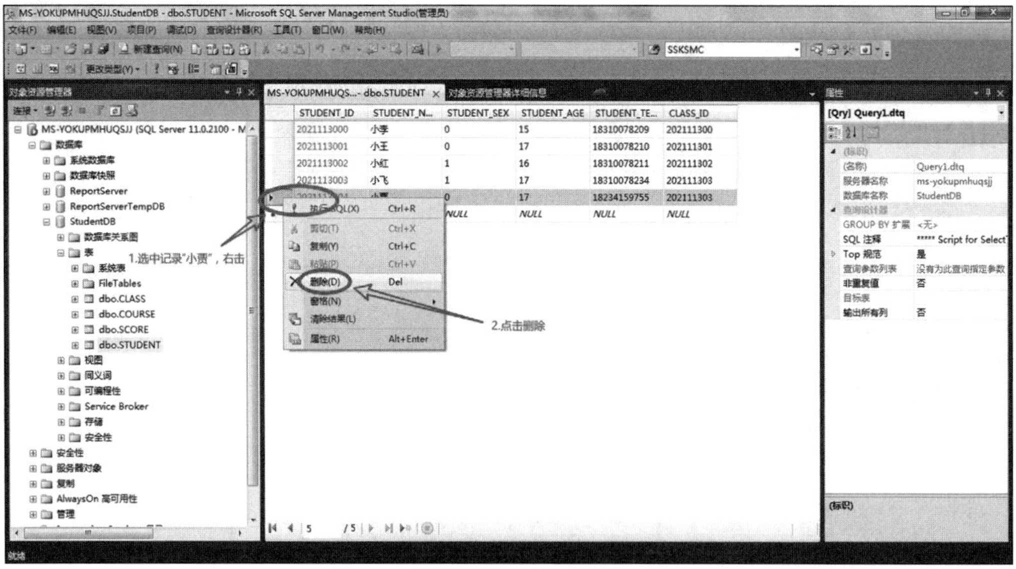

图 7-22　删除数据

任务 2　使用 T-SQL 插入、修改、删除数据，复制数据库表

本任务的主要内容是对 STUDENT 表使用 T-SQL 插入数据、修改数据、删除数据、复制数据库表。

(1) 插入学生信息(2021113004,‘小贾’,0,15,‘18234159755’,202111303)。

(2) 将学生“小贾”记录的年龄 STUDENT_AGE 字段修改为 17。

(3) 删除学生“小贾”。

(4) 复制 STUDENT 表数据到 STUDENT1 备份表。

操作步骤:

(1) 使用 T-SQL 在 STUDENT 表中插入数据。

① 打开查询编辑器窗口,输入 T-SQL 语句:

INSERT INTO STUDENT VALUES(2021113004,‘小贾’,0,15,‘18234159755’,202111303);

点击【执行】按钮,执行插入数据库表语句,如图 7-23 所示。

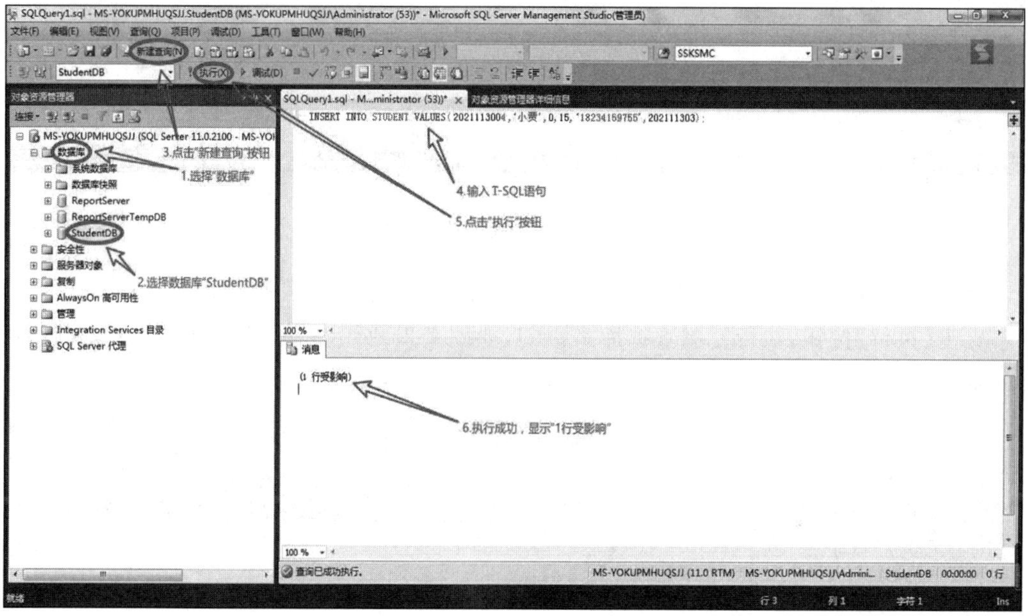

图 7-23　表中插入数据命令窗口

② 在【对象资源管理器】窗格中选择【dbo. STUDENT】,右击打开快捷菜单,点击【编辑前 200 行】选项,可以看到 STUDENT 表中已存在学生记录(2021113004,‘小贾’,0,15,‘18234159755’,202111303),如图 7-24 所示。

(2) 采用类似的方法,使用 T-SQL 修改 STUDENT 表数据,删除 STUDENT 表数据。

例如:修改 STUDENT 表中小贾的年龄为 17(岁),输入 T-SQL 语句:

UPDATE STUDENT SET STUDENT_AGE = 17 WHERE STUDENT_NAME = ‘小贾’;

删除 STUDENT 表中学生“小贾”,输入 T-SQL 语句:

DELETE FROM STUDENT WHERE STUDENT_NAME =‘小贾’;

(3) 使用 T-SQL 将 STUDENT 表数据复制到 STUDENT1 备份表。

打开查询编辑器窗口,输入 T-SQL 语句:

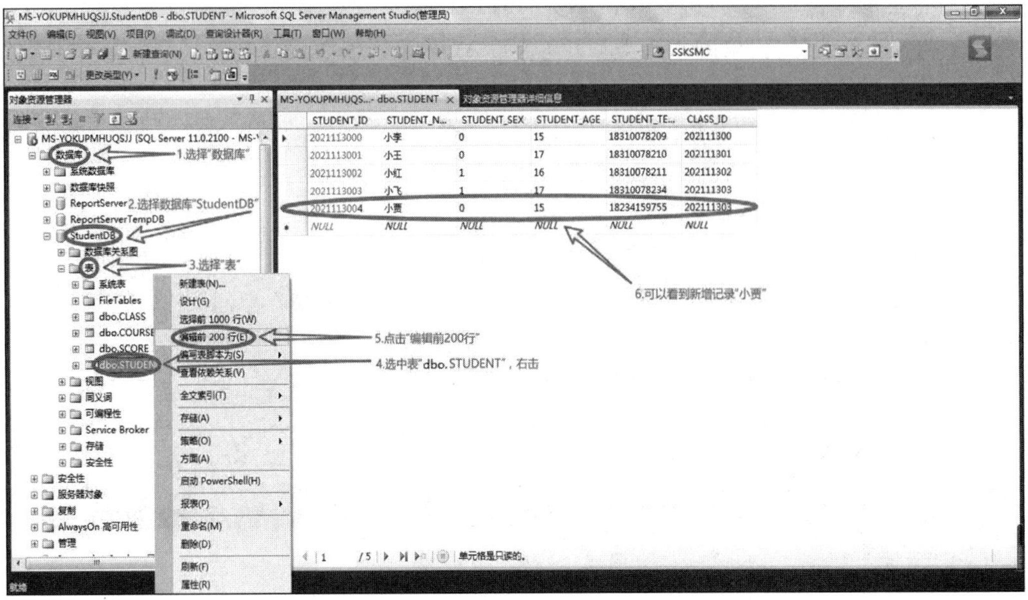

图 7-24　表中插入数据结果

SELECT * INTO STUDENT1 FROM STUDENT；

点击【执行】按钮，执行复制数据库表语句，如图 7-25 所示。可以看到 STUDENT 表数据已复制到 STUDENT1 备份表，如图 7-26 所示。

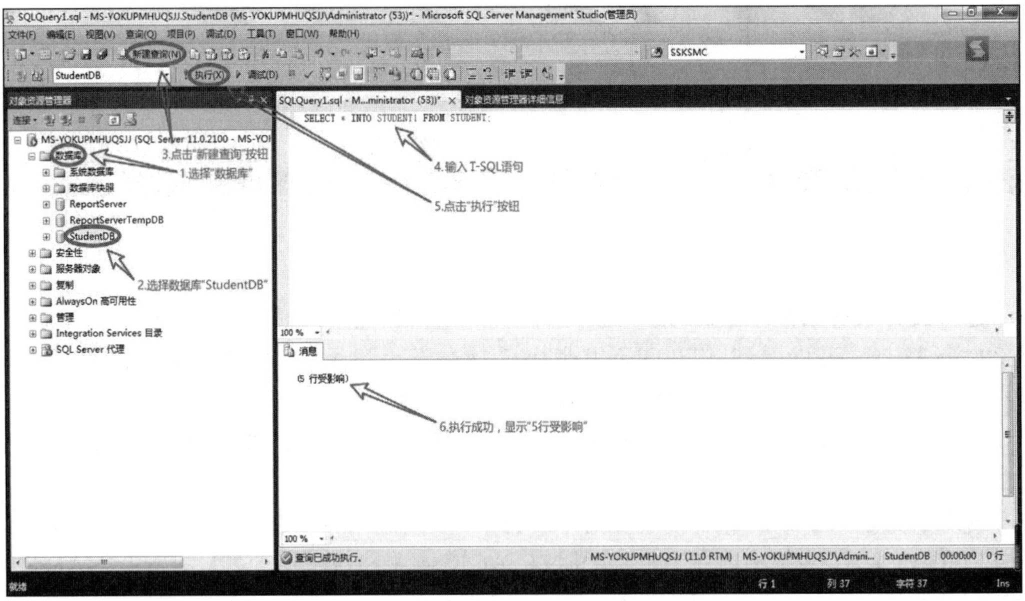

图 7-25　执行复制操作

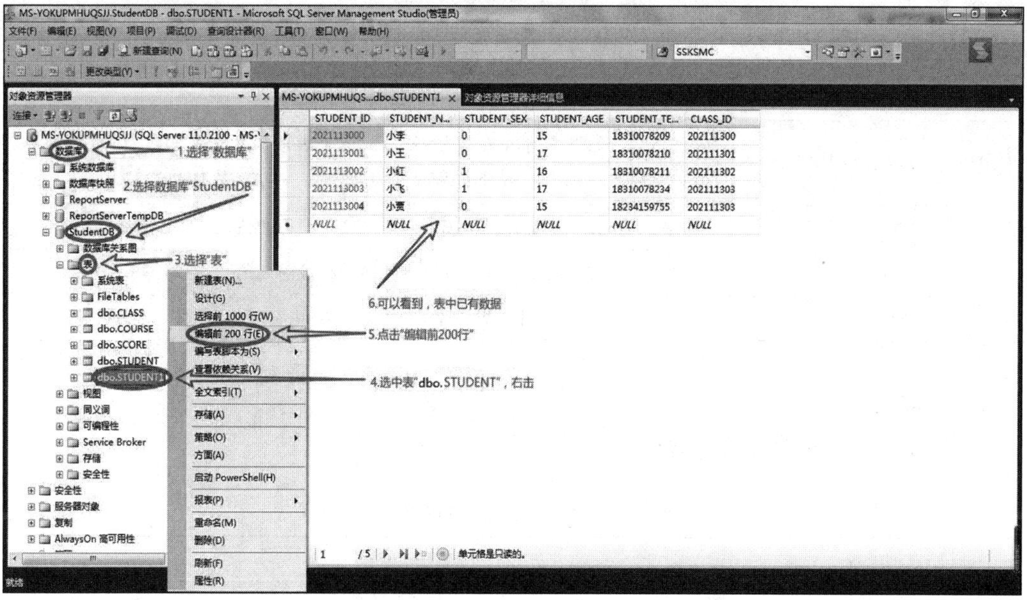

图 7-26　查看 STUDENT1 备份表数据

项目五　数据的查询

第七章-
项目五

项目描述

数据查询是数据库应用的主要内容，是对数据库最频繁的操作请求。数据查询主要包括无条件查询数据、按条件查询数据、连表查询数据、对查询结果排序以及分组统计计算查询数据。

通过本项目的学习，学生应能够熟练使用 T-SQL 进行数据查询。

项目相关知识介绍

1. SELECT 语句的一般格式

```
SELECT [ALL|DISTINCT] [TOP N [PERCENT]] ＜目标列表达式＞ [别名]
            [,＜目标列表达式＞[别名]]...
FROM  ＜表名或视图名＞  [别名] [,＜表名或视图名＞[别名]]...
[WHERE＜条件表达式＞]
[GROUP BY ＜列名 1＞[HAVING＜条件表达式＞]
            [,＜列名 2＞[HAVING＜条件表达式＞]...]]
[ORDER BY ＜列名 1＞ [ASC | DESC],[＜列名 2＞[ASC | DESC]...]]
```

2. 常用的聚合函数

常用的聚合函数如表 7-8 所示。

表 7-8　常用的聚合函数

聚合函数	描　　述
AVG(expr)	列值的平均值。该列只能包含数字数据
COUNT(expr),COUNT(*)	列值的计数(如果将列名指定为 expr)或者是表或组中所有行的计数(如果指定 *)。COUNT(expr)忽略 Null 值,而 COUNT(*)在计数时包含 Null 值
MAX(expr)	列中最大值(文本数据类型中按字母顺序排在最后的值)。忽略 Null 值
MIN(expr)	列中最小值(文本数据类型中按字母顺序排在最前的值)。忽略 Null 值
SUM(expr)	列值的合计。该列只能包含数字数据,忽略 Null 值

3. 查询条件

常用的查询条件如表 7-9 所示。

表 7-9　查询条件列表

查询条件	谓　　词
比较	=,>,<,>=,<=,!=,<>
确定范围	BETWEEN ... AND..., NOT BETWEEN ... AND...
确定集合	IN, NOT IN
字符匹配	LIKE,NOT LIKE
空值	IS NULL, IS NOT NULL
多重条件	AND,OR

4. 谓词 LIKE 在查询条件中的用法

(1) 语法格式

[NOT] LIKE '<匹配串>'

(2) 匹配符

%(百分号):代表任意长度的字符串。

_(下划线):代表任意单个字符。

实验主要内容

任务 1　无条件查询数据库表所有数据

本任务的主要内容是不指定列或指定列查询。

(1) 不指定列查询学生成绩表信息。

(2) 指定列查询学生信息。

操作步骤:

1. 不指定列查询学生成绩表信息

打开查询编辑器窗口,输入 T-SQL 语句:

```
SELECT * FROM SCORE;
```

点击【执行】按钮,执行查询语句,如图 7-27 所示。

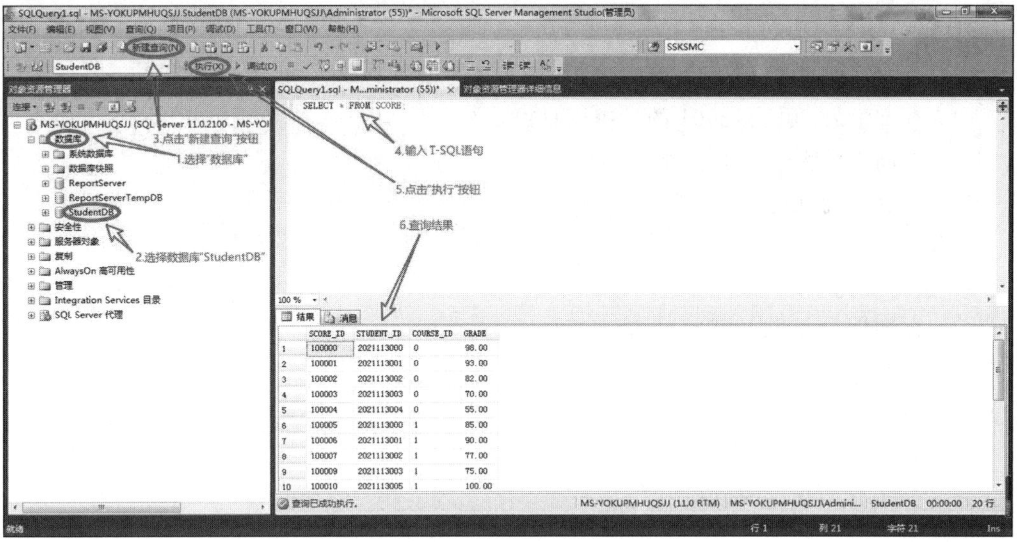

图 7-27 不指定列查询数据

2. 指定列查询学生信息

打开查询编辑器窗口，输入 T-SQL 语句：

```
SELECT
    s.STUDENT_ID AS 学号,
    s.STUDENT_NAME AS 姓名,
    s.STUDENT_AGE AS 年龄,
    s.STUDENT_TELEPHONENO AS 联系方式
FROM
    STUDENT s;
```

点击【执行】按钮，执行查询语句，如图 7-28 所示。

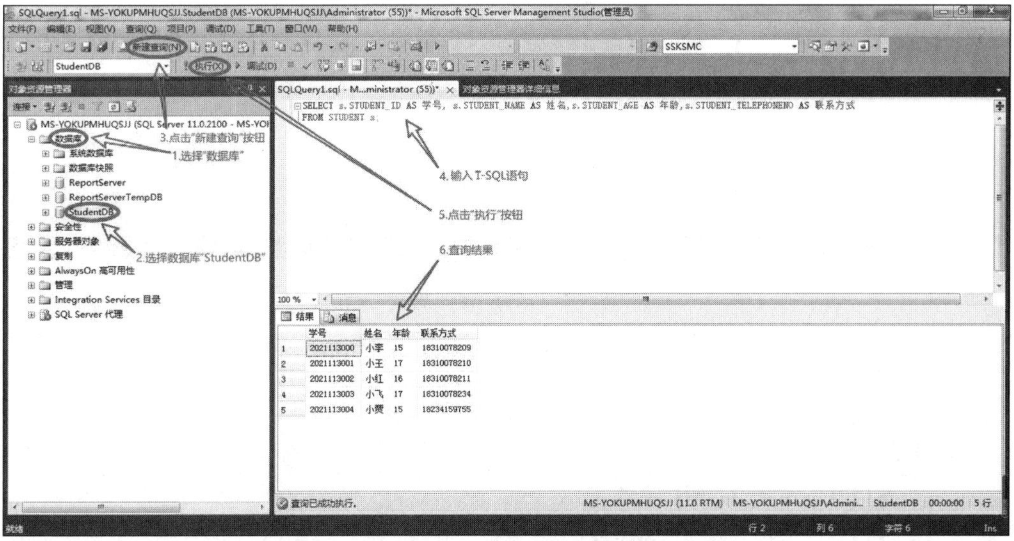

图 7-28 指定列查询数据

任务 2　条件查询数据

本任务的主要内容是条件查询和模糊查询。

(1) 查询学号 2021113001 的学生信息。

(2) 查询年龄大于 15(岁)的学生信息。

(3) 模糊查询姓名带“王”的学生信息。

操作步骤：

1. 条件查询

(1) 查询学号 2021113001 的学生信息

打开查询编辑器窗口，输入 T-SQL 语句：

```
SELECT
    sc.STUDENT_ID AS 学号,
    sc.GRADE AS 成绩
FROM
    SCORE sc
WHERE
    sc.STUDENT_ID= '2021113001';
```

点击【执行】按钮，执行查询语句，如图 7-29 所示。

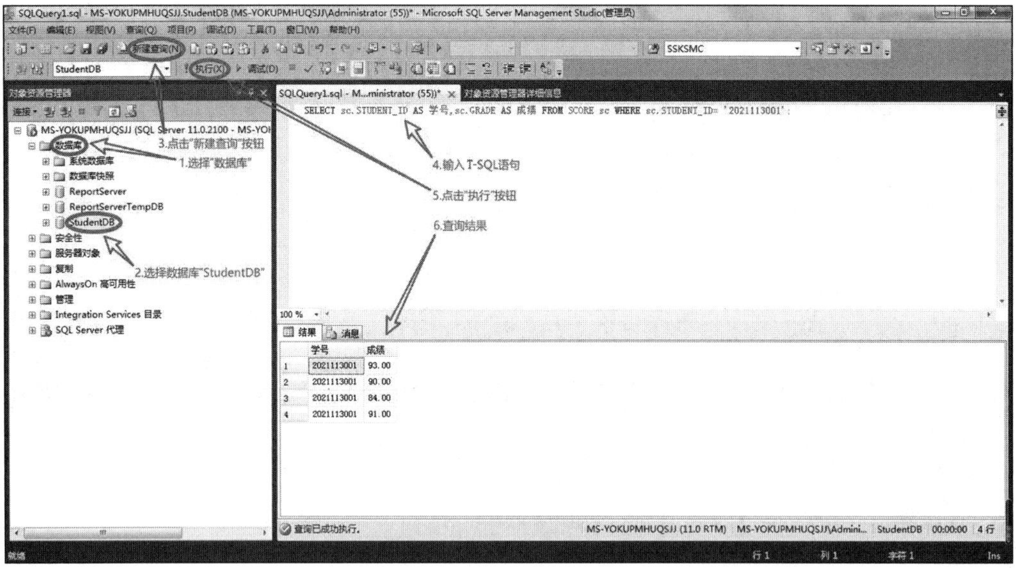

图 7-29　条件查询数据

(2) 查询年龄大于 15(岁)的学生信息

打开查询编辑器窗口，输入 T-SQL 语句：

```
SELECT
    s.STUDENT_ID AS 学号,
    s.STUDENT_NAME AS 姓名,
    s.STUDENT_AGE AS 年龄,
```

```
    s.STUDENT_TELEPHONENO AS 联系方式
FROM
    STUDENT s
WHERE
    s.STUDENT_AGE> 15;
```

点击【执行】按钮，执行查询语句，如图 7-30 所示。

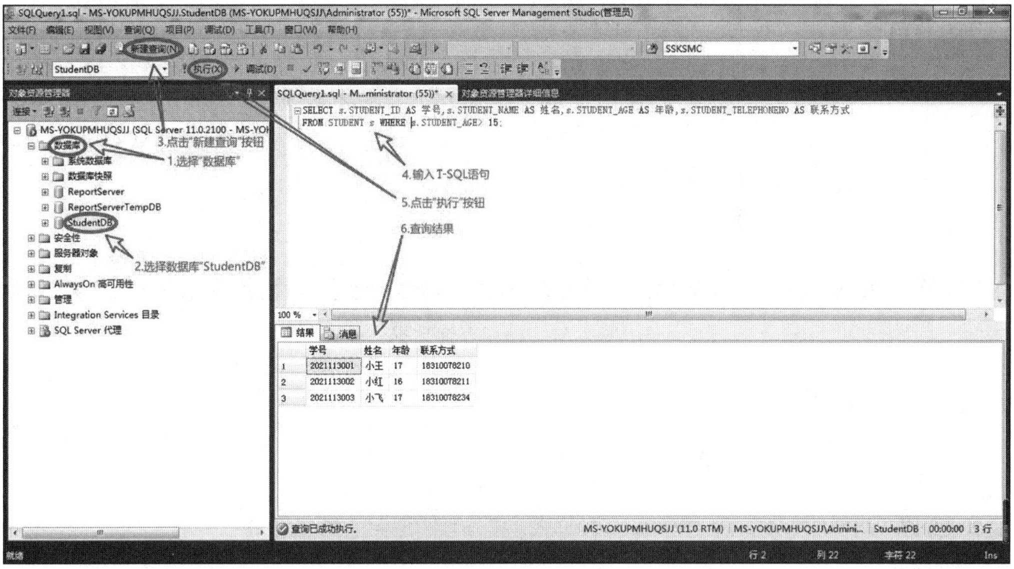

图 7-30　条件查询数据

2. 模糊查询(姓名带“王”的学生信息)

打开查询编辑器窗口，输入 T-SQL 语句：

```
SELECT
    s.STUDENT_ID AS 学号,
    s.STUDENT_NAME AS 姓名,
    s.STUDENT_AGE AS 年龄,
    s.STUDENT_TELEPHONENO AS 联系方式
FROM
    STUDENT s
WHERE
    s.STUDENT_NAME LIKE '%王%';
```

点击【执行】按钮，执行查询语句，如图 7-31 所示。

任务 3　查询结果排序

本任务的主要内容是对查询结果排序，查询物理学科成绩并从高到低排序。

操作步骤：

打开查询编辑器窗口，输入 T-SQL 语句：

```
SELECT
```

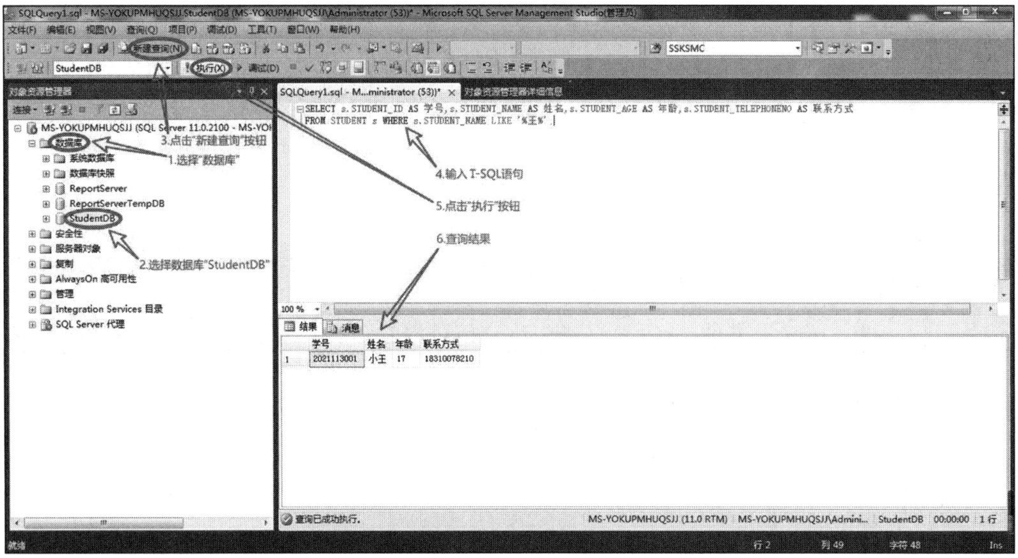

图 7-31　模糊查询数据

```
        s.STUDENT_ID AS 学号,
        s.GRADE AS 成绩
FROM
        SCORE s
WHERE
        s.COURSE_ID= '3'
ORDER BY
        GRADE DESC;
```

点击【执行】按钮，执行查询语句，如图 7-32 所示。

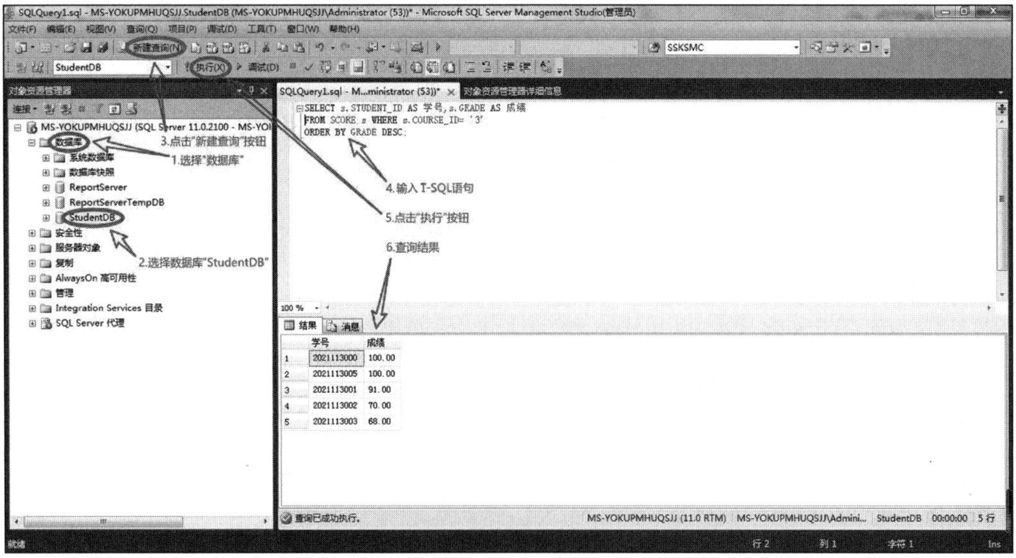

图 7-32　查询结果排序

任务 4　连表查询数据

本任务的主要内容是连表查询,查询理科一班的学生成绩。

操作步骤:

打开查询编辑器窗口,输入 T-SQL 语句:

```
SELECT
    s.STUDENT_ID AS 学号,
    st.STUDENT_NAME AS 姓名,
    s.GRADE AS 成绩
FROM
    SCORE s,
    STUDENT st
WHERE
    s.STUDENT_ID = st.STUDENT_ID
    AND st.CLASS_ID = ( SELECT CLASS_ID FROM CLASS WHERE CLASS_
ID = '202111300');
```

点击【执行】按钮,执行查询语句,如图 7-33 所示。

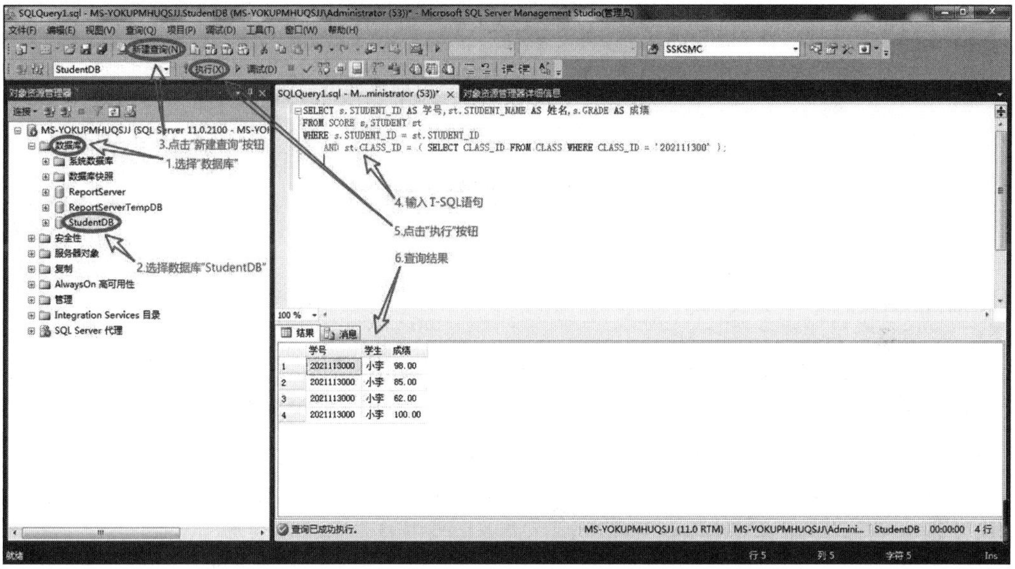

图 7-33　连表查询数据

任务 5　分组统计计算查询数据

本任务的主要内容是计算查询数据,查询全年级物理学科的平均分。

操作步骤:

打开查询编辑器窗口,输入 T-SQL 语句:

```
SELECT AVG
    (GRADE) AS 全年级平均分
FROM
```

```
    SCORE sc
WHERE
    COURSE_ID = '3';
```

点击【执行】按钮，执行查询语句，如图 7-34 所示。

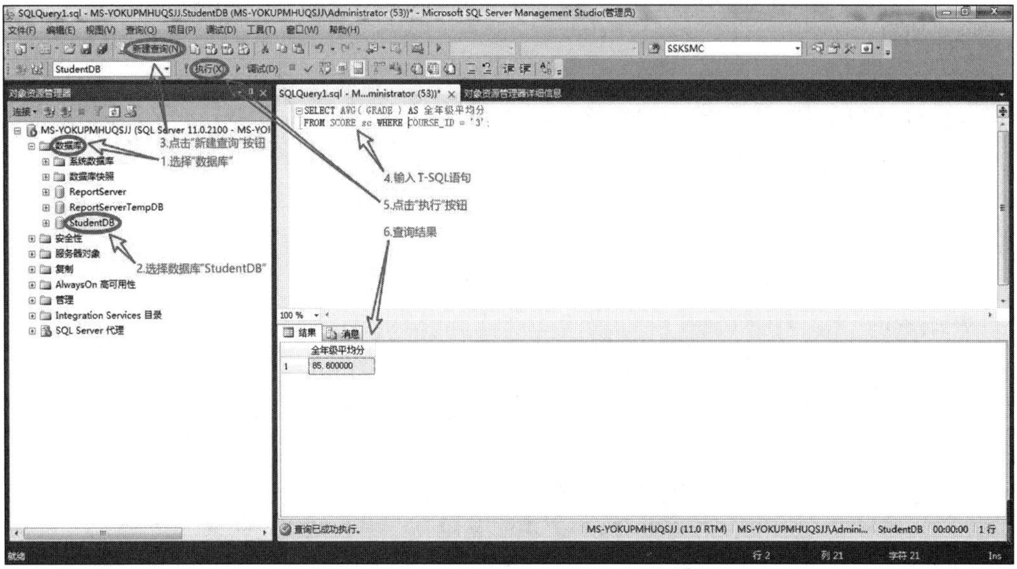

图 7-34　分组统计计算查询数据

项目六　视图的操作

第七章-项目六

项目描述

视图是一种数据库对象，是从一个或多个基本表（或视图）中导出的虚表。视图的结构和数据是对数据表进行查询的结果。视图被定义后便存储在数据库中，通过视图看到的数据只是存放在基本表中的数据。当对通过视图看到的数据进行修改时，相应的基本表的数据也会发生变化；同时，若基本表的数据发生变化，这种变化也会自动反映到视图中。

通过本项目的学习，学生应能够熟练使用交互式方法和 T-SQL 两种方式进行视图的创建和修改。

项目相关知识介绍

1. 视图的作用

（1）视图能够简化用户的操作；

（2）视图使用户能以多重角度看待同一数据；

（3）视图为重构数据库提供了一定程度的逻辑独立性；

（4）视图能够为机密数据提供安全保护。

2. 创建视图的 T-SQL 语句

```
CREATE VIEW [<database_name>.] [<owner>.] view_name [(column [,... n])]
AS
Select_statement
[WITH CHECK OPTIONS]
```

3. 修改视图的 T-SQL 语句

```
ALTER VIEW [<database_name>.][<owner>.] view_name [(column[,... n])]
AS
Select_statement
[WITH CHECK OPTIONS]
```

实验主要内容

任务 1　使用交互式方法创建、修改学生成绩视图

本任务的主要内容包括：(1) 交互式创建学生成绩视图 V_STUDENT_SCORE，数据来源于 STUDENT 学生表、SCORE 成绩表、COURSE 学科表，数据包含学号 STUDENT_ID、学生姓名 STUDENT_NAME、学科名称 COURSE_NAME、成绩 GRADE。(2) 交互式修改学生成绩视图 V_STUDENT_SCORE，增加字段电话 STUDENT_TELEPHONENO。

操作步骤：

1. 交互式创建学生成绩视图 V_ STUDENT_SCORE

(1) 在【对象资源管理器】窗格中，选择【数据库】|【StudentDB】|【视图】，右击打开快捷菜单，选择【新建视图】选项，如图 7-35 所示，打开【添加表】对话框。

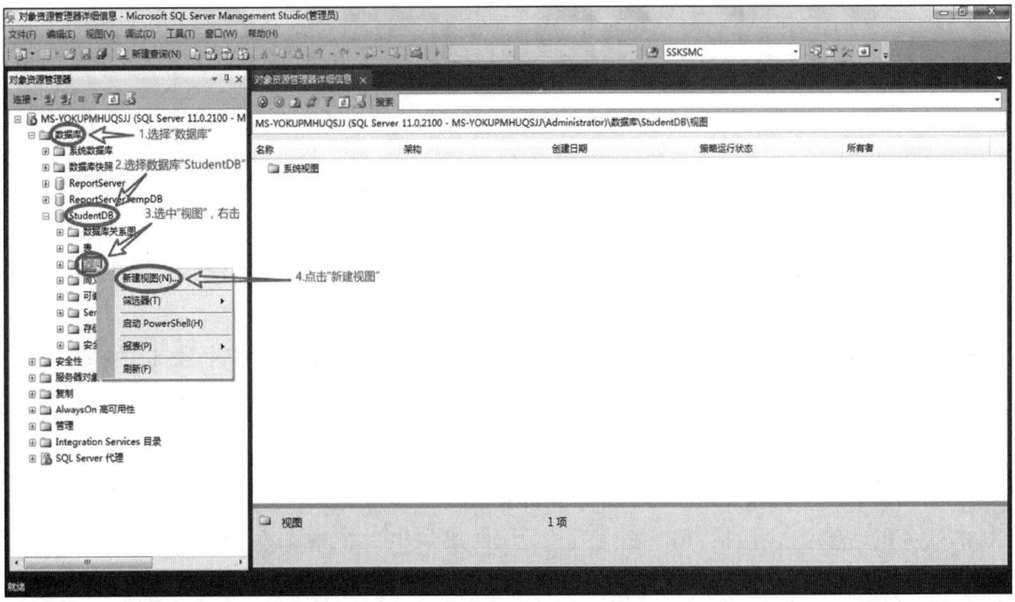

图 7-35　【新建视图】选项

(2) 在【添加表】对话框中，选择 SCORE、STUDENT、COURSE 表，单击【添加】按钮，如图 7-36 所示。

(3) 点击【关闭】按钮，返回新建视图窗口，可以看到新建视图窗口中增加了表 SCORE、STUDENT、COURSE，选中字段 STUDENT_ID、STUDENT_NAME、COURSE_NAME、GRADE 左侧的复选框，将它们加入视图中；点击【执行】按钮，执行视图定义语句。点击【保存】按钮，输入视图名称，点击【确定】按钮，如图 7-37 所示。

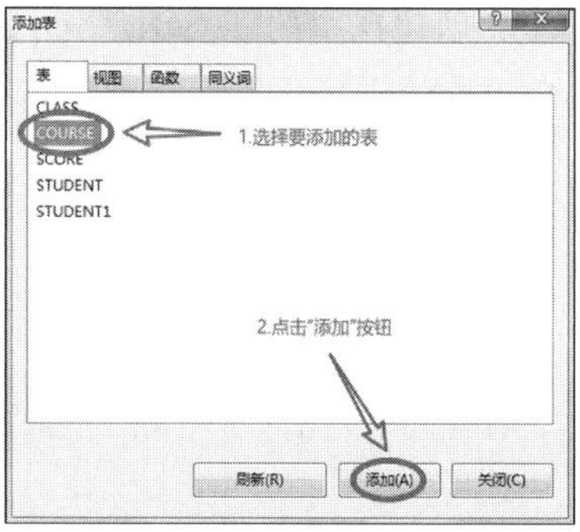

图 7-36 【添加表】对话框

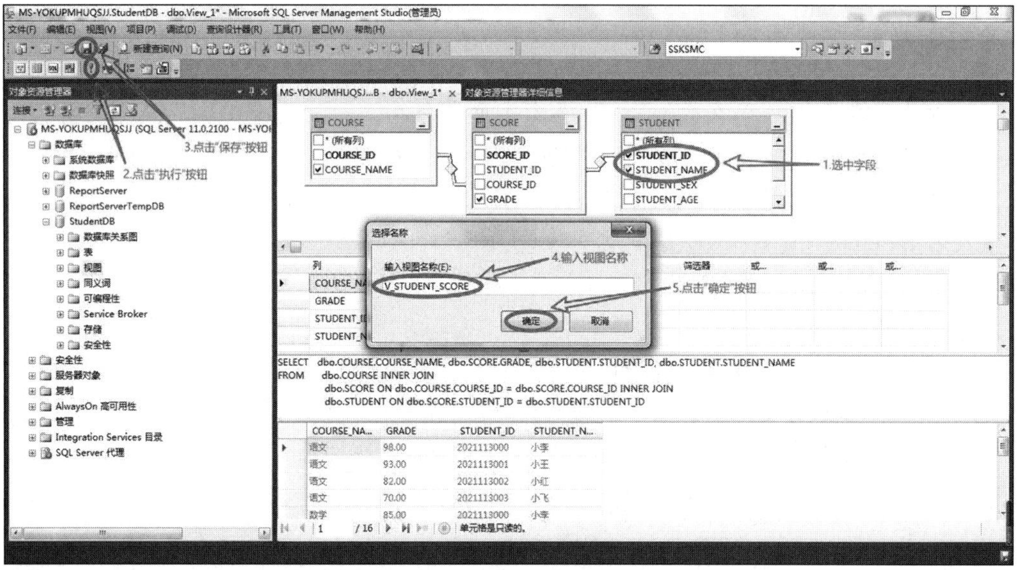

图 7-37 创建视图

2. 交互式修改学生成绩视图 V_STUDENT_SCORE，增加字段电话 STUDENT_TELEPHONENO

(1) 选中视图 V_STUDENT_SCORE，右击打开快捷菜单，选择【设计】选项，如图 7-38 所示。

(2) 打开视图 V_STUDENT_SCORE 定义窗口，在视图中添加字段电话，在数据库 STUDENT 表中勾选 STUDENT_TELEPHONENO 左侧的复选框，点击【执行】按钮，如图 7-39 所示。

任务 2 使用 T-SQL 创建、修改学生成绩视图

本任务的主要内容包括：(1) 使用 T-SQL 创建学生成绩视图 V_STUDENT_SCORE，数据来源于 STUDENT 学生表、SCORE 成绩表、COURSE 学科表，数据包含学号 STUDENT_ID、学生姓名 STUDENT_NAME、学科名称 COURSE_NAME、成绩 GRADE。(2) 使用 T-SQL 修改学生成绩视图 V_STUDENT_SCORE，增加字段电话 STUDENT_TELEPHONENO。

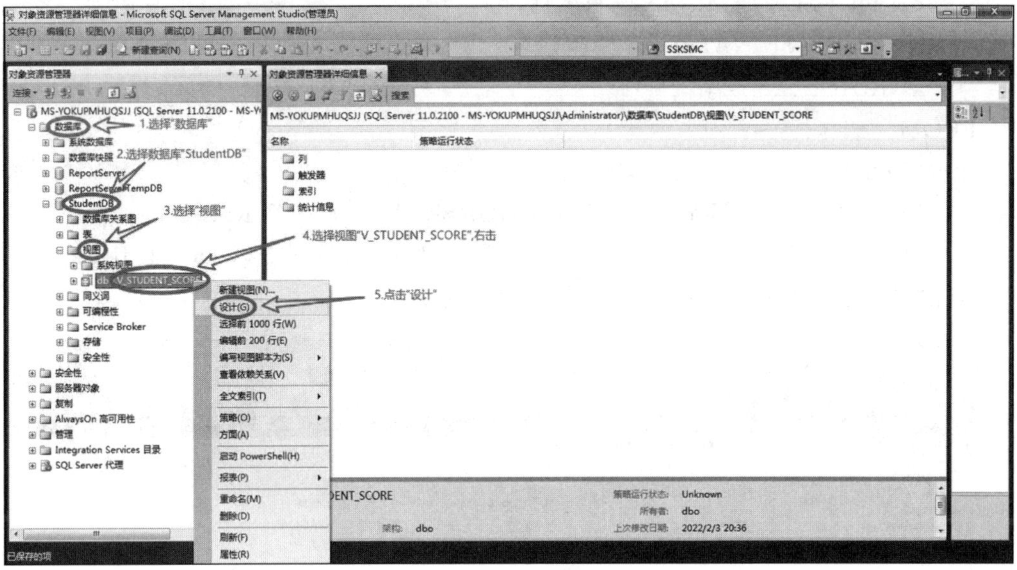

图 7-38 【设计】选项

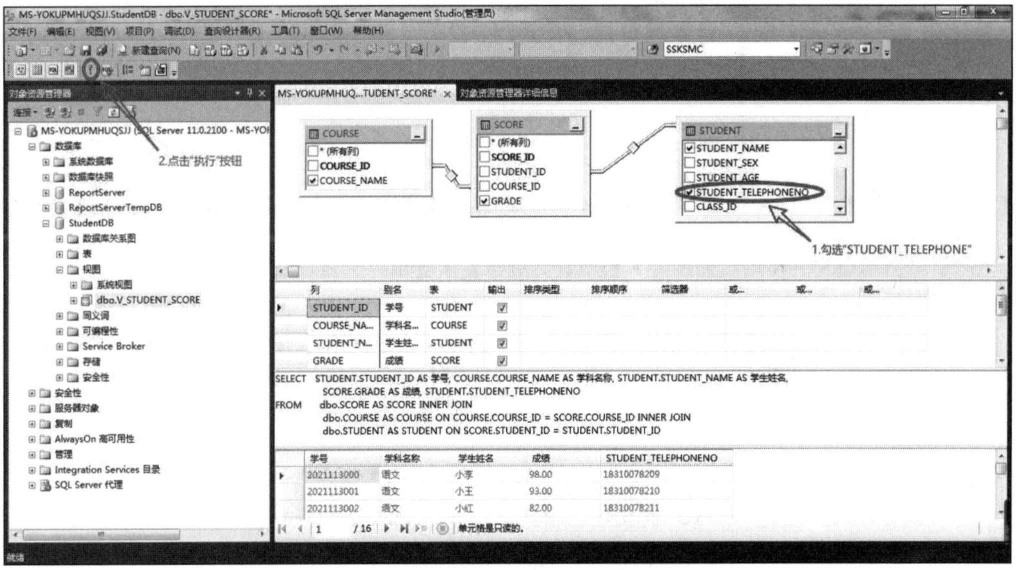

图 7-39 字段电话添加

操作步骤：

1. 使用 T-SQL 创建学生成绩视图 V_ STUDENT_SCORE

打开查询编辑器窗口，输入 T-SQL 语句：

```
CREATE VIEW V_STUDENT_SCORE AS
  SELECT
    c.STUDENT_ID AS 学号,
```

```
    b.COURSE_NAME AS 学科名称,
    c.STUDENT_NAME AS 学生姓名,
    a.GRADE AS 成绩
FROM
    SCORE a
    INNER JOIN COURSE b ON b.COURSE_ID = a.COURSE_ID
    INNER JOIN STUDENT c ON a.STUDENT_ID = c.STUDENT_ID;
```

点击【执行】按钮,提示执行成功,如图 7-40 所示。

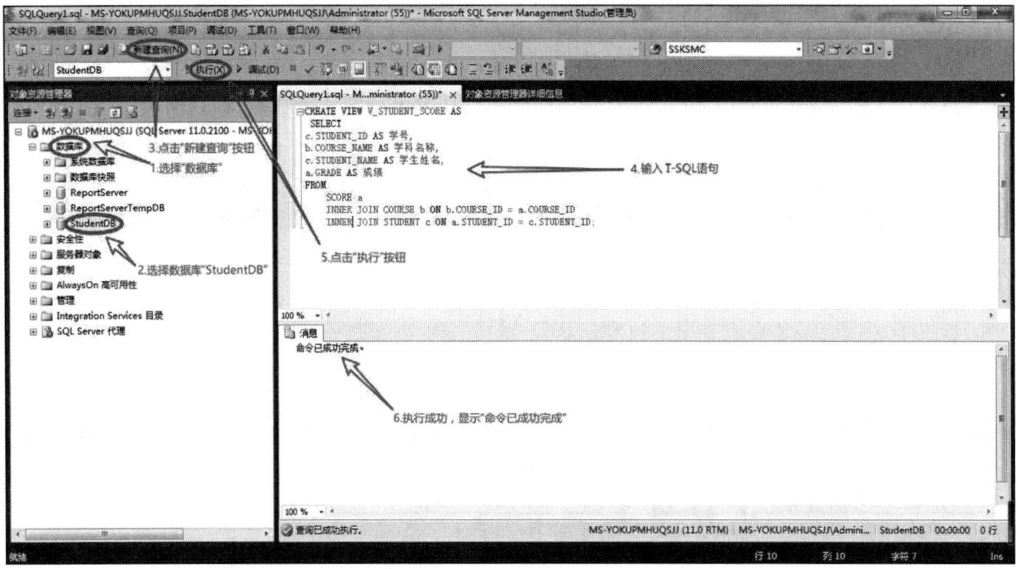

图 7-40　创建视图语句

2. 使用 T-SQL 修改学生成绩视图 V_STUDENT_SCORE,增加字段电话 STUDENT_TELEPHONENO

打开查询编辑器窗口,输入 T-SQL 语句:

```
ALTER VIEW V_STUDENT_SCORE AS SELECT
    c.STUDENT_ID AS 学号,
    b.COURSE_NAME AS 学科名称,
    c.STUDENT_NAME AS 学生姓名,
    a.GRADE AS 成绩,
    c.STUDENT_TELEPHONENO AS 电话
FROM
    SCORE a
    INNER JOIN COURSE b ON b.COURSE_ID = a.COURSE_ID
    INNER JOIN STUDENT c ON a.STUDENT_ID = c.STUDENT_ID;
```

点击【执行】按钮,提示执行成功,如图 7-41 所示。

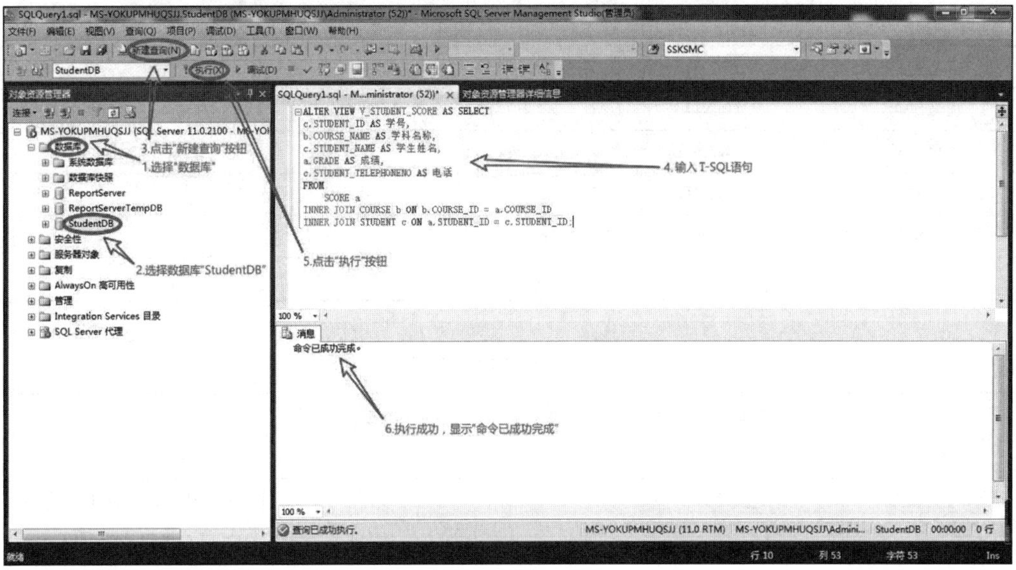

图 7-41　修改视图语句

综 合 实 训

实训一　创建一个名为 FlowerManageDB(鲜花管理)的数据库。

实训二　在数据库 FlowerManageDB 中，创建以下数据库表：供应商表、鲜花表、顾客表、供应表、网上订购表。表结构如表 7-10 至表 7-14 所示。

表 7-10　SUPPLIER 供应商表

中文名称	字段名称	数据类型	非空	备注
供应商编号	SU_NO	int	Y	主键(自增)
供应商名称	SU_NAME	varchar(30)	Y	
地址	SU_ADDRESS	varchar(50)	Y	
电话	SU_TEL	varchar(30)	Y	

表 7-11　FLOWER 鲜花表

中文名称	字段名称	数据类型	非空	备注
鲜花编号	FL_NO	int	Y	主键(自增)
鲜花名称	FL_NAME	varchar(30)	Y	
颜色	FL_COLOR	varchar(20)	Y	
成本价	FL_COSTPRICE	decimal(5,2)	Y	
零售价	FL_RETAILPRICE	decimal(5,2)	Y	
适用节日	FL_FESTIVAL	varchar(10)	Y	
用途	FL_FUNCTIONS	varchar(30)	Y	

表 7-12　CUSTOMER 顾客表

中文名称	字段名称	数据类型	非空	备注
顾客编号	CU_NO	int	Y	主键(自增)
顾客名称	CN_NAME	varchar(30)	Y	
年龄	CU_AGE	int		
联系电话	CU_TEL	varchar(30)	Y	
性别	CU_SEX	varchar(20)		

表 7-13　SUPPLY 供应表

中文名称	字段名称	数据类型	非空	备注
订单编号	DI_NO	int	Y	主键(自增)
供应商编号	SU_NO	int	Y	关联 SUPPLIER 表的 SU_NO
鲜花编号	FL_NO	int	Y	关联 FLOWER 表的 FL_NO
供应时间	SUP_TIME	date	Y	
供应量	SUP_QUANTITY	varchar(20)	Y	

表 7-14　NETORDER 网上订购表

中文名称	字段名称	数据类型	非空	备注
顾客编号	CU_NO	int	Y	关联 CUSTOMER 表的 CU_NO
鲜花编号	FL_NO	int	Y	关联 FLOWER 表的 FL_NO
订货时间	NET_SALETIME	date	Y	
订货数量	NET_QUANTITY	int	Y	
送货地点	NET_ADDRESS	varchar(50)	Y	
送货时间	NET_TAKETIME	date	Y	

实训三　修改数据库表结构。

(1) 为 SUPPLIER 表添加备注列。

列定义如下：

列名：REMARK

数据类型：VARCHAR

长度：50

允许 Null 值：是

(2) 将 SUPPLIER 表字段备注列 REMARK 长度变为 200。

列定义如下：

列名：REMARK

数据类型：VARCHAR

长度：200

允许 Null 值：否

(3) 删除 SUPPLIER 表字段备注列 REMARK。

实训四　录入、修改、删除表数据。

(1) 向 SUPPLIER 表中插入如表 7-15 所示的数据。

表 7-15　插入 SUPPLIER 表中的数据

1	洛阳环美牡丹种植中心	河南省洛阳市	15244048916
2	呈贡区德园种苗经营部	云南省昆明市	15687165402

(2) 将供应商"呈贡区德园种苗经营部"记录的地址 SU_ADDRESS 字段，修改为"广东省广州市"。

(3) 删除供应商"呈贡区德园种苗经营部"。

实训五　查询数据。

(1) 查询供应商表信息。

(2) 查询名称为"蓝色妖姬"的鲜花信息。

(3) 查询鲜花信息并按成本价从低到高排序。

(4) 查询各供应商鲜花的供应量信息，要求查询鲜花名称、供应商名称、供应商地址、供应量、供应时间。

(5) 查询鲜花成本价的平均价。

实训六　创建、修改鲜花订购视图。

(1) 创建鲜花订购视图 V_FLOWER_NETORDER，要求包含鲜花名称、订货时间、订货数量、顾客名称、联系电话等数据。

(2) 修改鲜花订购视图 V_FLOWER_NETORDER，增加字段送货地点、送货时间。

参考文献

[1] 杜慰纯,宋爽,李娜,等.信息获取与利用[M].2版.北京:清华大学出版社,2016.
[2] 江新顺,郑宝昆,陈祥.C语言程序设计:Microsoft Visual C++ 6.0[M].北京:电子工业出版社,2014.
[3] 李朝玲,孙劲飞,王富强.案例式C语言程序设计实验指导[M].北京:人民邮电出版社,2016.
[4] 刘金岭,冯万利,周泓.数据库原理及应用实验与课程设计指导:SQL Server 2012[M].北京:清华大学出版社,2017.
[5] 史巧硕,刘洪普.C++程序设计实验教程[M].北京:中国铁道出版社,2017.
[6] 孙淑霞,肖阳春,雷珍.C/C++程序设计实验指导与测试[M].4版.北京:电子工业出版社,2014.
[7] 颜晖,张泳.C语言程序设计实验与习题指导[M].4版.北京:高等教育出版社,2020.